图形图像处理（Photoshop）

刘元生　　许朝晖　　主　编

华江林　彭慧亮　刘　靖

沈　璐　汪　萍　夏　文　　副主编

清华大学出版社

北　京

内 容 简 介

本书内容基于实际工作过程,按照职业岗位要求,根据 Photoshop 在实际中的应用技术,将软件知识划分成相对独立的模块。书中详细讲解了 Photoshop 的图像输入与输出技术、编辑与修复技术、合成技术、影视特效、视频与动画制作技术、图像校正技术等,这些内容涵盖了图像应用技术的各个环节。

本书理论与实践融于一体,内容新颖、操作性强、包括较多技巧,可作为初学者的学习用书,也可作为本科或高职高专院校图形图像处理相关专业的指定教材,还可作为从事图形图像处理技术相关专业人员的技能培训教材和参考用书。

图书在版编目(CIP)数据

图形图像处理:Photoshop/刘元生,许朝晖主编. —北京:清华大学出版社,2012.1
ISBN 978-7-302-26651-8

I. ①图… II. ①刘…②许… III. ①图像处理软件,Photoshop CS5 IV. ①TP391.41

中国版本图书馆 CIP 数据核字(2011)第 178029 号

责任编辑:张龙卿(sdzlq123@163.com)
责任校对:李 梅
责任印制:杨 艳
出版发行:清华大学出版社   **地　址:**北京清华大学学研大厦 A 座
　　　　　http://www.tup.com.cn   **邮　编:**100084
　　　　　社　总　机:010-62770175   **邮　购:**010-62786544
　　　　　投稿与读者服务:010-62776969,c-service@tup.tsinghua.edu.cn
　　　　　质　量　反　馈:010-62772015,zhiliang@tup.tsinghua.edu.cn
印　装　者:北京嘉实印刷有限公司
经　　销:全国新华书店
开　　本:210×285 **印　张:**20.5 **字　数:**603 千字
版　　次:2012 年 1 月第 1 版   **印　次:**2012 年 1 月第 1 次印刷
印　　数:1~3000
定　　价:59.50 元

产品编号:037937-01

前　言

随着计算机及信息技术的日益发展，以及设计类人才就业形势的日渐火暴，"图形图像处理（基于 Photoshop 平台）"课程近几年逐渐盛行。由于设计领域的不同，社会上要求图形图像处理方面的技术也不一样。本书基于"工作任务"的课程开发理念，结合专业和课程的实际情况，以"岗位需求"为导向，以"实际工作任务"构建教学内容，按"工作过程"设计教学情境，将课程内容"任务化"、"模块化"，旨在培养学生特定的知识和应用能力，训练有不同知识结构的图形图像处理方面的技术人才。本书具体内容划分如下。

序号	模 块 名 称	岗位群对象
模块 1	获取数字图像	设计师、媒体制作员
模块 2	熟悉 Photoshop 工作环境	所有 Photoshop 使用者
模块 3	选择与抠取图像	设计师、媒体制作员
模块 4	绘图与绘画	动漫设计师
模块 5	编辑和加工图像	设计师、摄影师、媒体制作员
模块 6	校正和调整图像	设计师、摄影师、媒体制作员
模块 7	合成图像	平面广告设计师、包装装潢设计师
模块 8	创建文字与图像特效	平面广告设计师、包装装潢设计师
模块 9	创建三维对象及视频、动画效果	广告设计师、动画设计师
模块 10	输出数字图像	设计师、媒体制作员

本书结构新颖，在每个知识模块中，根据任务对象，并基于工作过程，结合真实产品案例，分析讲解了 Photoshop 的使用方法与技巧。在每章最后给出相关的技能认证考题和实训操作题，并给出完成一个模块任务的全部流程。本书整个知识脉络结构如下图所示。

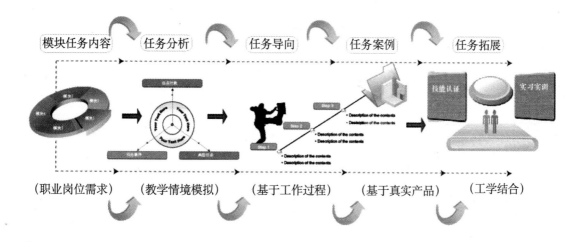

参加本书编写的人员还有汪玉华、钱飞卫、钱秀华、孙国华、方明胜、汪华、胡金明、蒋涛、汪婉华、汪云华、程青松、汪彩华、储前元、刘汉英、徐勇敢、邹宗富、李建等，在此一并表示感谢。

本书理论与实践融于一体，书中提供了大量的操作实例供大家学习使用。

编　者

2011 年 9 月

目　　录

模块1　获取数字图像

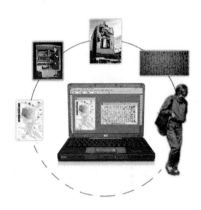

任务目标

学习完本模块,能够将原稿图像或实物转换为计算机可识别的数字图像。如图 1-1 所示为获取数字图像方法示例。

任务实现

数字图像除计算机自身能够创建外,还可以采用两种方法将外界图像或实物转换为计算机可识别的数字图像:一是通过扫描仪扫描原稿图像;二是通过数码相机或其他数字化设备采集实物信息并转换为数字图像。

典型任务

➢ 认知数字图像。

➢ 扫描图像。

➢ 拍摄图像。

图 1-1　获取数字图像方法示例

任务 1.1　认知数字图像

1.1.1　任务分析

根据图像处理的信号特征,可以将图像分为模拟图像与数字图像。模拟图像通过某种物理量的强弱变化来表现图像上各点的颜色信息,如电影胶片、画稿、相片、印刷品图像都属于模拟图像。数字图像是把图像分解成由计算机识别的被称做像素的若干个小离散点,并将各像素的颜色值用量化的离散值来表示,如图 1-2 所示。数字图像有着传统模拟图像不可比拟的优点,如长时间保存而不失真,多次复制而不变形,可经计算机多次修改,因便于传输而节省成本等。数字图像除计算机自身能够创建外,还可以采用数字化设备将模拟图像转换为数字图像。

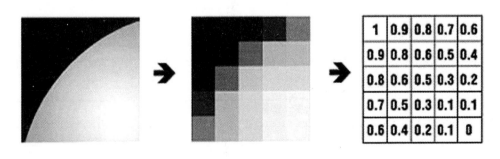

图 1-2　数字图像

1.1.2　任务导向

1. 数字图像的格式

计算机中的数字图像有两种格式：矢量图和位图。

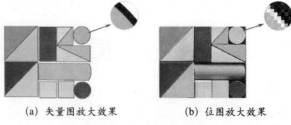

（1）矢量图。矢量图也称图形，以点、线、面、体为主，计算机记录端点的坐标、线段的粗细和色彩位置等数据。矢量图在放大时边缘仍非常光滑，如图 1-3（a）所示，可以任意编辑其形状。在计算机中矢量图主要用于表现对象的轮廓，如标志、图案、字体，以及用作插画等。

(a) 矢量图放大效果　　　(b) 位图放大效果

图 1-3　矢量图与位图

（2）位图。位图也称图像，是由一系列像素点排列组成的，计算机记录每个像素点的色彩、亮度、饱和度、位置等数据。位图在放大时即可看到明显的像素点，如图 1-3（b）所示。在计算机中位图用颜色和色调表现对象的细节与层次。

【知识应用补充】：大家应根据数字图像的格式特征，学会在不同工作环境中正确使用和处理矢量图与位图。如在 CorelDraw、Illustrator、Freehand 软件中主要创建和编辑矢量图，而在 Photoshop、Painter 软件中主要创建和编辑位图。

2. 图像的精度

图像的精度通常用分辨率这一概念来定义，指的是图像在单位长度（通常用英寸或厘米）内包含的像素的数量，表示为"像素/英寸（PPI）"或"像素/厘米"。图像分辨率越高，意味着单位长度内所包含的像素越多，图像的细节也越多，颜色过渡也就越平滑，看起来也就越清晰。如分辨率为 100PPI（单位面积内包含 100×100=10000 个像素）的图像比 50PPI（单位面积内包含 50×50=2500 个像素）的图像在单位面积内包含的像素点多，因此像素更紧密，图像有更多的细节，如图 1-4 所示。

(a) 100 像素/英寸　　　(b) 50 像素/英寸

图 1-4　图像分辨率示意图

图像的分辨率除控制图像的品质外，还影响图像的文件大小。图像分辨率越高，图像在计算机中所占资源空间就越大，处理速度就越慢。所以，应根据实际需要设置图像恰当的分辨率。通常情况下，图像要求的分辨率一般如表 1-1 所示。

表 1-1　图像的常用分辨率

图像用途	要求的分辨率（PPI）	备　注
屏幕显示	72	高于此分辨率的显示效果跟 72PPI 的效果相同
用于打印	一般不低于 300	最终效果受打印分辨率（DPI）决定
用于印刷	网频线（LPI）的 1.5～2 倍	不同用途的图像要求的精度不同
喷绘写真	一般不高于 300	最终效果受输出尺寸与设备的分辨率决定

🦋【知识应用补充】：用户应正确区分和使用 PPI、DPI 和 LPI。

● 图像分辨率（PPI）：指的是图像每英寸所含的像素数量。

● 打印分辨率（DPI）：指的是打印时所产生的每英寸的油墨点数。

● 印刷的网频线（LPI）：指的是印刷时所产生的每英寸的网线数。

3．图像的颜色深度

图像的颜色深度也称像素深度或位深度，用来度量图像中有多少颜色信息用于显示或打印。位深度越高，意味着该图像具有较多的可用颜色和较精确的颜色表示。例如，位深度为 1 的图像有 2^1 即两个可能的值：黑色和白色；位深度为 8 的图像有 2^8 即 256 个可能的值；位深度为 16 的图像有 2^{16} 即 65536 个可能的值；位深度为 24 的图像有 2^{24} 大约 1600 万个可能的值。不同位深度的图像色彩信息如图 1-5 所示。

(a) 1 位（黑白）　(b) 8 位（256 个灰度）　(c) 16 位（65536 种颜色）　(d) 24 位（1600 万种颜色）

图 1-5　不同位深度的图像

4．图像的颜色模式

图像的颜色模式是计算机用于表现颜色的一种数学算法，即计算机用什么方式形成图像。不同颜色模式的图像描述和重现色彩的原理以及能显示的颜色数量是不同的。数字图像常用的颜色模式有：RGB 颜色模式、CMYK 颜色模式、Lab 颜色模式、索引颜色模式、位图模式及灰度模式。

（1）RGB 颜色模式。RGB 颜色模式是基于自然界中三种基色光的混合原理，将红（R）、绿（G）和蓝（B）三种基色按照从 0（黑）到 255（白色）的不同亮度值分配给每个颜色分量中的每个像素，从而指定色彩。当不同亮度的基色混合后，便会产生出 1670 多万种颜色。例如，一种明亮的红色可能 R 值为 255，G 值为 0，B 值为 0。当三种基色的亮度值相等时，产生灰色；都为 255 时产生纯白色；而当所有亮度值都是 0 时，产生黑色。RGB 颜色模式的成色原理如图 1-6 所示。

图 1-6　RGB 颜色模式

计算机硬件设备的成像系统主要采用红（R）、绿（G）和蓝（B）三种光来合成图像。因此，当图像用于显示器、投影仪、数码相机等硬件设备的成像显示时采用 RGB 颜色模式，其成像效能受硬件设备颜色空间的影响。

（2）CMYK 颜色模式。CMYK 颜色模式为每个颜色分量指定 0 ～ 100% 的油墨浓度值，为最亮(高光）颜色指定的印刷油墨颜色百分比较低，而为较暗（阴影）颜色指定的百分比较高。例如，一种明亮的红色可能包含 0 青色、100% 洋红、100% 黄色和 0 黑色。在 CMYK 图像中，当四种分量的值均为 0 时，就会产生白色；均为 100% 时，便会产生黑色，如图 1-7 所示。

图 1-7　CMYK 颜色模式

打印设备一般采用青（C）、洋红（M）、黄（Y）和黑（K）四种油墨来合成图像。因此，当图像用于打印时采用 CMYK 颜色模式，与 RGB 颜色模式一样，CMYK 颜色模式也受输出硬件设备颜色空间的影响。

（3）Lab 颜色模式。Lab 颜色模式基于人对颜色的感觉，描述正常视力的人能够看到的所有颜色。因为 Lab 描述的是颜色的显示方式，不依赖于硬件设备，所以被视为与设备无关的颜色模式。Lab 颜色模式是以一个亮度分量 L 及两个颜色分量 a 和 b 来表示颜色的（如图 1-8 所示），其中 L 的取值范围是 0～100，a 为从绿色到红色的颜色分量，b 为从蓝色到黄色的颜色分量，范围可从 + 127 到 − 128。

Lab 颜色模式是与设备无关的颜色空间，能产生与各种设备匹配的颜色。所以，Lab 颜色模式是在不同颜色模式图像之间转换时使用的中间颜色模式，通过 Lab 颜色模式的转换可以减少颜色信息在转换过程中的丢失。

（4）索引颜色模式。索引颜色模式的图像是用自定义的颜色(不超过 256 种颜色)来表现一幅图像。当图像在屏幕上显示的颜色超出 256 种颜色时，计算机将选用现有颜色或现有颜色中最接近的一种来模拟该颜色，如图 1-9 所示。

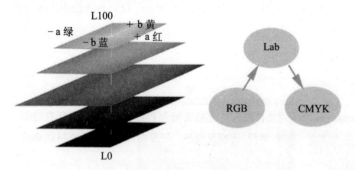

图 1-8　Lab 颜色模式

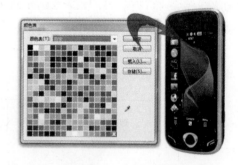

图 1-9　索引颜色模式

索引颜色模式的图像可以在保持图像视觉品质的同时减小图像的文件大小，所以在做网页时非常有用。GIF 格式的图像都是索引颜色模式的图像。

（5）灰度模式。灰度模式的图像使用 0（黑色）至 255（白色）之间的亮度值来表现图像的颜色信息，如图 1-10 所示。亮度是控制灰度的唯一要素，亮度越高，灰度越浅；亮度越低，灰度越深。通常我们所说的黑白相片就是灰度模式的图像。

（6）位图模式。位图模式用黑白两种颜色表示图像中的像素，如图 1-11 所示。位图颜色模式的图像也叫黑白图像。在宽度、高度和分辨率相同的情况下，位图颜色模式的图像尺寸最小。位图模式的图

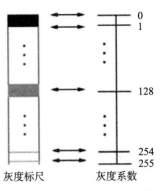

图 1-10　灰度模式

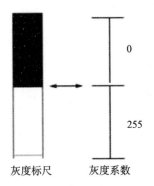

图 1-11　位图模式

像主要用于报纸的印刷。

🐟【知识应用补充】：每种颜色模式的图像所包含的颜色数量及其在实际中的应用也各不相同,用户应根据实际需要选择正确的颜色模式。

5. 图像的文件格式

图像的文件格式是计算机保存图像所用的数据排列规则。由于每个计算机应用程序生成和支持的文件格式都各不相同,所以不同类型的图像文件所包含的数据信息也不一样。常用图像的文件格式及其特性如表 1-2 所示。用户应掌握不同应用程序所支持的图像文件格式,以便在不同程序间协调和共享文件。

表 1-2　位图文件格式及其特性

文件类型	文件描述	文　件　特　性
PSD	Photoshop 文件格式	是 Photoshop 默认的文件格式。此格式包含 Photoshop 软件中所有的图像信息,如图层、通道、路径、透明属性等。但很少有其他软件支持此格式
EPS	内嵌式语言文件格式	可以同时包含矢量图形和位图图形,并且几乎所有的图形、图表和页面排版程序都支持该格式。EPS 格式用于在应用程序之间传递 PostScript 图片
PDF	便携式图像文件格式	灵活的、跨平台、跨应用程序的文件格式。基于 PostScript 成像模型,PDF 文件精确地显示并保留字体、页面版式以及矢量和位图图形
JPEG	网页图像文件格式	是在 Web 及其他联机服务上常用的一种格式,用于显示超文本标记语言(HTML) 文档中的照片和其他连续色调的图像。此格式可以通过有选择地"扔掉"数据来压缩文件大小,是一种有损压缩文件格式

续表

文件类型	文件描述	文 件 特 性
GIF	网页图像文件格式	在网络上广泛使用的一种格式。此格式支持动画。但此格式最多只支持256色，对真彩图片进行有损压缩
PNG		是一种新兴的网络图像格式，用于无损压缩和在 Web 上显示图像。分为 PNG8 和 PNG24 两种。与 GIF 不同，PNG 支持24位图像并产生无锯齿状边缘的背景透明度，但某些 Web 浏览器不支持 PNG 图像
TIFF	主流图像文件格式	是一种灵活的位图图像格式，几乎受所有的绘画、图像编辑和页面排版应用程序的支持。此格式存储的图像信息多，可用于传统图像印刷，也可进行有损或无损压缩
BMP	Windows 标准图像文件格式	是 Windows 兼容计算机上的标准 Windows 图像格式。这种格式的特点是包含的图像信息较丰富，几乎不进行压缩，因此占用磁盘空间过大
DICOM	医学成像文件格式	格式通常用于传输和存储医学图像，如超声波和扫描图像
DNG	数字负片格式	包含数码相机中的原始图像数据以及定义数据含义的元数据

【知识应用补充】：许多图像在存储为某种文件格式时通常使用压缩来减小图像的文件大小。根据对图像品质的影响，将压缩分为有损压缩和无损压缩。图像的压缩方式有：RLE 压缩、LZW 压缩、JPEG 压缩、ZIP 压缩和 CCITT 压缩。

● RLE 压缩：无损压缩，受某些常用的 Windows 文件格式支持。

● LZW 压缩：无损压缩，受 TIFF、PDF、GIF 和 PostScript 语言文件格式支持。对于包含大面积单色区域的图像最有用。

● JPEG 压缩：有损压缩，受 JPEG、TIFF、PDF 和 PostScript 语言文件格式支持。建议对连续色调图像（如照片）使用此压缩方法。

● ZIP 压缩：无损压缩，受 PDF 和 TIFF 文件格式支持。与 LZW 一样，ZIP 对包含大面积单色区域的图像最有效。

● CCITT 压缩：无损压缩，用于黑白图像的一系列无损压缩方法，受 PDF 和 PostScript 语言文件格式支持。

任务 1.2 扫 描 图 像

1.2.1 任务分析

扫描图像是将模拟原稿图像转换为数字图像的主要方法，如图 1-12 所示。不同类型的原稿图像在扫描时很容易产生细节问题，如风景相片在扫描时很容易丢失层次，人物相片在扫描时容易产生偏色，而印刷品在扫描时一般都产生网纹。因此，如何保证得到符合设计要求的高品质扫描图像是扫描技术的关键。

1.2.2 任务导向

图 1-12 扫描图像示例

1. 分析原稿

原稿品质的好坏是决定能否得到高品质扫描图像的关键。扫描图像前首先要对扫描的原稿图像进行仔细的审核,查看原稿的缺陷,然后确定扫描方案、设定扫描参数。

(1) 分析原稿清晰度。图像的清晰度是指原稿在外观上的清晰锐利程度。感光材料的解析力、相机的解析力和外界的环境对图像的清晰度都有一定的影响。对于轻度模糊的图像,可以在扫描后通过专业的锐化功能适当提高其清晰度,如图 1-13 所示。但一幅清晰度过低的原稿图像无论经过怎样的调整,即使用很高的分辨率以及专业的扫描仪扫描,都无法得到高品质的扫描图像。

(a) 模糊的原稿图像　　　　　　　　(b) 锐化的原稿图像

图 1-13　模糊及锐化后的原稿

(2) 分析原稿层次。原稿层次主要是图像上色彩明暗度(即阶调)的过渡,过渡越细腻,层次越丰富,图像就会有更多的细节,如图 1-14 所示。一幅层次正常的图像,它的阶调(包括高光、中间调和暗高)分布合理,不偏亮、不偏暗。图像的层次可以在扫描前通过扫描软件设置黑白场来确定。

(a) 层次不清的原稿图像　　　　　　　(b) 层次清晰的原稿图像

图 1-14　无细节与细节丰富的原稿

(3) 分析原稿颜色。对于彩色原稿,由于曝光、色温、冲洗的技术问题,或胶卷本身的质量问题都会造成原稿的偏色。图像偏色分为整体偏色和局部偏色。观察图像偏色的方法可以在自然光或接近日光色的标准光源下,观察原稿上白色、灰色、黑色等消色部位是否有其他颜色的干扰,对于偏色的图像,如图 1-15 所示,可以在扫描前通过扫描软件进行调整,以符合实际事物的颜色或人眼观察的颜色。

(a) 严重偏色的原稿图像　　　　　　　(b) 校正后的原稿图像

图 1-15　偏色和校正后的原稿

(4) 是否有印刷网纹。由于绘画和照片都是由连续的色调来表现图像的明暗层次,而印刷品则是利用网点的大小来表现画面的色彩浓淡，所以图片在扫描后，就容易形成网纹，如图 1-16 所示。可以在扫描前使用扫描软件自带的去网纹功能有效去除网纹。

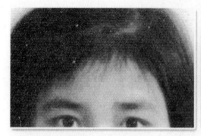 

(a) 有网纹的原稿图像   (b) 去除网纹的原稿图像

图 1-16   去除网纹

2．确定扫描选项

（1）确定原稿类型。原稿图片主要分为反射稿和透射稿两类，在扫描时应选择正确的类型。传统的相片、书画作品以及印刷品都是反射稿，而正片和负片都是透射稿。正片也叫反转片，洗出来的胶卷能直接在放大镜下观看，看到的颜色与所拍摄的颜色一致，可直接做成幻灯片，如电影胶片。负片就是一般常用的胶卷，冲洗后胶片上的颜色与所拍摄的颜色相反，必须扩印后才能得到与拍摄色彩一致的相片。

（2）确定扫描模式。大多数情况下图像都是以彩色 RGB 颜色模式扫描的，因为 RGB 的色域较宽，可包含采样的信息多，能够真实、完全地获得原稿信息。但根据不同的输出需求，如扫描书法或文字作品，便可以使用灰度或位图模式。

（3）确定图像的输出尺寸。扫描图像时可根据输出的需要，放大或缩小图像。但值得注意的是，图像不可能无限制地缩放，缩得太小会造成细节丢失，放得过大会使图像变虚。一般原稿缩放比例不超过原来的 5 倍，而作为印刷品的原稿原则上不适宜放大。如果缩放率过大；建议采用电子分色机及滚筒扫描仪或使用高分辨率扫描，以保证图像有足够的细节。

（4）确定最佳扫描分辨率。扫描分辨率即为打开图像的分辨率。图像扫描分辨率大小取决于图像的输出用途，由图像的扫描放大比例与输出设备的分辨率共同决定。扫描分辨率的计算公式为：扫描分辨率 =1.5~2 倍的印刷网频线（或数字打印机的分辨率）× 放大倍率。如将一幅图像放大两倍后用于画册的印刷（印刷网频线为 150LPI），则图像的扫描分辨率应为：2 倍 ×150 网频线 ×2 倍 =600DPI。

（5）确定输出格式。大多数扫描软件都支持 TIFF、JPEG、BMP 等格式的图片输出。根据图片在不同工作环境中的用途，在扫描时应选择合适的格式。

3．扫描图像

（1）安装扫描软件。将购买扫描仪携带的光盘放入光驱，安装光盘将自动运行，并弹出安装界面，按照屏幕提示安装扫描驱动软件，如图 1-17 所示。

 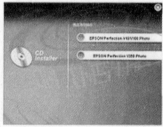

图 1-17   安装扫描软件

（2）连接扫描仪。将扫描仪的数据线（USB 线）与计算机主机连接，打开扫描仪保护开关，接通电源，扫描仪进入预热状态，如图 1-18 所示。

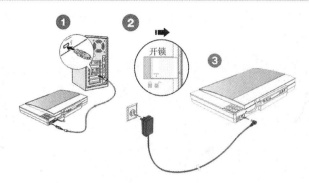

图 1-18 连接扫描仪

【操作技巧提示】：由于扫描仪在刚启动时光源的稳定性比较差,而且光源的色温也没有达到扫描仪正常工作所需要的色温,此时扫描的图像往往饱和度不足,因此在扫描前最好先让扫描仪预热一段时间。

（3）放置扫描稿。打开扫描仪的顶盖,将扫描的介质平直地放置在扫描仪的玻璃平台上,如图 1-19 所示。

（4）设定扫描选项。根据扫描软件,确定图像扫描的类型、模式、尺寸、分辨率、去除网纹等选项。

（5）预扫描。盖上扫描仪顶盖,打开扫描软件,预览扫描效果。

（6）调整图像。观察预扫描的图像,适当调整图像的层次和颜色。也可以扫描后通过专业的图像处理软件如 Photoshop 做后期调整。

（7）确定图像的扫描输出格式及保存位置。

（8）在扫描软件中单击"扫描"按钮,开始扫描图像。

1.2.3 任务案例

本案例将用明基 5000S 平板扫描仪扫描一张用于铜版纸印刷的两寸相片。

1.案例分析

本案例原稿是两寸相片,在扫描时不需要放大。因要用于铜版纸印刷,所以图像扫描的分辨率要求不低于 300PPI。观察原稿,如图 1-20 所示,可以看出图像的主体色调体现不算明显,对比度不够,而且图像严重偏红色,所以在扫描时应校正图像。

2.具体操作步骤

（1）安装扫描驱动 MiraScan 6。

（2）连接扫描仪。

（3）打开扫描仪的顶盖,将扫描的介质平直地放置在扫描仪的玻璃平台上,如图 1-21 所示。

（4）盖上顶盖,打开 MiraScan 6 驱动程序,单击程序窗口的底部"预扫描"按钮 ⬛ 预览扫描图像,如图 1-22 所示。

图 1-19 放入扫描介质（1）

图 1-20 原稿图像

图 1-21 放入扫描介质（2）

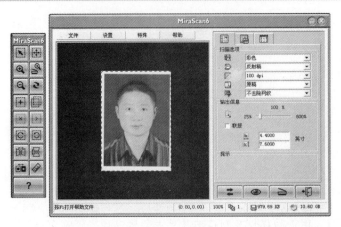

图 1-22　预扫描

（5）调整图像位置。如图像在扫描仪中放置上下颠倒，可以在扫描软件左边的控制窗口通过单击相应的按钮重新调整图像的位置，如图 1-23 所示。

（6）设定扫描参数。单击"扫描选项"标签 ，在"扫描选项"选项区中设定图像扫描的颜色模式为"彩色"，原稿类型选择"反射稿"，扫描分辨率为"300DPI"，如图 1-24 所示。由于原稿不是印刷稿，所以不需要去除网纹。

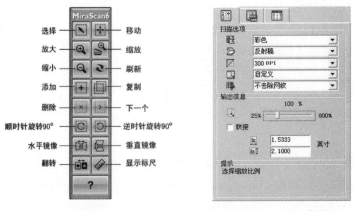

图 1-23　控制窗口　　　　　　　　图 1-24　设定扫描参数

（7）调整图像。单击"图像调整"标签 ，再单击"亮度 / 对比度"按钮，拖动"对比度"滑块，将值设为 2，如图 1-25 所示。

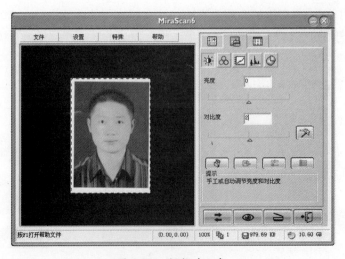

图 1-25　调整对比度

（8）由于图像泛红色，单击"调整色彩平衡"按钮，拖动滑块来减小图像中的红色和洋红，如图1-26所示。

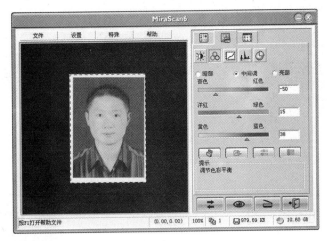

图1-26 调整色彩平衡

（9）调整图像的中间调，单击"曲线"按钮，提升曲线中的Gamma值，如图1-27所示。

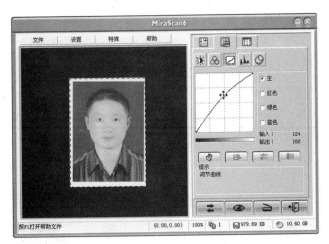

图1-27 调整中间调

（10）调整图像的暗调和高光，单击"色阶"按钮，在"输入色阶"文本框中输入暗调的色阶为14，高光为232，如图1-28所示。

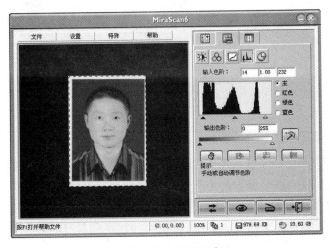

图1-28 调整暗调和高光

（11）单击"图像输出"按钮▦，设置扫描图像的格式和保存位置，如图 1-29 所示。

（12）单击 MiraScan 6 程序窗口的底部"扫描"按钮◢开始扫描图像，扫描后的图像保存在图像输出选项设定的目录中，如图 1-30 所示。

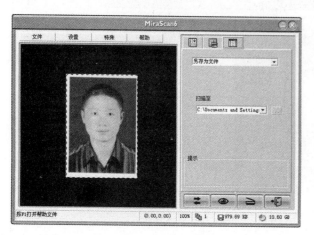

图 1-29　设置输出格式

图 1-30　扫描后的图像

任务 1.3　拍 摄 图 像

1.3.1　任务分析

拍摄图像通常采用三种数字化设备：数码相机、摄像机和摄像头，如图 1-31 所示。数码相机是获取静态图像的主要方法，而摄像机和摄像头是获取动态图像的主要方法，尽管数码相机也可以拍摄动态场景，但一般情况下拍摄静态实物效果最佳。拍摄图像的质量取决于数码相机的硬件、系统设置、拍摄环境等诸多因素。数码相机拍摄的图像存放在存储介质中，要使用这些数字图像，需要将其从存储介质导入计算机。

(a) 数码相机　　　　　　(b) 摄像机　　　　　　(c) 摄像头

图 1-31　数字化设备

1.3.2　任务导向

1. 了解数码相机主要技术参数

数码相机主要通过成像元件 CCD 或者 CMOS 将通过镜头的光线转化为数字信号，数字信号通过影像运算芯片储存在存储设备中，它是获取静态数字图像最快捷的方法。目前市面上流行的数码相机主要有单镜头反光相机（简称单反相机）、单镜头电子取景相机（简称单电相机）、旁轴取景相机、机身小巧轻薄的相机(又称卡片相机)、双屏显示相机、具有长焦镜头的相机和具有广角镜头的相机等类型，如图 1-32 所示。

图1-32 不同类型的数码相机

（1）感光元件。数码相机的"胶卷"就是其成像感光元件，而且是与相机一体的，是数码相机的心脏。目前数码相机的核心成像部件有两种：一种是广泛使用的CCD（电荷耦合）元件；另一种是CMOS（互补金属氧化物导体）器件。CMOS的缺点就是太容易出现杂点，CCD和传统底片相比，更接近人眼视觉的工作方式。

（2）最大像素与有效像素。最大像素，指CCD/CMOS感光器件的像素，是经过插值运算后获得的。插值运算后获得的图像质量不能够与真正感光成像的图像相比。有效像素数是指真正参与感光成像的像素值，是在镜头变焦倍率下换算出来的值。在选择数码相机的时候，应该注意数码相机的有效像素是多少，有效像素的数值才是决定图片质量的关键。

（3）最高分辨率与图像分辨率。数码相机能够拍摄最大图片的面积，就是这部数码相机的最高分辨率，通常以像素为单位。常见的有640×480像素、1024×768像素、1600×1200像素、2048×1536像素等，前者为图片的长度，后者为图片的宽度，两者相乘得出的是图片的总像素。如一张分辨率为640×480像素的图片，它的分辨率就达到了307200像素，也就是我们常说的30万像素。在相同尺寸的照片下，相机的分辨率越高，图像越能表现更丰富的细节，但同时会在计算机中占用更多的内存和更大的硬盘空间。

（4）光学变焦与数码变焦。光学变焦是通过镜头、物体和焦点三方的位置发生变化而产生的。当成像面在水平方向运动的时候，视觉和焦距就会发生变化，更远的景物变得更清晰，让人感觉像物体有递进的感觉。光学变焦倍数越大，能拍摄的景物就越远。数码变焦也称为数字变焦，是通过数码相机内的处理器，把图片内的每个像素面积增大，从而达到放大目的。这种手法如同用图像处理软件把图片的面积改大，由于焦距没有变化，所以它的清晰度会有一定程度的下降。因此，数码变焦没有太大的实际意义。

（5）感光度。数码相机用于感应光线信号的CCD相当于传统胶片，有一定的感光度。数码相机厂家为了方便数码相机使用者，一般将数码相机的CCD对光线的灵敏度等效转换为传统胶卷的感光度值，因此数码相机就有了等效感光度的概念。从理论上来讲，数码相机的感光度越高，拍摄效果就会越好。

（6）光圈大小。光圈是一个用来控制光线透过镜头并进入机身内感光面的光量装置，通常是在镜头内。我们平时所说的光圈值F2.8、F8、F16等是光圈系数。光圈F值越小，在同一单位时间内的进光量便越多。

（7）对焦范围与近拍距离。对焦范围即数码相机能清晰成像的范围，通常分为一般拍摄距离与近拍距离。相机的一般拍摄距离通常都标示为"**cm-无穷远"。近拍距离又称微距拍摄，是大部分数码相机提供的近距离拍摄功能来弥补一般拍摄模式下无法对焦的问题。在微距摄影中放大率直接影响微距拍摄的效果。

（8）快门类型与快门速度。快门是相机上控制感光片有效曝光时间的一种装置。目前的数码相机快门包括电子快门、机械快门和 B 门。电子快门，是用电路控制快门线圈磁铁的原理来控制快门时间的，齿轮与连动零件大多为塑料材质；机械快门是齿轮带动控制时间，连动与齿轮以铜与铁的材质居多。当需要超过 1s 曝光时间时，就要用到 B 门了。使用 B 门的时候，快门释放按钮按下，快门便长时间开启，直至松开释放按钮，快门才关闭。

（9）防抖性能。使用数码相机往往会拍摄出重影或模糊的相片，这是因为在实际拍摄过程中拍摄者的手抖动所造成的。可以将防抖分成三大类型：光学防抖、电子防抖和 CCD（感光器）防抖。电子防抖的成本低，但会降低 CCD 的利用率，对画面清晰度会带来一定的损失。光学防抖通常能有效预防快门时间短于 1/60s 范围之内的抖动。与光学防抖相比，CCD 防抖避免了光学防抖补偿方式带来的误差，同时也避免了成像质量的下降，缺点是由于对应高精度的机构要求，机身的成本比较高。

（10）曝光补偿。曝光补偿也是一种曝光控制方式，一般在 ±（2～3）EV 左右，如果环境光源偏暗，可以增加曝光值以凸显画面的清晰度。

（11）白平衡调节。物体颜色会因投射光线颜色产生改变，在不同光线场合下拍摄出的照片会有不同的色温，例如以钨丝灯（电灯泡）照明的环境拍出的照片可能偏黄。一般来说，CCD 没有办法像人眼一样会自动修正光线的改变。平衡就是无论环境光线如何，让数码相机默认白色而平衡其他颜色在有色光线下的色调。

2．了解存储介质

数码相机的图像存储方式有两种：一种是存储在相机内部；另一种是存储在相机附带的存储卡上。由于存储卡具有存储容量相对较大、小巧轻便、防尘抗震等优点，现代的数码相机都是靠这种存储设备来存储拍摄的相片。目前在市面上比较常见的存储卡有：Compact Flash（CF 卡）、Smart Media（SM 卡）、Multi Media Card（MMC 卡）、SD Memory（SD 卡）、Memory Stick（索尼记忆棒）、IBM Microdrive（IBM 微型硬盘），以及最新的 XD-Picture（XD 卡）。

（1）CF 卡。是一种比较稳定的存储解决方案，不需要电池来维持其中存储的数据，如图 1-33 所示。对所保存的数据来说，CF 卡比传统的磁盘驱动器安全性和保护性都更高。这些优异的条件使得大多数数码相机选择 CF 卡作为其首选存储介质。

（2）SM 卡。一度在 MP3 播放器上非常地流行。由于 SM 卡（如图 1-34 所示）本身没有控制电路，而且由塑胶制成，因此 SM 卡的体积小且非常轻薄。但由于 SM 卡的控制电路集成在数码产品当中，这使得数码相机的兼容性容易受到影响。

（3）MMC 卡。与传统的移动存储卡相比，其最明显的外在特征是尺寸更加微缩，如图 1-35 所示，只有普通的邮票大小（是 CF 卡尺寸的 1/5 左右），而其重量不超过 2g。由于采用更低的工作电压，MMC 卡比 CF 卡和 SM 卡等上代产品更加省电。

（4）SD 卡。是一种基于半导体快闪记忆器的新一代记忆设备，如图 1-36 所示。拥有高存储容量、快速数据传输率、极大的移动灵活性以及很好的安全性。SD 卡的结构能保证数字文件传送的安全性，也很容易重新格式化，所以有着广泛的应用领域，如音乐、电影、新闻等多媒体文件都可以方便地保存到 SD 卡中。

图 1-33　CF 卡

图 1-34　SM 卡

图 1-35　MMC 卡

图 1-36　SD 卡

（5）索尼记忆棒。是索尼公司独自推出的，几乎可以在所有的索尼影音产品上通用（如图1-37所示）。记忆棒外形轻巧，并拥有全面多元化的功能。它的极高兼容性和前所未有的通用储存媒体的概念，为未来高科技个人计算机、电视、电话、数码照相机、摄像机和便携式个人视听器材提供了新一代更高速、更大容量的数字信息储存、交换媒体。除此之外，还可轻松实现与PC及苹果机的连接。

（6）IBM微型硬盘。是美国IBM公司推出的大容量存储介质（如图1-38所示）。由于数码相机缺少大容量的存储介质，曾一度阻碍了数码相机的发展，IBM公司看到了这方面的市场空白，结合自己在硬盘制造方面的优势，果断地推出了与CF卡II型接口一致的微型硬盘，刚推出时容量便高达340MB，经过一年多的发展，容量已达到1GB，使数码相机以AVI格式拍摄动态影像时不必再用秒计算了。

（7）XD卡。XD取自于Extreme Digital（极限数字）。XD卡（如图1-39所示）是较为新型的闪存卡，相比于其他闪存卡，它是目前世界上最为轻便、体积最小的数字闪存卡。XD卡的存储容量超大，理论最大容量可达8GB，具有很大的扩展空间。

图1-37　索尼记忆棒　　　　　图1-38　IBM微型硬盘　　　　　图1-39　XD卡

3．导入相片

将图像从存储卡导入计算机中有两种方法：一种是将存储卡放置在数码相机内，直接从相机中读取；另一种是把存储卡拿出来放入读卡器（如图1-40所示）中完成图像的数据交换。

从数码相机导入图像的操作步骤如下。

（1）将存储卡插入数码相机卡槽。

（2）连接数码相机和计算机主机。

（3）打开数码相机电源。

（4）在Windows桌面上打开"我的电脑"窗口，在窗口的右侧便会显示数码相机的盘符，如图1-41所示。

（5）双击数码相机盘符，在资源管理器中便会显示数码相机中的相片。

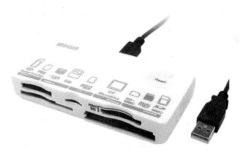

图1-40　读卡器

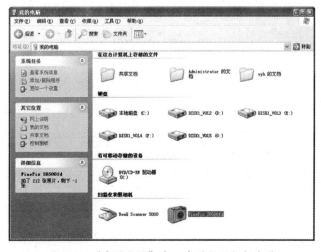

图1-41　"我的电脑"窗口中的数码相机盘符

从读卡器导入图像的操作步骤如下。

（1）将存储卡插入读卡器。

（2）将读卡器插入计算机 USB 接口。

（3）打开"我的电脑"窗口，在窗口的右侧便会显示数码相机的盘符，如图 1-42 所示。

（4）双击"移动盘符"，在"DCIM"文件夹中可以查看存储卡中的相片。

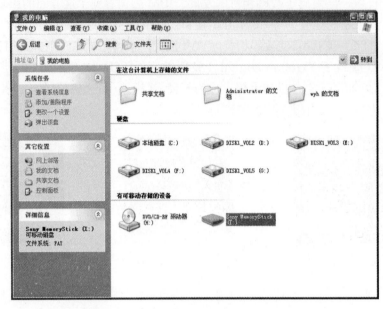

图 1-42　"我的电脑"窗口中的移动盘符

1.3.3　任务拓展

数字摄像机（DV）通常用于拍摄动态场景。工作原理与数码相机一样，只不过它是将一组组的静态画面由专门的芯片进行处理和过滤得到的动态画面。数字摄像机拍摄的画面通常保存在磁带、光盘或硬盘上，在计算机中使用这些影像需要将这些影像资料通过视频采集卡和专业采集软件转换为计算机能够编辑的数据。

摄像头也可以拍摄动态画面，但拍摄的质量一般比摄像机拍的差，所以在要求画面质量不高的情况下（如监控）可以用摄像头。摄像头的工作原理大致为：景物通过镜头生成的光学图像投射到图像传感器表面上，然后转为电信号，经过 A/D（模数转换）转换后变为数字图像信号，送到数字信号处理芯片(DSP) 中加工处理，再通过 USB 接口传输到计算机中处理，通过显示器就可以直接看到图像。

本 章 小 结

数字图像有着传统图像不可比拟的优点，数字图像的颜色模式、颜色深度、分辨率以及文件格式都会影响数字图像的质量。扫描是将原稿图像转换为数字图像的主要方法，数码相机是将实物转换为数字图像最快捷的方法。在实际工作中要求能够通过合适的方法将原稿图像或实物转换为计算机可识别的数字图像。

本章练习

1．技能认证考题

（1）如果将一幅 1 in×1 in 的图像扫描成 2 in×2 in 的图像并用于网频为 75LPI 的印刷机印刷，则其扫描的分辨率应设置为（　　）DPI。

    A．75　　　　　　B．100　　　　　　C．500　　　　　　D．600

（2）如果计划印刷一个黑白的技术图形（线稿），照排机的输出分辨率是 1200DPI，应当采用的扫描分辨率是（　　）DPI。

    A．300　　　　　　B．600　　　　　　C．1200　　　　　　D．2400

（3）扫描过程中最容易丢失层次的是（　　）。

    A．亮调　　　　　B．中间调　　　　　C．暗调　　　　　D．以上都不对

2．实习实训操作

（1）准备一张用于扫描的图片，使用 200DPI 分辨率按原始尺寸扫描。再将图像尺寸缩小为原来的一半，以 100DPI 的分辨率扫描。最后将图像尺寸放大为原来的两倍，以 400DPI 的分辨率扫描。比较三次扫描的图像质量。

（2）准备一张用于扫描的文字稿，尝试使用 300DPI 和 600DPI 不同的分辨率扫描该文稿，然后比较两次扫描质量。

（3）准备一张用于扫描的手绘黑白线稿，尝试使用不同的扫描模式扫描该线稿，然后查看扫描结果。

（4）练习使用数码相机的不同设置拍摄相片，并将其导入计算机中查看。

模块2 熟悉Photoshop工作环境

任务目标

学习完本模块，能够在 Photoshop 软件全屏模式下查看和编辑图像。如图 2-1 所示为 Photoshop 的两种工作模式效果。

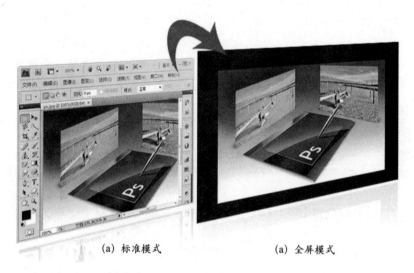

(a) 标准模式   (a) 全屏模式

图 2-1　Photoshop 的两种工作模式效果

任务实现

熟悉 Photoshop 软件工作环境，记住和使用包括常用工具的快捷键、调用控制面板的快捷键以及常用菜单命令的快捷键，进入全屏模式查看和编辑图像，优化软件设置，提高工作效率。

典型任务

➢ 熟悉工作界面。
➢ 掌握图像窗口。
➢ 查看图像视图。
➢ 使用辅助功能。
➢ 了解并使用图层。
➢ 优化软件性能。

任务 2.1　熟悉工作界面

2.1.1　任务分析

整个 Photoshop CS4 软件的工作界面由应用程序栏、菜单栏、工具选项栏、工具箱、图像窗口和控制面板组构成，如图 2-2 所示。在全屏模式下操作图像必须记住和使用快捷键调用这些对象。

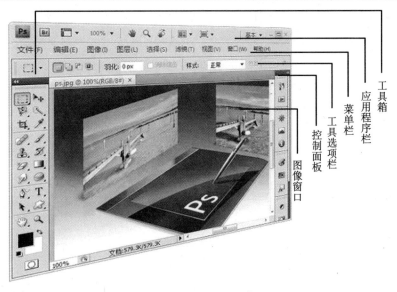

图 2-2　Photoshop CS4 工作界面

2.1.2　任务导向

1．使用应用程序栏

Photoshop CS4 在工作界面的最上方显示应用程序栏,如图 2-3 所示。

图 2-3　应用程序栏

应用程序栏增设了用于查看和编辑图像的快捷选项,主要有:启动 Bridge 的按钮 ；用于显示标尺、参考线和网格辅助功能的按钮 ；用于更改图像视图显示比例的按钮 100% ；用于查看被放大图像局部区域的按钮 ；用于放大图像的视图按钮 ；用于旋转图像的视图按钮 ；用于快速排列多图像窗口的按钮 ；用于快速切换屏幕模式的按钮 和用于快速切换工作区的按钮 基本功能 。

【知识应用补充】:应用程序栏为初级用户快速查看和编辑图像提供了便捷。对于高级用户,建议使用快捷键完成这些操作,这些快捷键将在后面的知识中逐一介绍。

2．使用菜单栏

Photoshop 提供了 11 个用于建立、查看和编辑图像以及获得帮助的菜单,它们的主要功能如下。

- "文件"菜单:各个命令主要用于图像文件的基本操作;
- "编辑"菜单:各个命令主要用于不同程序间的复制、粘贴以及软件的系统设置等操作;
- "图像"菜单:各个命令主要用于图像的调整、颜色模式的切换等操作;
- "图层"菜单:各个命令主要用于处理图像所在图层的所有操作;
- "选择"菜单:各个命令主要用于创建和编辑浮动选区的操作;
- "滤镜"菜单:各个命令主要用于为图像添加内置或外挂特殊效果的操作;
- "分析"菜单:各个命令主要用于查看和编辑度量的相关信息;
- "3D"菜单:各个命令主要用于创建和编辑三维对象的操作;
- "视图"菜单:各个命令主要用于查看图像视图的操作;
- "窗口"菜单:各个命令主要用于图像窗口的基本操作;
- "帮助"菜单:各个命令主要用于获取版权及帮助信息的操作。

【知识应用补充】：用户应快速划分出每个菜单的主要功能,记住每个菜单下用于编辑图像命令的快捷键,如"编辑"菜单下的"填充"命令的快捷键是 Shift + F5。

3．使用工具选项栏

工具是 Photoshop 处理图像必备的主要对象。选择"窗口"→"工具"命令,便可显示工具箱。Photoshop CS4 在工具箱中提供了 70 多个用于编辑和图像处理的工具,按其功能进行类别划分,如图 2-4 所示。

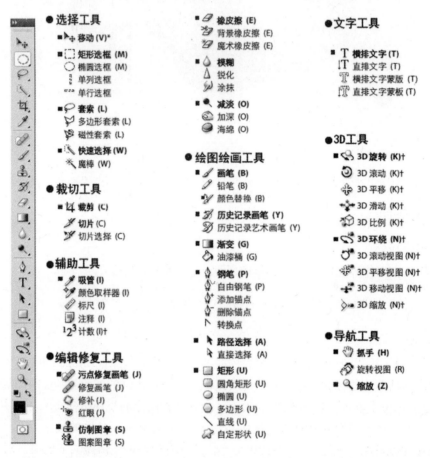

图 2-4　Photoshop CS4 工具列表

（1）选择工具。直接在工具箱中单击工具图标即可选择该工具,按住图标右下角三角形标记,从弹出的列表中可以选择隐藏的工具,如图 2-5 所示。

【操作技巧提示】：在全屏模式下操作图像必须记住每个工具对应的快捷键。在每个工具名称的右侧显示的英文字母即是该工具的快捷键,按住 Shift 键及对应工具的快捷键,可以循环选择共用同一个快捷键的工具。

（2）更改工具光标。预设状态下,被选择的工具光标都与其在工具箱中显示的图标相同,但有时为了方便,也可以更改光标显示为十字线的精确光标或其他光标。选择"编辑"→"首选项"→"光标"命令,然后在打开的"首选项"对话框中选择"绘画光标"或"其他光标"选项区下的设置,如图 2-6 所示。

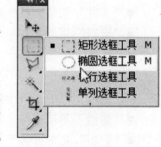

图 2-5　选择椭圆选框工具

- "标准"：将光标显示为工具图标。
- "精确"：将光标显示为十字线。
- "正常画笔笔尖"：光标轮廓相当于工具影响区域的 50%。
- "全尺寸画笔笔尖"：光标轮廓几乎相当于工具影响区域的 100%。

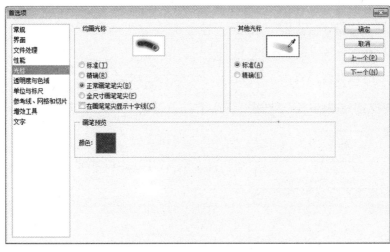

图 2-6 "首选项"对话框

● "在画笔笔尖显示十字线"：在画笔形状的中心显示十字线。

📑【操作技巧提示】：按 Caps Lock 键可以在当前光标和十字线光标间切换。

（3）使用工具选项栏。选择"窗口"→"选项" 命令，显示工具选项栏。在 Photoshop 软件中使用任何一个工具在选项栏上都有其对应的选项，不同工具的选项栏显示的选项各不相同，如移动工具的选项栏如图 2-7 所示。

图 2-7 移动工具选项栏

🖋【知识应用补充】：使用任何一个工具时都应该查看该工具的选项是否符合当前使用状况。

4．使用控制面板

控制面板是 Photoshop 处理图像的辅助对象，不同面板有着不同的功能，所有面板都显示在"窗口"菜单下。Photoshop 根据不同用户的设计需求，依据预设的工作区在工作界面上列出所需的控制面板组，例如在"基本功能"工作区下显示了如图 2-8 所示的控制面板组。

（1）根据预设工作区组合面板。单击应用程序栏切换工作区按钮 基本功能▼，从弹出的菜单列表中选择所需的工作区，如图 2-9 所示。也可以从"窗口"菜单下的"工作区"子菜单列表中选择一种工作区。

（2）自由组合面板。将鼠标放在面板标签上拖动至另一面板上突出显示位置后松开鼠标，如图 2-10 所示。若要串联面板，将鼠标放在面板标签上拖动至另一面板的顶部、底部、左端或右端突出显示位置后松开鼠标，如图 2-11 所示。

（3）展开或折叠面板。在使用面板时，单击面板顶端的折叠按钮◀◀，可以折叠上下串联的所有面板组，如图 2-12 所示。单击单个面板顶端的折叠按钮◀◀可折叠单个面板组，如图 2-13 所示。折叠面板或面板组可以在工作时减少面板所占据的界面空间。单击折叠后的面板标题栏的展开按钮▶▶，可以再次展开面板或面板组。

（4）调整面板大小。将鼠标放在面板边缘或拐角，当其呈双向箭头显示标记时拖曳鼠标，即可调整面板的大小，如图 2-14 所示。

📑【操作技巧提示】：Photoshop 预设的工作区面板组合适合于初级用户。对于高级用户，记住以下快捷键可以快速调用工具和控制面板。

① Tab 键：可以显示／隐藏工具箱、选项栏以及所有的控制面板组。

② Shift + Tab 组合键：只显示／隐藏除工具箱以外的所有控制面板组。

③ F5 键：显示／隐藏画笔面板组。

④ F6 键：显示 / 隐藏颜色面板组。

⑤ F7 键：显示 / 隐藏图层面板组。

⑥ F8 键：显示 / 隐藏信息面板组。

⑦ F9 键：显示 / 隐藏动作面板组。

图 2-9　预设的工作区列表

图 2-8　基本功能工作区面板

图 2-10　自由组合面板

图 2-11　串联面板

图 2-12　折叠的面板组

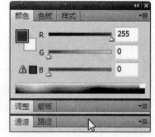

图 2-13　折叠的单个面板

5. 使用全屏模式

Photoshop CS4 提供了三种用于查看和编辑图像的屏幕模式：

● "标准屏幕模式"：在屏幕上显示菜单、应用程序栏、工具及其选项栏、控制面板。

● "带有菜单栏的全屏模式"：在标准屏幕模式下最大化显示图像窗口。

● "全屏模式"：隐藏工作界面，在屏幕上只显示图像。

默认设置下，Photoshop 以标准模式编辑图像。如果要切换到"全屏模式"，可以选择"视图"→"屏幕模式"→"全屏模式"命令；或单击应用程序栏切换屏幕模式按钮 ，在弹出的屏幕模式列表中选择"全屏模式"，也可以直接按 F 键在这三种模式间切换。

图 2-14　调整面板大小

在"全屏模式"下，Photoshop 菜单栏、工具选项栏、工具箱和所有的控制面板将会隐藏，屏幕上只显示当前图像，图像以外的区域显示黑色，如图 2-15 所示，所有的操作都需要靠快捷键来完成。

　　【操作技巧提示】：在"全屏模式"下调用工作界面的操作方法如下。

　　① 调用菜单：按 Alt 键 + 对应菜单的快捷键。

　　② 调用工具：按每个工具对应的快捷键。

　　③ 调用工具选项栏：按数字键盘的 Enter 键。

　　④ 调用面板：按每个面板组对应的快捷键。

　　⑤ 调用快捷菜单：使用不同工具在图像窗口中右击可以弹出相应的快捷菜单。

图 2-15　全屏模式

任务 2.2　掌控图像窗口

2.2.1　任务分析

在 Photoshop 中打开或新建的任何一个图像都会以窗口的形式显示，学会控制当前图像窗口以及在多图像窗口间协调操作是提高工作效率的途径之一。

2.2.2　任务导向

1．更改窗口显示

Photoshop CS4 不同于以往版本，在预设状态下，打开或新建的图像窗口都是以选项卡的形式显示，如图 2-16 所示。

如果用户不习惯此用法，可以还原为以往版本。选择"编辑"→"首选项"命令，在弹出的"首选项"对话框中，在"界面"选项对应页面中取消选择"以选项卡方式打开文档"复选框，如图 2-17 所示。

2．操作单图像窗口

（1）新建图像。选择"文件"→"新建"命令，在弹出的如图 2-18 所示的对话框中选择预设的图像尺寸，或自定义当前图像名称、大小、分辨率、颜色模式和颜色深度等信息。

(C) Hydrangeas.jpg @ 66.7%(RGB/8#) ×   (C) Jellyfish.jpg @ 66.7%(RGB/8#) ×

图 2-1.6   以选项卡形式显示的图像窗口

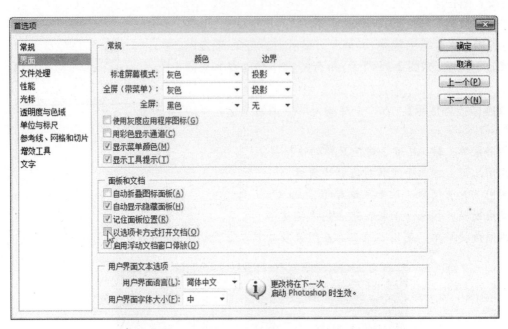

图 2-17   "首选项"对话框中的"界面"页面

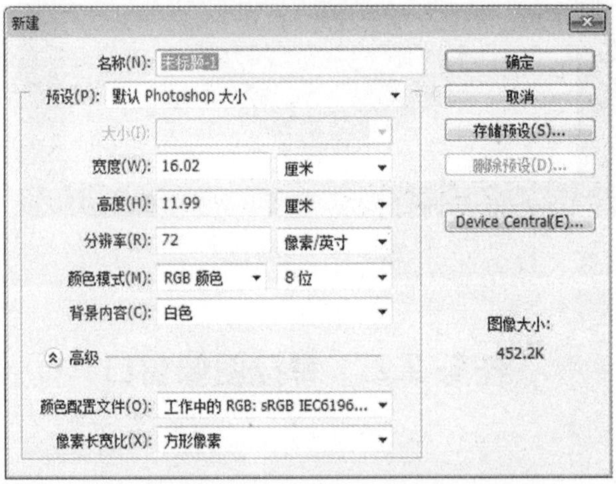

图 2-18   "新建"对话框

（2）打开图像。在工作界面的空白处双击，或使用"文件"菜单下的"打开"命令，然后在弹出的"打开"对话框中可以选择需要打开的图像文件。

【知识应用补充】：使用"文件"菜单下的"在 Bridge 中浏览"命令或单击应用程序栏上的启动 Bridge 按钮，可以启动 Bridge 窗口，在 Bridge 窗口中可以浏览需要打开的图像文件，如图 2-19 所示。在 Bridge 窗口中直接双击需要打开的图像文件亦可以。

（3）置入图像。在当前图像中，使用"文件"菜单下的"置入"命令可以将照片、图片或任何 Photoshop 支持的文件作为智能对象添加进来，并可以对智能对象进行缩放、斜切、旋转或变形操作，不会降低图像的质量。

（4）存储和导出图像。使用"文件"菜单下的"存储"或"存储为"命令可以将当前图像文件按照指定的格式存储起来。"导出"命令可以将当前图像导出到其他程序中使用。

（5）关闭图像。使用"文件"菜单下的"关闭"命令可以关闭当前图像，而使用"全部关闭"命令则可以关闭当前所有打开的图像。

图 2-19　Bridge 窗口

■⇨【操作技巧提示】：记住以下文件操作组合键，可以提高工作效率。

① Ctrl + N 组合键：新建文件。

② Ctrl + O 组合键：打开文件。

③ Ctrl + Alt + O 组合键：在浏览器窗口中打开文件。

④ Ctrl + S 组合键：保存文件。

⑤ Shift + Ctrl + S：另存为文件。

⑥ Ctrl + W 组合键：关闭当前文件。

⑦ Ctrl + Alt + W 组合键：关闭所有文件。

3．操作多图像窗口

（1）新建图像窗口。选择"窗口"→"排列"→"为某某图像新建窗口"命令，为当前图像建立一个新窗口，这样可以在一个放大的视图窗口中操作图像，而在另一个窗口中预览整个图像效果。

（2）复制图像窗口。选择"图像"→"复制"命令，为当前图像复制一个窗口，这样可以在不需要保存图像副本的前提下，将图像窗口复制到内存中处理。

（3）排列图像窗口。选择"窗口"→"排列"→"层叠"命令，可以让打开的多个图像窗口从屏幕的左上角到右下角以堆叠和层叠方式显示；选择"窗口"→"排列"→"平铺"命令，可以将多个图像窗口以边靠边的方式显示。也可以直接单击应用程序栏排列文档窗口按钮▤▾，在弹出的列表中选择一种排列方式。

（4）匹配图像窗口。选择"窗口"→"排列"→"匹配缩放"命令，可以让平铺方式显示的多个图像窗口按照当前图像窗口的视图显示比例缩放；选择"窗口"→"排列"→"匹配位置"命令，可以让平铺方式显示的多个图像窗口按照当前图像窗口的位置显示图像；选择"窗口"→"排列"→"全部匹配" 命令，可以让平铺方式显示的多个图像窗口按照当前图像窗口的视图和位置显示图像。

■⇨【操作技巧提示】：按 Ctrl + Tab 组合键可以在打开的多图像窗口间切换。

4．查看图像文件信息

每个图像窗口的标题栏都会显示当前图像的名称、图像的文件格式、图像的显示比例、颜色模式及颜色深度等信息，而在图像窗口的下端显示当前图像的文档信息，如图 2-20 所示。

图 2-20　查看图像信息

任务2.3　查看图像视图

2.3.1　任务分析

处理图像局部细节时，需要放大图像，更改图像的视图显示比例，以便观察图像的细节。Photoshop允许用户在不需要缩小视图的情况下直接查看图像的局部区域，以便提高工作效率。

2.3.2　任务导向

1．缩放视图

缩放图像的视图并不是更改图像的实际尺寸，而是更改图像的显示比例，因此不会影响图像的真实品质。

（1）使用"放大镜工具"缩放。在工具箱中选择放大镜工具 🔍，在图像窗口中单击或拖动放大图像，按住 Alt 键单击可缩小图像。

（2）按比例缩放。选择"视图"→"放大"或"缩小"命令。

（3）按屏幕大小缩放。选择"视图"→"按屏幕大小缩放"命令。

（4）按实际大小显示。选择"视图"→"实际像素"命令。

🔖【操作技巧提示】：放大或缩小图像时，配合以下组合键，可以提高工作效率。

① Ctrl + 0 组合键或双击"抓手工具"：按屏幕大小缩放图像。

② Ctrl + 1 组合键或双击"放大镜工具"：按实际大小显示图像。

③ Ctrl + (+) / (−) 组合键：按比例放大 / 缩小图像。

④ Ctrl + Alt + (+) / (−) 组合键：在缩放图像时调整窗口大小。

⑤ 在使用其他工具时按住 Ctrl+ 空格键，可暂时切换到放大镜工具。

2．查看图像的局部区域

放大图像后，可以使用"抓手工具"和"导航器"面板查看图像的局部区域。

（1）使用"抓手工具"。选择"抓手工具" 🖐，在图像窗口拖曳鼠标至图像的局部区域。

（2）在"导航器"面板中拖动导航镜头到图像的局部区域，如图 2-21 所示。

图 2-21　"导航器"面板

■➡【操作技巧提示】：在使用其他工具时按住空格键可暂时切换到"抓手工具"。

3．在屏幕上查看图像的打印尺寸

选择"视图"→"打印尺寸"命令。

任务 2.4　使用辅助功能

2.4.1　任务分析

在精确作图或处理图像时，如设计一个标志，Photoshop 使用标尺、参考线和网格作为辅助对象，以便在图像窗口中准确定位图像的位置，提高工作效率。

2.4.2　任务导向

1．使用标尺

使用标尺可以查看当前鼠标在图像中的精确位置，也可以通过标尺创建参考线。在图像窗口使用标尺的操作方法如下。

（1）显示标尺。选择"视图"→"标尺"命令，即可显示水平方向和垂直方向的两条标尺。

（2）查看度量单位。在标尺上右击，在弹出的单位列表中可查看当前图像使用的度量单位，如图 2-22 所示。

（3）更改标尺原点。将鼠标从两条标尺左上角的交界处拖曳至图像中作为原点位置，松开鼠标，如图 2-23 所示。如果在交界处双击，即可复位原点位置。

图 2-22　查看标尺度量单位

图 2-23　更改标尺原点

2．使用参考线

使用参考线可以精确定位图像的位置或作图时作为参考对象使用，如图 2-24 所示。在图像窗口中创建和使用参考线的操作方法如下。

（1）创建标尺参考线。从水平或垂直标尺向下或向右拖曳鼠标，即可建立水平或垂直参考线。按住Alt键从标尺上拖曳鼠标，可建立与标尺反方向的参考线；按住Shift键在拖曳时，可以对齐标尺上的刻度创建参考线。

（2）创建精确位置的参考线。选择"视图"→"新建参考线"命令，在弹出的"新建参考线"对话框中设置参考线的位置后，单击"确定"按钮。

（3）显示/隐藏参考线。选择"视图"→"显示"→"参考线"命令。

（4）锁定/解锁参考线。选择"视图"→"锁定参考线"命令。

（5）删除参考线。选择"视图"→"清除参考线"，可清除所有参考线。如果要删除一条参考线，只能使用移动工具将其拖出标尺外。

3．使用网格

网格比参考线更具有对称性，如图2-25所示。在图像窗口中显示网格的方法是选择"视图"→"显示"→"网格"命令。

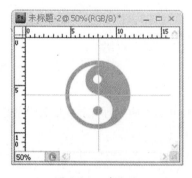

图2-24　参考线　　　　　　　　图2-25　网格

【操作技巧提示】：使用标尺、参考线和网格有以下技巧。

① Ctrl＋R组合键：显示/隐藏标尺。

② Ctrl＋；组合键：显示/隐藏参考线。

③ Ctrl＋'组合键：显示/隐藏参考线。

④ 选择"编辑"→"首选项"→"参考线、网格、切片"命令，在弹出如图2-26所示的"首选项"对话框中更改参考线和网格的颜色以及样式等选项。

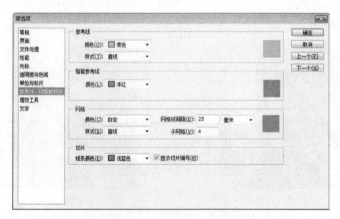

图2-26　"首选项"对话框

4．度量图像信息

使用"标尺工具"可以度量图像上具有特征的两点间距离和角度。具体操作方法如下。

（1）在工具箱中选择"标尺工具" 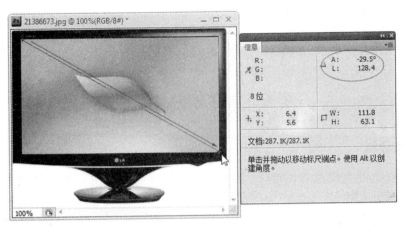。

（2）度量距离。从图像上一个特征点按下鼠标拖动至另一个特征点后松开鼠标，即可在"信息"面板查看两点间的距离信息L，如图2-27所示。

图2-27　度量距离

（3）度量角度。从角的顶点按下鼠标拖动至角的一边，然后按住Alt键从顶点按下鼠标拖动至角的另一边，即可在"信息"面板上查看此角的角度信息A，如图2-28所示。

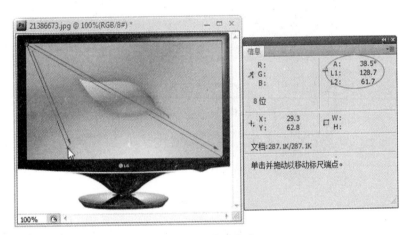

图2-28　度量角度

（4）清除标记。单击工具选项栏上的 清除 按钮，即可清除度量标记。

5．更正错误

更正错误是为了撤销错误的操作，使图像还原到以前编辑的某个状态，Photoshop使用以下方法更正错误和恢复图像。

（1）选择"编辑"→"还原"命令，可将当前操作还原为上一次操作状态。

（2）选择"编辑"→"后退"命令，可将当前操作依次还原为上一次操作状态。

（3）选择"编辑"→"前进"命令，可将当前误撤销的操作还原为上一次撤销状态。

（4）选择"文件"→"恢复"命令，可将当前图像编辑状态还原为上一次保存的版本。

（5）使用"历史记录"面板。在"历史记录"面板中，直接单击图像在每一步操作时的历史记录状态，可以将图像有选择地还原为某个状态，如图2-29

图2-29　"历史记录"面板

所示。

【操作技巧提示】：更正错误操作时记住以下快捷键，可以提高工作效率。

① Ctrl + Z 组合键：撤销上一次操作。

② Ctrl + Alt + Z 组合键：逐步还原上一次操作。

③ Shift + Ctrl + Z 组合键：还原上一次撤销的操作。

④ F12 键：可将图像恢复为上一次保存的版本。

任务 2.5　了解并使用图层

2.5.1　任务分析

Photoshop 将所有图像都放在图层上，如图 2-30 所示，通过对图层的控制完成图像的操作。对于图层可以这样理解：

● 图层如同一张透明的白纸。

图 2-30　图层示意图

● 所有图像都放在图层上。图层上没有图像的地方将会看到其下的图层内容，整个图像的最终效果就是所有图层上的图像叠加形成的。

● 操作图像时为了方便，需要将不同的图像放在不同的图层上。如在一个图层上操作某个图像，不会影响其他图层上的内容。

在 Photoshop 中图层分为两种：普通图层和特殊图层。普通图层可以应用软件的绝大多数操作，而特殊图层具有一些特殊的性质，某些操作命令或工具不能够直接应用到此图层。如果在该图层上要应用这些操作，必须将这些图层转换为普通图层。特殊图层主要有背景层、文字层、调整层和填充层等，如图 2-31 所示。

（1）背景层。背景层在"图层"面板中以斜体"背景"标识，背景层的位置始终位于所有图层的最下方。一个图像最多只包含一个背景层，当创建含有透明像素的图像时，该图像没有背景层。

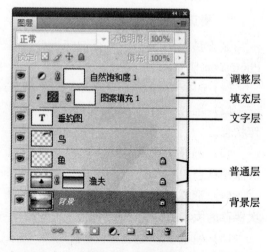

图 2-31　图层类型

（2）文字层。用文字工具在图像窗口中建立文字时,便会产生文字层。不可以用绘画和编辑类工具直接编辑文字层,也不能直接使用滤镜。

（3）填充层。填充层是用纯色、渐变或图案快速填充并添加蒙版的新图层。

（4）调整层。调整层是用图像的调整命令调整图像而自动建立的一个新图层。

2.5.2　任务导向

1．选择图层

Photoshop 通过"图层"菜单和"图层"面板控制图层的所有操作,在"图层"面板每个图层名称的前面会显示该图层图像内容的缩览图,对图像操作前,首先要选择该图像所在的图层。在"图层"面板上单击该图像所在的图层名称即可选择该图层,选择的图层将高亮显示,如图 2-32 所示。

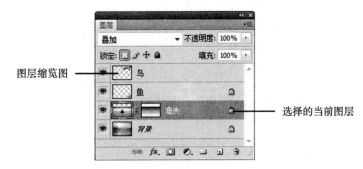

图 2-32　快速选择图层（1）

■➡【操作技巧提示】：快速选择图层可以使用"移动工具" ▶+在图像窗口中右击,在弹出的图层名称列表中选择所需的图层,如图 2-33 所示。如果要选择多个图层,在"图层"面板上按住 Shift 键单击图层名称可连续选取,按住 Ctrl 键单击图层名称可以不连续选取。

2．使用背景层

不可以更改背景层的顺序、不透明度和混合模式,如果要执行这些操作,可以选择"图层"→"新建"→"背景图层"命令,在弹出的"新建图层"对话框中更改图层名称,如图 2-34 所示,就可以将背景层转换为普通层。

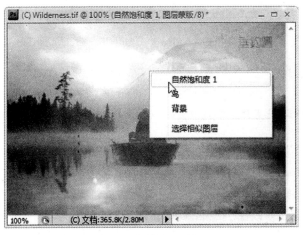

图 2-33　快速选择图层（2）

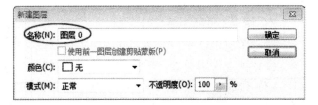

图 2-34　"新建图层"对话框

■➡【操作技巧提示】：直接在背景层上双击,在弹出的对话框中可直接更改图层名称。

3．创建新图层

当需要在独立的图层上创建新图像时,必须建立新图层。单击"图层"面板底端的创建新图层按钮 ,

即可在当前图层上方创建一个新图层。按住 Ctrl 键单击创建新图层按钮，可以在当前图层的下方创建一个新图层。

4．复制图层

复制图层就是将当前图层上的图像复制到新图层。将选择的图层拖动至"图层"面板底端的创建新图层按钮上，或选择"图层"→"复制图层"命令，复制的图层名称以"副本"的形式标示。

【操作技巧提示】：按 Ctrl＋J 组合键可以复制当前图层或选区内的图像至新图层；按 Shift＋Ctrl＋J 组合键可以剪切当前图层选区内的图像至新图层。

5．删除图层

删除图层可以删除该图层上的所有图像。在"图层"面板上直接将所选图层拖到面板底端的删除图层按钮上，或按住 Alt 键直接单击删除图层按钮，即可将选中图层删除。

6．显示／隐藏图层

隐藏图层是为了查看其他图层上的图像。在"图层"面板上单击此图层缩览图左侧的眼睛图标，即可隐藏该图层。要显示隐藏的图层，再次单击此位置图标即可。

【操作技巧提示】：按住 Alt 键单击眼睛图标，可以显示除当前图层外的其他所有图层。

7．更改图层名称

在图层名称上双击，然后在文字输入框中输入图层名称；或选择"图层"→"图层属性"命令，在弹出的"图层属性"对话框中输入图层名称，都可更改图层名称。

8．更改图层不透明度

图层的不透明度是指该图层上图像的不透明度。在"图层"面板不透明度 不透明度:100% 文本框中输入透明度值，或直接拖动"不透明度"滑块，都可以更改图层的不透明度。填充不透明度 填充:100% 只影响图层中的像素或形状，但不影响已应用于图层的任何图层效果的不透明度，如图 2-35 所示。

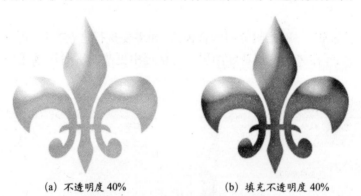

(a) 不透明度 40%　　　　　　(b) 填充不透明度 40%

图 2-35　不透明度与填充不透明度

9．锁定／解锁图层

锁定图层可以保护图层上的图像不被修改，Photoshop 可以锁定以下图层选项：

（1）锁定透明像素。单击锁定透明度图标，可以将编辑范围限制为图层的不透明区域。

（2）锁定图像像素。单击锁定图像图标，可以防止修改图层上的像素。

（3）锁定位置。单击锁定位置图标，可以防止图层上的像素被移动。

（4）锁定全部。单击锁定全部图标，可以将透明度、图像和位置全部锁定。

要解锁图层，只需再次单击对应的锁定选项图标即可。

10．栅格化图层

栅格化图层可以将含有矢量对象如文字、形状、矢量蒙版或智能对象的图层转换为普通图层。选择

"图层"→"栅格化"命令,然后从子菜单中选择相应的图层即可。

11．排列图层

排列图层可以更改图像的前后顺序。在"图层"面板上将当前图层拖动至对应图层位置的上方或下方。也可以选择"图层"→"排列"命令,然后从子菜单中选择一种排列方式。

　　【操作技巧提示】：排列图层时记住以下组合键,可以提高工作效率。

①按住 Ctrl ＋] 组合键可将当前层向上移动一层。

②按住 Ctrl ＋ [组合键可将当前层向下移动一层。

③按住 Shift ＋ Ctrl ＋] 组合键可将当前层移到顶层。

④按住 Shift ＋ Ctrl ＋ [组合键可将当前层移到背景层上方。

12．对齐与分布图层

对齐图层可以将选择的图层与选区、图层与图层之间进行对齐,分布图层可以将选择的图层上的图像间的空间平均分配。在"图层"面板上选择需要对齐的多个图层,然后选择"图层"→"对齐"→"分布"命令,再从子菜单中选择一种对齐或分布方式。

13．图层编组

图层编组是为了便于管理图层,如将同一类型的图层放置在一个组中可以方便查找,如图 2-36 所示。选择需要编组的图层,然后选择"图层"→"图层编组"命令。如果要将单个图层添加到图层组,可以在"图层"面板中将选择的图层拖动至组文件夹中;如果要取消某个图层的编组,可以将图层从组文件夹中拖动出来;如果要取消所有图层的编组,在"图层"面板中选择该组名称,然后选择"图层"→"取消编组"命令。

　　【操作技巧提示】：按 Ctrl ＋ G 组合键可以快速编组所选图层。

14．链接图层

链接图层可以将多个图层捆绑为一个整体,同时执行相同的操作,如移动、自由变换等。选择需要链接的图层,然后单击"图层"面板底部的链接图标 ⊷。链接的图层在图层名称的右侧显示链接标记,如图 2-37 所示。要取消图层的链接,可在"图层"面板上选择该图层后再单击面板底部的链接图标 ⊷。

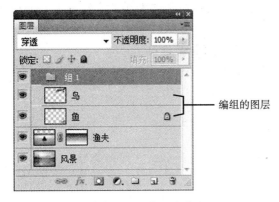

图 2-36　编组图层

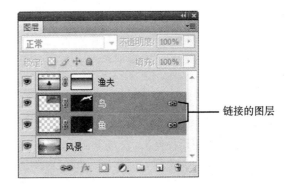

图 2-37　链接图层

15．合并与盖印图层

合并与盖印图层可以减小图像的文件。合并图层有以下四种方法。

(1) 合并当前图层与其下面的图层：选择"图层"→"向下合并"命令。

(2) 合并选择的图层：在"图层"面板上选择需要合并的多个图层,选择"图层"→"合并图层"命令。

（3）合并可见的图层：在"图层"面板上设置可见或隐藏的图层，选择"图层"→"合并可见图层"命令。

（4）将所有图层合并为一个背景图层：选择"图层"→"拼合图像"命令。

【操作技巧提示】：合并与盖印图层时，记住以下组合键，可以提高工作效率。

① Ctrl + E 组合键：向下合并选择的图层。

② Shift + Ctrl + E 组合键：合并可见图层。

③ Ctrl + Alt + E 组合键：盖印选择的图层。

④ Shift + Ctrl + Alt + E 组合键：盖印可见图层。

任务 2.6   优化软件性能

2.6.1   任务分析

默认设置下，Photoshop 处理图像时从计算机中分配的内存为计算机可用内存的 50%。为了在有限的资源配置环境下提高 Photoshop 的工作性能，可以使用提高内存用量及释放计算机内存的方法提高 Photoshop 运行速度。

2.6.2   任务导向

1. 释放内存

当计算机的可用内存消耗殆尽时，可以清理用于缓存还原、剪贴板和历史记录中的暂存空间来释放计算机的内存。

（1）选择"编辑"→"清理"→"还原"命令，可以释放撤销操作的暂存空间。

（2）选择"编辑"→"清理"→"剪贴板"命令，可以释放剪贴板上的暂存空间。

（3）选择"编辑"→"清理"→"历史记录"命令，可以释放历史记录中的暂存空间。

（4）选择"编辑"→"清理"→"全部"命令，可以释放所有的暂存空间。

2. 分配内存

一般情况下，Photoshop 处理一幅图像要求的内存通常为当前图像文件大小的 5 倍以上。要提高 Photoshop 内存用量，可以按以下步骤操作。

（1）选择"编辑"→"首选项"→"性能"命令，弹出"首选项"对话框。

（2）在"首选项"对话框中拖动内存用量滑块以提高 Photoshop 使用内存所占计算机物理内存量的百分比，如图 2-38 所示。

（3）设置完成后，单击"确定"按钮。

（4）重新启动 Photoshop 软件，设置生效。

【知识应用补充】：设置 Photoshop "首选项"对话框的快捷键是 Ctrl + K 组合键。

3. 设置暂存盘

在图像窗口底部的状态栏上单击显示图像信息弹出式菜单按钮，在弹出的菜单中选择"暂存盘大小" 暂存盘: 168.9M/154.7M ▶ 。操作图像时，如果左边的数字大于右边的数字，说明指定给 Photoshop 的内存用量不够，此时，Photoshop 会将计算机的部分硬盘空间作为虚拟内存使用。为了充分利用内存，可以将计算机的硬盘空间指定为 Photoshop 软件使用的暂存空间，具体操作步骤如下。

（1）选择"编辑"→"首选项"→"性能"命令，弹出"首选项"对话框。

（2）在"首选项"对话框"性能"页面的"暂存盘"选项区中选择需要作为虚拟内存使用的计算机的硬盘，如图 2-39 所示。

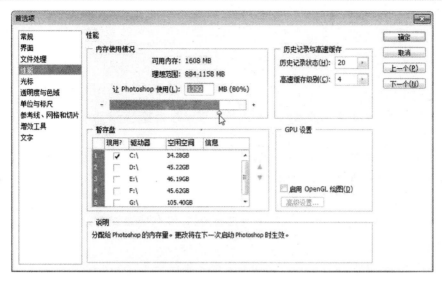

图 2-38　设置内存百分比

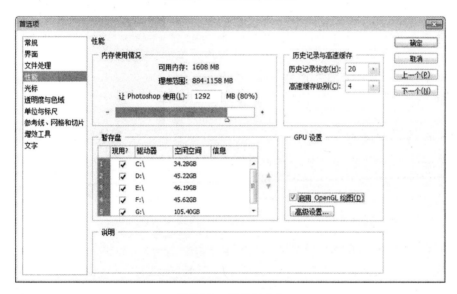

图 2-39　设置暂存盘

（3）设置完成后，单击"确定"按钮。

（4）重新启动 Photoshop 软件，设置生效。

【知识应用补充】：使用暂存盘的原则如下。

① 第一暂存盘应是速度最快、空间最大的硬盘，并且应定期进行碎片整理。

② 一般情况下，不使用系统盘作为第一暂存盘。要设置暂存盘的顺序，可单击"首选项"对话框中"暂存盘"选项区右边的箭头按钮 ▲ ▼ 来进行设置。

本 章 小 结

在全屏模式下查看和编辑图像，必须熟悉 Photoshop 软件工作界面的构成及其功能，记住和使用快捷键调用包括菜单、工具及所有的控制面板。学会熟练操作单图像与多图像窗口以及控制图像视图，利用辅助功能在精确作图时提高工作效率，了解和掌握使用图层管理图像的基本操作，掌握在有限的资源配置环境下，通过提高内存用量和释放计算机内存来提高 Photoshop 运行速度。

本 章 练 习

1．技能认证考题

（1）工具箱中的每个工具在使用时都有相应的字母快捷键，若要循环选择一组隐藏的工具，可采用的方式是（　　）。

　　A．按住 Shift 键并按键盘上工具的字母快捷键

　　B．按住 Alt 键的同时，单击工具箱中的工具

　　C．按住 Shift 键的同时，单击工具箱中的工具

　　D．按住 Alt 键并按键盘上工具的字母快捷键

（2）可对图像进行放大或缩小显示的途径是（　　）。

　　A．用工具箱中的"抓手工具"在图像上拖拉矩形框可实现图像的放大

　　B．在"导航器"面板中，拖动面板下方的三角形滑块或直接在左下角输入放大或缩小的百分比数值

　　C．在图像窗口左下角的百分比显示框中直接输入放大或缩小的百分比数值

　　D．按住 Ctrl 键并在"导航器"面板预览图中用鼠标拖拉矩形框，可放大图像

（3）Photoshop 允许一个图像的最大和最小的显示比例是（　　）。

　　A．400% 和 1%　　　　　　　　B．800% 和 1 个像素

　　C．1600% 和 0.35%　　　　　　D．3200% 和 1 个像素

（4）以 100% 显示图像的方法是（　　）。

　　A．在图像上按住 Alt 键的同时单击鼠标

　　B．选择"视图"→"按屏幕大小缩放"命令

　　C．双击"抓手工具"

　　D．双击"放大镜工具"

（5）下列关于参考线的描述正确的是（　　）。

　　A．Photoshop 可以将绘制的直线路径转化为参考线

　　B．Photoshop 的参考线是从标尺处拖拉出来的，并可用移动工具进行位置的移动

　　C．选择工具箱中"移动工具"，按住 Alt 键的同时单击参考线，可将水平参考线转换为垂直参考线；反之亦然

　　D．只能通过"清除参考线"的菜单命令将图像窗口中所有的参考线清除，没有办法只清除某一个参考线

（6）图像窗口状态栏中，当显示暂存盘大小的信息时，"/"左边的数字表示（　　）。

　　A．暂存盘大小

　　B．当前文件大小

　　C．分配给 Photoshop 的内存量

　　D．所有打开图像所需的内存量

（7）可以通过"标尺工具"得出的信息是（　　）。

　　A．线段的角度及长度

　　B．线段的垂直高度和水平宽度

　　C．线段起点的色彩数值

　　D．线段起点的坐标

(8) 下面对图层的描述正确的是（　　　）。

　　A．在图层中没有图像的部分是完全透明的

　　B．只有看到灰白相间的方格时才能说明有图层的存在

　　C．每个图层都可以独立操作

　　D．在"图层"面板中，包括背景在内的所有图层的上下位置都可调换

(9) 同一个图像文件中的所有图层具有相同的（　　　）。

　　A．分辨率　　　　　　B．通道　　　　　　C．色彩模式　　　　　　D．路径

(10) 可以自动建立新图层的方法是（　　　）。

　　A．双击"图层"面板的空白处

　　B．单击"图层"面板下方的"新建图层"按钮

　　C．使用鼠标将当前图像拖动到另一幅图像上

　　D．使用"文字工具"在图像中添加文字

(11) 下面对"图层"面板"背景"的描述正确的是（　　　）。

　　A．"背景"始终是在所有图层的最下面

　　B．可以将"背景"转化为普通的图层，但是名称不能改变

　　C．"背景"不可以转化为普通的图层

　　D．"背景"层转化为普通的图层后，可以执行图层所能执行的所有操作

(12) 在Photoshop中提供的图层合并方式为（　　　）。

　　A．成组　　　　　　B．合并可见图层　　　　　C．拼合图像　　　　D．合并图层

(13) 在Photoshop中可以锁定图层功能的方法是（　　　）。

　　A．锁定透明像素　　B．锁定图像像素　　　　C．锁定位置　　　D．锁定全部链接图层

(14) 填充层包括的类型为（　　　）。

　　A．纯色填充层　　　B．渐变填充层　　　　　C．图案填充层　　　D．快照填充层

(15) Photoshop中，"首选项"对话框可设置的内容为（　　　）。

　　A．标尺的单位　　　B．标尺的长度　　　　　C．标尺的颜色　　　D．标尺的种类

(16) 为了方便操作，可以设定绘图工具不同的显示形状。例如，"画笔工具"的图标可能会显示的形状有（　　　）。

　　A．根据所选择的不同画笔形状进行对应的显示，如选择圆形画笔，在操作时就显示圆形光标

　　B．黑色箭头

　　C．十字线

　　D．与工具箱中的"画笔工具"形状相同

(17) Photoshop可允许的暂存磁盘的大小是（　　　）。

　　A．2GB　　　　　　B．4GB　　　　　　　C．8GB　　　　　　D．没有限制

(18) 默认的暂存盘的排列方式是（　　　）。

　　A．没有暂存盘　　　　　　　　　　B．暂存盘创建在启动盘上

　　C．暂存盘创建在第二个磁盘上　　　D．可创建任意多个暂存盘

2．实习实训操作

(1) 打开Photoshop自带的图像，练习文件窗口的基本操作。

(2) 启动文件浏览器（Bridge），在Bridge窗口中查找和浏览计算机中的图像。

(3) 打开一幅图像，在打开的图像窗口中查看图像文件的相关信息。

（4）打开多幅图像，练习在这些窗口间的快速切换操作。

（5）打开一幅图像，在全屏模式下练习快速调用工具、菜单及面板、标尺、参考线和网格，练习放大、缩小图像视图和查看图像局部操作。

（6）打开有多个图层的图像，在"图层"面板上查看和练习图层的基本操作。

（7）将 Photoshop 的内存用量提高为计算机物理内存的 85%，并使之生效。

（8）将 Photoshop 使用的第一暂存盘设置为 D 盘，并使之生效。

模块3　选择与抠取图像

任务目标

学习完本模块，能够针对不同类型的素材，选择图像的局部或抠取图像的主体，并进行后期合成制作或排版等操作。如图 3-1 所示为常见的抠取图像类型。

图 3-1　常见的抠取图像类型

任务实现

Photoshop 提供多种用于选择与抠取图像的方法：快捷的选择工具，功能强大的"抽出"滤镜，易于编辑形状的路径，高效的快速蒙版以及综合复杂的 Alpha 通道。

典型任务

➢ 创建与编辑选区。
➢ 抽取图像。
➢ 路径抠图。
➢ 通道抠图。

任务 3.1　创建与编辑选区

3.1.1　任务分析

在 Photoshop 中，通过选区可以把图像分割成一块或多块区域，将用户当前的操作限定在选取的范围内，而未选取的区域将不受影响。比如通过选区，可以建立某一对象的形状后使用颜色填充，或者是将图像选取的区域移至另一图像中进行图像的合成，也可以对选取图像的局部区域做特殊效果处理等，如图 3-2 所示。Photoshop 利用选择工具可以快速创建选区。

图 3-2　选区

3.1.2　任务导向

1. 使用矩形 / 椭圆选框工具

使用"矩形 / 椭圆选框工具"可以选择规则型的图像,操作步骤如下。

(1) 在工具箱中选择"矩形选框工具"[] 或"椭圆选框工具"○ (快捷键:M)。

(2) 在工具选项栏中单击"创建新选区"按钮■。

(3) 在图像上需要选择的区域内拖动鼠标,即可选择图像,如图 3-3 所示。

(4) 如果要在原有选区基础上添加新选区,在工具选项栏上单击"添加到选区"按钮■,或直接按住 Shift 键拖动鼠标;如果要在原有选区基础上减少选择某块区域,在工具选项栏上单击"从选区减去"按钮■,或直接按住 Alt 键拖动鼠标;如果要选取原有选区和新创建选区的交叉部分,在工具选项栏上单击"与选区交叉"按钮■,或直接按住 Alt + Shift 组合键拖移鼠标。如图 3-4 所示为选区效果。

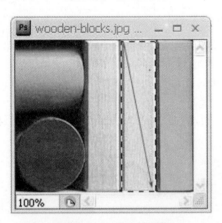

图 3-3　选择矩形对象

图 3-4　加选椭圆对象

【操作技巧提示】:使用"矩形 / 椭圆选框工具"选择图像时有以下技巧。

① 在拖动鼠标时按住空格键可移动选区位置。

② 在拖动鼠标时按住 Alt 键可以创建从中心向外的选区。

③ 在拖动鼠标时按住 Shift 键可以创建正方形或圆形选区。

2. 使用单行 / 单列选框工具

使用"单行 / 单列选框工具"可以选择图像的一行或一列像素,操作步骤如下。

(1) 在工具箱中选择"单行选框工具"═ 或"单列选框工具"▯。

（2）在图像上需要选择的区域单击鼠标，即可选择图像，如图3-5所示。

3．使用套索工具

使用"套索工具"可以选择手绘的任意形状图像，操作步骤如下。

（1）在工具箱中选择"套索工具" ♀（快捷键：L）。

（2）在图像上自由拖动鼠标即可选择图像，如图3-6所示。

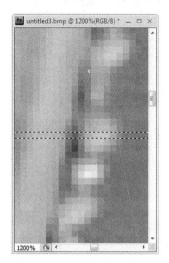 

图 3-5　选择单行对象　　　　图 3-6　选择任意形状对象

4．使用多边形套索工具

使用"多边形套索工具"可以选择不规则形状的多边形图像，操作步骤如下。

（1）在工具箱中选择"多边形套索工具" ♥（快捷键：L）。

（2）在图像上需要选择的位置单击，确定第一个紧固点。

（3）松开鼠标后继续单击，确定第二个紧固点。以此类推，创建基于多边形选区的其他紧固点。如果单击点有错误，可按 Delete 键删除此紧固点；如果想快速结束绘制，按 Esc 键。

（4）用鼠标接近起点右下角，显示圆圈标记 ♥ 时单击，可以结束绘制，如图3-7所示。如果鼠标不在起点处，双击或按住 Ctrl 键单击，也可以结束绘制。

5．使用磁性套索工具

使用"磁性套索工具"可以自动探测图像的边缘并自动生成紧固点来创建选区，操作步骤如下。

（1）在工具箱中选择"磁性套索工具" ♥（快捷键：L）。

（2）在工具选项栏上设定该工具在自动探测时检测范围的"宽度"选项、探测图像灵敏度的"对比度"选项和设置紧固点的"频率"选项。

（3）单击设置第一个紧固点。

（4）松开鼠标后沿着图像的边缘移动鼠标让其自动探测，也可以单击鼠标添加紧固点。

（5）用鼠标接近起点右下角，显示圆圈标记 ♥ 时单击，可以结束绘制，如图3-8所示。如果鼠标不在起点处，在最后一个点处双击，可以结束绘制。

🐝**【知识应用补充】**：使用磁性套索工具选取图像时，必须要求图像的颜色与背景颜色对比强烈，而且要求图像的边缘轮廓清晰。

6．使用快速选择工具

使用"快速选择工具"可以根据画笔直径绘制选区，操作步骤如下。

（1）在工具箱中选择"快速选择工具" ✎（快捷键：W）。

（2）在工具选项栏上设定创建选区时的画笔直径。

图 3-7　选择多边形对象　　　　　　　图 3-8　选择不规则形状对象

（3）在图像上需要选择的区域单击或拖动鼠标以建立选区，如图 3-9 所示。

【操作技巧提示】：使用快速选择工具时按"["或"]"键，可增加或减小画笔直径，从而扩大或缩小选取的范围。

7．使用魔棒工具

使用"魔棒工具"可以根据"容差"值选择图像上颜色相似的区域，操作步骤如下。

（1）在工具箱中选择"魔棒工具" （快捷键：W）。

（2）在工具选项栏上设定"容差"值。"容差"值的大小将影响选取的范围，数值越大，选取的范围也越大。

（3）如果选取图像上颜色相似且在相近的区域，在选项栏上选择"连续"选项；如果选取整个图像上颜色相似的区域，取消选择该选项。

（4）在图像上需要选取的区域单击，即可建立选区，如图 3-10 所示。

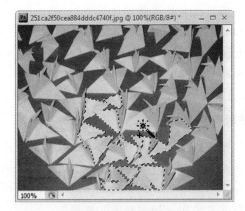

图 3-9　使用快速选择工具　　　　　　图 3-10　使用魔棒工具

【知识应用补充】：与"魔棒工具"相似，"选择"菜单下的"色彩范围"命令也可以根据"容差"值有选择性地选择图像上所指定的颜色。但与魔棒工具不同的是，"色彩范围"命令可以预览选择的图像范围，操作方法如下。

（1）选择"选择"→"色彩范围"命令，弹出如图 3-11 所示的"色彩范围"对话框。

（2）在"色彩范围"对话框中的"选择"下拉列表框中选择"取样颜色"选项。如果要选取图像中指

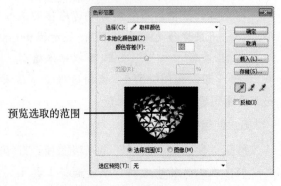

预览选取的范围

图 3-11　"色彩范围"对话框

定的颜色,可以选择"红色"、"黄色"、"绿色"、"青色"、"蓝色"、"洋红"、"高光"、"中间调"、"阴影"或"溢色"区域。

(3) 用鼠标在图像上需要选取的位置单击,选取的图像就会高亮显示在对话框中。

(4) 如果要继续创建选区,可以增加对话框中的"颜色容差"值,或者使用"加色取样工具" 在未选取区域单击;如果要从选择的区域中减去一部分,可以降低"颜色容差"值,或使用"减去取样工具" 从已有选区中单击。

(5) 单击"确定"按钮完成选取。

8．快速选择方式

(1) 选择"选择"→"全部"命令,可以选择当前图层上的所有图像。

(2) 选择"选择"→"反向"命令,可以反向选择图像。

(3) 选择"选择"→"扩大选取"命令,可以基于当前选区图像的颜色选取整个图像上颜色相似且相邻的区域。

(4) 选择"选择"→"选取相似"命令,可以基于当前选区图像的颜色选取整个图像上颜色相似的所有区域。

(5) 选择"选择"→"取消选择"命令,可以取消当前选择。

(6) 选择"选择"→"重新选择"命令,可以重新选择取消的选区。

【操作技巧提示】:使用以下组合键,可以提高效率。

① Ctrl + A 组合键:全选。

② Shift + Ctrl + I 组合键:反选。

③ Ctrl + D 组合键:反选。

④ Shift + Ctrl + D 组合键:重新选择。

9．从图层创建选区

Photoshop 可以根据图层上不透明像素的轮廓创建基于图层边界的选区。按住 Ctrl 键在 "图层"面板上单击图层缩览图,即可将该图层所在图像转换为选区,如图 3-12 所示。如果要载入其他图层的选区,按住 Ctrl + Shift 组合键单击其他图层缩览图,可将其作为选取范围加入当前图层的选区范围;按住 Ctrl + Alt 组合键单击其他图层缩览图,可从当前图层的选区范围中减去载入的选区范围;按住 Ctrl + Shift + Alt 组合键单击其他图层缩览图,可取当前图层的选区范围与载入的选区范围的交集。

图 3-12　载入图层选区

10．修改选区

创建好的选区可以通过"扩展"、"收缩"、"边界"、"平滑"和"变换选区"命令再次修改选区的形状或范围。

（1）扩大选区范围。选择"选择"→"修改"→"扩展"命令，可以将当前的选择区域扩大为指定的数量，如图 3-13（a）所示。

（2）缩小选区范围。选择"选择"→"修改"→"收缩"命令，可以将当前的选择区域缩小为指定的数量，如图 3-13（b）所示。

（3）扩边选区。选择"选择"→"修改"→"边界"命令，可以按照指定的数值将选区的边缘向外扩大，并重新生成一个新选区，如图 3-13（c）所示。

（4）平滑选区。选择"选择"→"修改"→"平滑"命令，可以按照指定的数值对选区的边缘做平滑处理，如图 3-13（d）所示。

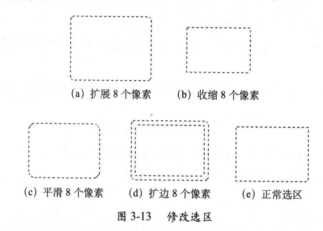

(a) 扩展 8 个像素　　(b) 收缩 8 个像素

(c) 平滑 8 个像素　　(d) 扩边 8 个像素　　(e) 正常选区

图 3-13　修改选区

（5）变换选区形状。选择"选择"→"变换选区"命令，此时会基于选区的边界产生一个控制框，右击便会弹出快捷菜单，如图 3-14 所示。通过控制框可以选择改变选区形状或大小的操作，如果要应用这些操作，只需在控制框内双击鼠标或按 Enter 键；如果要取消当前操作，只需按 Esc 键。

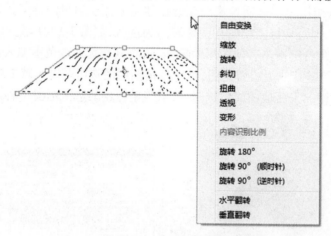

图 3-14　自由变换选区

【知识应用补充】："编辑"菜单下的"自由变换"命令与"变换选区"的操作方法完全一样。但两者不同的是，"变换选区"的对象是选框，而"自由变换"的对象是图像。

11．调整选区边缘

创建好的选区可以通过"羽化"、"消除锯齿"和"调整边缘"命令对选区内外的像素进一步平滑或柔化选区边缘。

（1）羽化。选择"选择"→"修改"→"羽化"命令，可以对选区边缘做虚化处理，如图 3-15 所示。"羽化"值的范围为 0 ~ 250，当"羽化"值大于选区范围时，Photoshop 将会显示警告对话框。

(a) 羽化填充效果 　　　　　　(b) 无羽化填充效果

图 3-15　羽化效果

【知识应用补充】："羽化"是为了对选取的图像边缘做虚化处理,所以建立选区设定"羽化"值后一般要执行移动、删除、复制或填充等操作。工具选项栏上的"羽化"值只影响在设定值之后创建的选区,一般情况下,先创建选区,再通过 Shift + F6 组合键设定羽化值。

(2) 消除锯齿。工具选项栏上 ☑消除锯齿 选项可以通过软化边缘像素与背景像素之间的颜色转换,使选区的锯齿状边缘平滑。

(3) 调整边缘。工具选项栏上 调整边缘... 按钮可以对照不同的背景查看选区并同时编辑选区以提高选区边缘的品质,如图 3-16 所示。

图 3-16　"调整边缘"对话框

12. 移动／存储／载入选区

(1) 移动选区。确保正在使用任何一个选择工具,并在其选项栏中一定设置为创建新选区 ■,将鼠标放在选择框内从一个位置拖动至另一个位置。

(2) 存储选区。选择"选择"→"存储选区"命令,可以将浮动的选区存储为 Alpha 通道,如图 3-17 所示。

(3) 载入选区。选择"选择"→"载入选区"命令,可以将存储的选区调出为浮动选区。

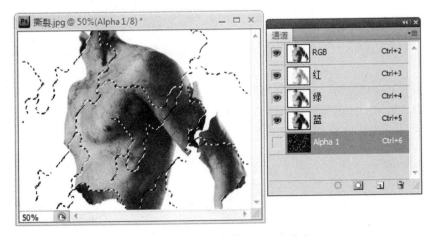

图 3-17　将选区存储为 Alpha 通道

3.1.3　任务拓展

将选取的图像从窗口的一个位置移至另一个位置,或从一个图像窗口移至另一个图像窗口,通常要执行移动、删除、复制、修边、自由变换等操作。

1．移动图像

使用"移动工具" （快捷键：V）可以将选取的图像从窗口的一个位置拖动至另一个位置，或从一个图像窗口拖动至另一个图像窗口。

【操作技巧提示】：使用"移动工具"有以下技巧。

① 拖动时按住 Shift 键，可以限定移动方向。

② 按住方向键，可以将移动距离限定为一个像素。

③ 拖动时按住 Alt 键可以复制图像，在无选区时复制的对象将会自动建立新图层，如图 3-18 所示。

④ 拖动时按住 Alt 键和方向键，可以实现有规律地移动复制。

⑤ 在使用选择或绘画工具时按住 Ctrl 键，可暂时切换到"移动工具"。

图 3-18　使用"移动工具"复制图像

2．删除图像

选取图像后直接按 Delete 键，可以删除当前图层选区内的图像。如果要删除当前图层上的所有图像，应在"图层"面板上将该图层拖至"图层"面板底部的"删除图层"按钮上。

3．复制及粘贴图像

在"全屏模式"下将图像从一个窗口移至另一个窗口，可以通过"复制"、"粘贴"图像的方法，如图 3-19 所示。

（1）选择"编辑"→"剪切"命令或"编辑"→"复制"命令或"编辑"→"合并复制"命令（将当前选区内所有可见图层上的图像产生一份副本并放置于剪贴板）。

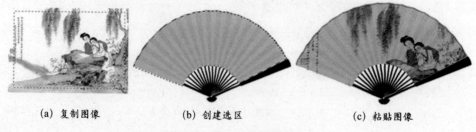

(a) 复制图像　　　　　(b) 创建选区　　　　　(c) 粘贴图像

图 3-19　复制及粘贴图像操作

（2）选择"编辑"→"粘贴"命令或"编辑"→"贴入"命令（将剪贴板上的内容粘贴到选区内）。

【操作技巧提示】：复制、粘贴图像使用以下组合键，可以提高效率。

① Ctrl + X 组合键：剪切对象。

② Ctrl + C 组合键：复制对象。

③ Shift + Ctrl + C 组合键：合并复制对象。

④ Ctrl + V 组合键：粘贴对象。

⑤ Shift + Ctrl + V 组合键：贴入对象。

4．修边图像

将选择的图像从一个背景移至另一个背景中,该图像可能包含有选区周围的杂边,利用"修边"命令可以有效地去除这些杂边像素,如图 3-20 所示。具体操作步骤如下。

（1）选择"图层"→"修边"→"移去黑色杂边"命令,可以消除黑色背景上的杂边。

（2）选择"图层"→"修边"→"移去白色杂边"命令,可以消除白色背景的杂边。

（3）选择"图层"→"修边"→"去边"命令,可以消除其他颜色的杂边。

图 3-20 去边效果

5．自由变换图像

"自由变换"命令通过变形控制框,可以对图像执行"缩放"、"旋转"、"倾斜"、"镜像"、"扭曲"、"透视"和"项目变形"等操作。变形控制框由四个角控制点、四个边控制点和一个变形参考点构成,如图 3-21 所示,在变形时如果更改变形参考点位置,只需将其移至新位置即可。

图 3-21 变形控制框

使用"自由变换"命令变形图像的操作方法如下。

（1）移动对象。选择"编辑"→"自由变换"命令,然后在控制框内拖动鼠标。

（2）缩放对象。选择"编辑"→"自由变换"命令,然后在控制点上拖动鼠标。应用当前操作按 Enter 键,取消当前操作按 Esc 键（以下操作相同）。

（3）旋转对象。选择"编辑"→"自由变换"命令,然后在控制框外拖动鼠标。如果在控制框内右击,在弹出的快捷菜单中选择"旋转180°"、"旋转90°（顺时针）"或"旋转90°（逆时针）",可以将对象按照指定的角度旋转。如果要旋转任意角度,可以在选项栏的"旋转"选项中输入角度值。

（4）斜切对象。选择"编辑"→"自由变换"命令,在控制框内右击,在弹出的快捷菜单中选择"斜切"命令,然后在边控制点上拖动鼠标。

（5）扭曲对象。选择"编辑"→"自由变换"命令,在控制框内右击,在弹出的快捷菜单中选择"扭曲"命令,然后在角控制点上拖动鼠标。

（6）透视对象。选择"编辑"→"自由变换"命令,在控制框内右击,在弹出的快捷菜单中选择"透视"命令,然后在角控制点上拖动鼠标。

（7）变形对象。选择"编辑"→"自由变换"命令,在控制框内右击,在弹出的快捷菜单中选择"变形"命令,然后在角控制点或方向点上拖动鼠标。

（8）镜像对象。选择"编辑"→"自由变换"命令,在控制框内右击,在弹出的快捷菜单中选择"水平翻转"或"垂直翻转"命令,可以将对象沿着中心镜像轴左右或上下镜像对象。

（9）再次变换对象。执行以上除"变形"操作外的任何一个或几个操作,再选择"编辑"→"变换"→"再次变换"命令,可以使对象重复执行上一次的变形操作。

（10）再制对象。执行"再次变换"操作时按住 Alt 键,可以在重复执行上一次变形操作的同时而复制对象。

各种"自由变换操作"示例如图 3-22 所示。

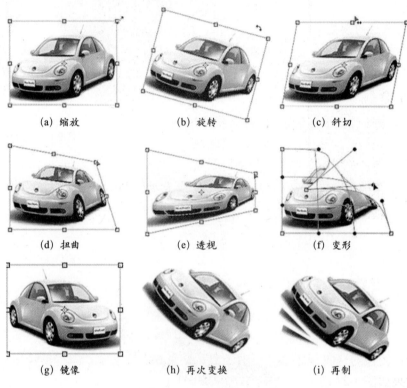

(a) 缩放　　　　(b) 旋转　　　　(c) 斜切

(d) 扭曲　　　　(e) 透视　　　　(f) 变形

(g) 镜像　　　　(h) 再次变换　　　　(i) 再制

图 3-22　各种自由变形操作

【操作技巧提示】："自由变换"时使用以下组合键,可以提高工作效率。

① 自由变换：按 Ctrl + T 组合键。

② 移动：按住 Shift 键在控制框内拖移,可限定为水平或垂直移动。

③ 缩放：按住 Shift 键在角控制点上拖动,可等比例缩放；按住 Alt 键在边控制点上拖动,可对称缩放；按 Alt + Shift 组合键在角控制点上拖动,可从中心等比例缩放。

④ 倾斜：按住 Ctrl + Shift 组合键在边控制点上拖动鼠标。

⑤ 扭曲：按住 Ctrl 键在角控制点上拖动鼠标。

⑥ 透视：按住 Ctrl + Alt + Shift 组合键在角控制点上拖动鼠标。

⑦ 再次变换：按住 Ctrl + Shift + T 组合键将图像重复执行上一次操作。

⑧ 再制：应用上一次变换操作后按 Ctrl + Shift + Alt + T 组合键。

⑨ 应用操作：按 Enter 键或在控制框内双击鼠标。

⑩ 取消操作：按 Esc 键。

【知识应用补充】：使用"内容识别比例"命令可以在不更改图像中主体对象的情况下调整图像大小。具体操作方法如下。

(1) 选择图像中的主体。

(2) 将选区保存为 Alpha 通道。

(3) 按 Ctrl + A 组合键全选对象。

(4) 选择"编辑"→"内容识别比例"命令（组合键：Ctrl + Shift + Alt + C）。

(5) 在选项栏中选择所创建的 Alpha 通道。

(6) 缩放对象，效果如图 3-23 所示。

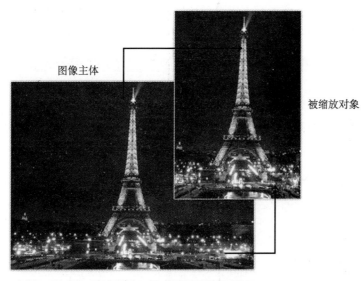

图 3-23　内容识别比例缩放效果

3.1.4　任务案例

案例：综合使用各种选择图像的方法，创建蔬菜卡通。

1．案例分析

本案例通过简单图像的选取，掌握基本选择工具的使用方法与技巧，同时了解图层的基本应用操作。案例使用素材及效果如图 3-24 所示。

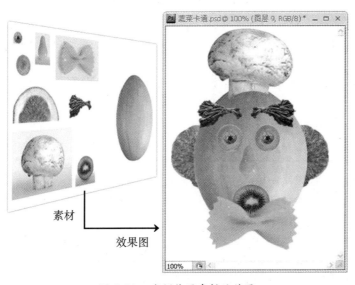

图 3-24　案例使用素材及效果

2．具体操作步骤

（1）打开原始素材文件。

（2）选择"文件"→"新建"命令，在弹出的"新建"对话框中设置图像的"宽度"为300像素、"高度"为400像素、"分辨率"为72像素/英寸、"颜色模式"为"RGB颜色"，并将"名称"设为"蔬菜卡通"，如图3-25所示。

（3）在工具箱中选择"磁性套索工具"，在工具选项栏上设置探测频率为100。在原始素材图像窗口中选取卡通的"耳朵"部分，创建选区后，按住Ctrl键暂时切换到移动工具，将选取的"耳朵"移至新建的图像窗口，如图3-26所示。

（4）在新建的图像窗口中按Ctrl＋T组合键后右击，在弹出的快捷菜单中选择"逆时针旋转90°"命令，将图像旋转，如图3-27所示。

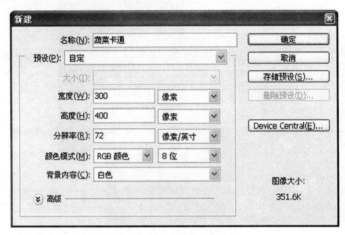

图3-25　"新建"对话框

图3-26　选择移动图像

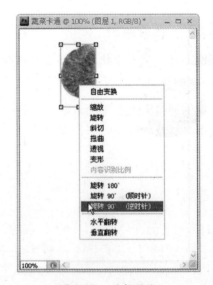

图3-27　旋转图像

（5）按Enter键应用旋转操作。按Shift＋Ctrl＋Alt组合键拖动鼠标，将"耳朵"图像水平移动并复制一份。按照步骤（4）的操作方法将复制的"耳朵"水平翻转，如图3-28所示。按Enter键应用变换操作。

（6）继续使用"磁性套索工具"选取素材图中的"脸部"区域，创建选区后，按住Ctrl键暂时切换到移动工具，将选取的"脸"移至新建的图像窗口，如图3-29所示。

（7）继续使用"磁性套索工具"选取素材图中的"帽子"，创建选区后，按住Ctrl键暂时切换到移动工具,将选取的区域移至新建的图像窗口,如图 3-30 所示。

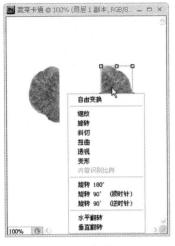

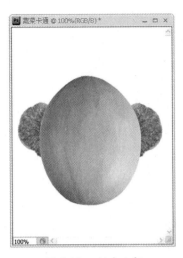

图 3-28　复制图像　　　　　　图 3-29　创建脸部　　　　　　图 3-30　创建帽子

(8) 在工具箱中选择"椭圆选框工具",创建如图 3-31 所示的选区,按 Delete 键删除选区中的图像。

(9) 在工具箱中选择"快速选择工具",在"眉毛"上拖动以选取眉毛。创建选区后,按住 Ctrl 键暂时切换到移动工具,将选取的区域移至新建的图像窗口,如图 3-32 所示。

(10) 按 Ctrl + T 组合键后,按住 Shift 键在控制框角控制点上拖动缩放图像,如图 3-33 所示。按 Enter 键应用变换操作。

图 3-31　删除图像　　　　　　图 3-32　创建眉毛　　　　　　图 3-33　缩放图像

(11) 按 Ctrl + Alt + Shift 组合键拖动鼠标,将"眉毛"水平移动复制一份。按照步骤 (4) 的操作方法将复制的"耳朵"水平翻转,如图 3-34 所示。按 Enter 键应用变换操作。

(12) 选择"椭圆选框工具",选择素材中的"眼睛",按住 Ctrl 键将其移至新建的图像窗口,再按 Shift + Ctrl + Alt 组合键拖动鼠标,将其水平移动复制一份,如图 3-35 所示。

(13) 继续使用"椭圆选框工具"选取素材中的"眼珠",按住 Ctrl 键将其移至新建的图像窗口,再按 Shift + Ctrl + Alt 组合键拖动鼠标,将其水平移动复制一份,如图 3-36 所示。

(14)在工具箱中选择"磁性套索工具",选取"鼻子",按住 Ctrl 键将其移至新建的图像窗口,如图 3-37 所示。

(15) 在工具箱中选择"椭圆选框工具",选取"嘴",按住 Ctrl 键将其移至新建的图像窗口,如图 3-38 所示。

（16）在工具箱中选择"多边形套索工具"，选择素材中的"领结"，按住 Ctrl 键将其移至新建的图像窗口，如图 3-39 所示。

（17）按 Ctrl + T 组合键后，按住 Alt 键在控制框边控制点上拖动，对称缩放图像，如图 3-40 所示。按 Enter 键应用变换操作并得到最终效果。

图 3-34　复制图像

图 3-35　创建眼睛

图 3-36　创建眼珠

图 3-37　创建鼻子

图 3-38　创建嘴巴

图 3-39　创建领结

图 3-40　缩放图像

任务 3.2　抽 取 图 像

3.2.1　任务分析

"抽出"滤镜在实际工作中经常用于提取边缘细微、复杂的图像，如动物的毛，人的头发，树枝、树叶等，还可以提取颜色单一内部不清晰的图像，如海浪等图像。

3.2.2　任务导向

"抽出"滤镜使用两种方法提取图像中需要的主体，如图 3-41 所示。

3.2.3　任务案例

案例一：抠取边缘复杂的图像，如人物头发、动物毛、大树等。

1．案例分析

案例使用素材及效果如图 3-42 所示，本案例难点在于树的边缘较复杂。

方法一：
保留图像内
部区域

方法二：
强行保留
指定颜色
的图像

图 3-41 "抽出"滤镜

抠出的大树

背景素材

图 3-42 案例使用素材及效果

2. 具体操作步骤

（1）打开需要抽出的原始图像。

（2）选择"滤镜"→"抽出"命令，弹出如图 3-43 所示的"抽出"对话框（1）。

图 3-43 "抽出"对话框（1）

（3）在对话框的左上角选择"边缘高光器工具" ，在对话框右侧的"画笔大小"选项栏中设置用于描边的画笔直径（键盘上的左右中括号键"["和"]"可直接更改大小）在图像的边缘拖动鼠标描绘图像的轮廓，如图 3-44 所示。

图 3-44　描绘图像轮廓

【操作技巧提示】： 在描绘图像轮廓时，要求画笔同时覆盖背景和图像的边缘。如果要定义精确的图像边缘，则在对话框中选择"智能高光显示"选项，此时画笔将自动调整合适的宽度进行描绘，如图 3-45 所示。如果在描绘时出现错误，可以使用对话框中的"橡皮擦工具" 进行修改。

图 3-45　精确描绘

（4）在对话框中选择"填充工具"，在需要保留的区域内单击填充颜色，如图 3-46 所示。

（5）单击"预览"按钮，查看抽出的效果，如图 3-47 所示。如果图像的边缘细节不够清晰，可以选择"清除工具"，清除不必要的像素，或使用"边缘修饰工具"再次描绘以加强轮廓。

（6）单击"确定"按钮，将其移至如图 3-48 所示的背景中。

案例二： 抠取颜色单一、内部不清晰的图像。

1．案例分析

案例使用素材及效果如图 3-49 所示，本案例主要抠取夹杂在海水中的海浪。

图 3-46 填充颜色

图 3-47 预览结果

图 3-48 最终效果

图 3-49 案例使用素材及效果

2．具体操作步骤

（1）打开需要抽出的原始图像。

（2）选择"滤镜"→"抽出"命令,弹出如图 3-50 所示的"抽出"对话框（2）。

（3）在"抽出"对话框的右侧选择"强制前景"复选框。

图 3-50　"抽出"对话框（2）

（4）在对话框的左上角选择"吸管工具" ✐，在图像上需要保留颜色的位置单击，如图 3-51 所示。

（5）选择"边缘高光器工具" ✐，将图像上需要保留指定颜色的位置涂上颜色，如图 3-52 所示。

图 3-51　指定颜色

图 3-52　指定位置

（6）单击"预览"按钮查看抽出的效果，如图 3-53 所示。

（7）单击"确定"按钮，将其移至如图 3-54 所示的背景中。

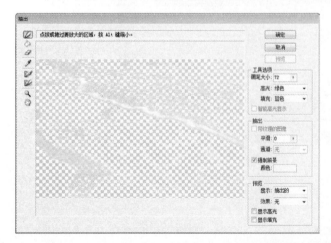

图 3-53　预览结果

图 3-54　最终效果

任务 3.3 路 径 抠 图

3.3.1 任务分析

路径是矢量图形,是由数学对象定义的点和线构成,如图 3-55 所示。Photoshop 引进路径的作用就是基于矢量图形易于编辑的优点,用路径勾画或描绘出各种图像的轮廓。

Photoshop 主要使用"钢笔工具" ✍ (快捷键:P)创建路径,在使用前应在选项栏上设定"创建路径" 🔲 和"添加到路径区域" 🔲 选项,然后再进行绘制。

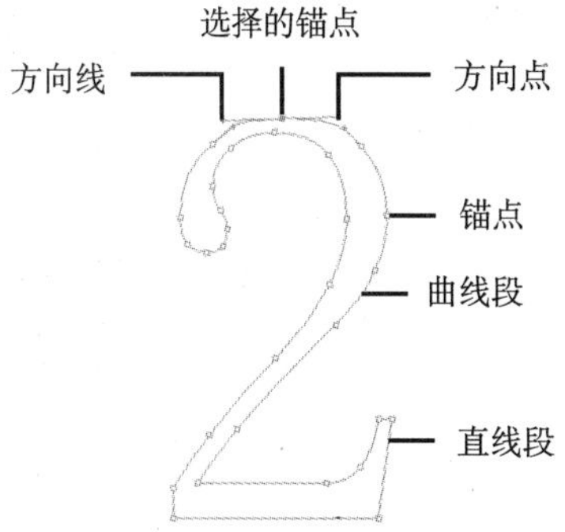

选择的锚点

方向线 —— 方向点
—— 锚点
—— 曲线段
—— 直线段

图 3-55 路径构成

3.3.2 任务导向

1. 绘制直线路径

"钢笔工具"绘制直线路径时(如图 3-56 所示),只需确定连接线段的两个锚点即可。具体操作步骤如下。

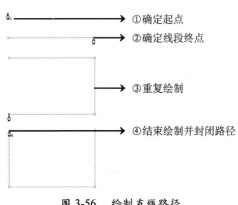

①确定起点

②确定线段终点

③重复绘制

④结束绘制并封闭路径

图 3-56 绘制直线路径

(1)在图像上确定路径的起点并单击鼠标,以定义第一个锚点。

(2)再次单击鼠标,以定义第二个锚点,并重复此步骤。

(3)用鼠标接近第一个锚点,右下角出现一个小圈标记时,单击鼠标可闭合路径。如果绘制开放路径,只需按住 Esc 键,即可结束绘制。

2. 绘制曲线路径

"钢笔工具"通过沿曲线伸展的方向拖动鼠标可以创建曲线路径,如图 3-57 所示。具体操作步骤如下。

(1)将鼠标定位在曲线的起点,并按住鼠标左键拖动,此时会出现第一个锚点,同时光标变为箭头。

(2)向绘制曲线段的方向拖动鼠标即可创建曲线路径。如果向相反的方向拖动第二个方向点将创建 C 形曲线,如果向相同方向拖动第二个方向点将创建 S 形曲线。

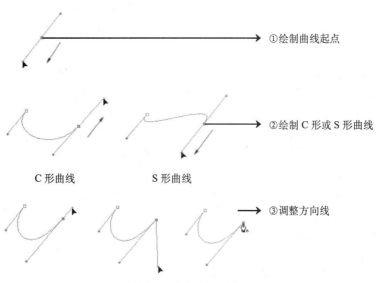

①绘制曲线起点

②绘制 C 形或 S 形曲线

C 形曲线   S 形曲线

③调整方向线

图 3-57 绘制曲线路径

（3）当绘制曲线段的下一段时，若要更改方向线的长度，把鼠标放在当前锚点上再次拖动即可；若要更改方向线的方向，按住 Alt 键把鼠标放在当前锚点上再次拖动；若要将下一线段绘制为直线段时，按住 Alt 键在当前锚点上单击以删除一边的方向线。

3．调整路径形状

创建好的路径可以使用"路径选择工具" ▶ 、"直接选择工具" ▷ 、"添加锚点工具" ♦ 、"删除锚点工具" ♦ 和"转换点工具" ⊢ 进一步控制路径的形状，具体操作方法如下。

（1）选择和自由变换路径。使用"路径选择工具" ▶ 选择整个路径，然后选择"编辑"→"自由变换操作"命令来调整路径，如图 3-58 所示。

（2）移动锚点和方向点。使用"直接选择工具" ▷ 在锚点或方向点上拖动，可以更改路径上的锚点和方向点位置，如图 3-59 所示。

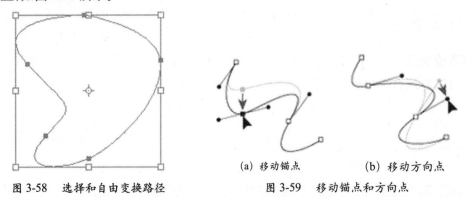

图 3-58　选择和自由变换路径

(a) 移动锚点　　　(b) 移动方向点

图 3-59　移动锚点和方向点

（3）添加和删除锚点。使用"添加锚点工具" ♦ 在当前路径段上单击，可在路径上添加一个锚点；使用"删除锚点工具" ♦ 在锚点上单击，可删除此锚点，如图 3-60 所示。

(a) 添加锚点　　　　　　(b) 删除锚点

图 3-60　添加和删除锚点

（4）转换锚点类型。使用"转换点工具" ⊢ 直接在曲线点上单击，可将曲线点转换为直线点；在直线点上拖动，可将直线点转换为曲线点；在方向线上拖动，可将曲线点转换为两边独立控制的拐角点，如图 3-61 所示。

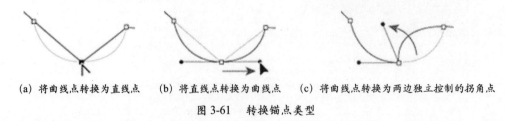

(a) 将曲线点转换为直线点　(b) 将直线点转换为曲线点　(c) 将曲线点转换为两边独立控制的拐角点

图 3-61　转换锚点类型

　　📑【操作技巧提示】："钢笔工具"自身具有添加和删除锚点的功能。另外，在绘制时按住 Ctrl 键可暂时切换到"直接选择工具"，按住 Alt 键可暂时切换到"转换点工具"，这样可以在绘制时直接调整路径。

4．创建子路径

如果要在原有工作路径基础上继续创建路径，则该路径称为原路径的子路径。子路径与原路径在工具选项栏上存在以下四种关系（如图3-62所示）。

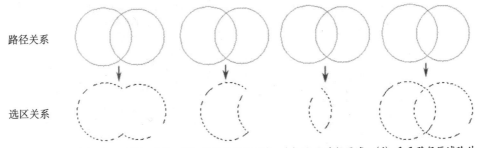

　　(a) 添加到路径区域　(b) 从路径区域减去　(c) 交叉路径区域　(d) 重叠路径区域除外

图 3-62　子路径与原工作路径关系

● "添加到路径区域" ：表示将新区域添加到重叠路径区域，当路径转换为选区后，最终取两个选区的并集。

● "从路径区域减去" ：表示将新区域从重叠路径区域移去，当路径转换为选区后，最终取两个选区的差集。

● "交叉路径区域" ：表示将路径限制为新区域和现有区域的交叉区域，当路径转换为选区后，最终取两个选区的交集。

● "重叠路径区域除外" ：表示从合并路径中排除重叠区域，当路径转换为选区后，最终排除两个选区交集的部分。

5．将路径转换为选区

路径在Photoshop中是不可打印的矢量图形。工作路径是直接在图像上创建的临时路径，通过"路径"面板可以将路径转换为选区，具体操作步骤如下。

(1) 选择"窗口"→"路径"命令，显示"路径"面板，如图3-63所示。

(2) 在"路径"面板上单击路径名称来选择路径。

(3) 单击"将路径作为选区载入"按钮 或直接按Ctrl + Enter组合键，将当前工作路径转换为选区。

　　【操作技巧提示】：按住Alt键单击"将路径作为选区载入"按钮，可以在弹出的对话框中设置操作选项，如图3-64所示。

图 3-63　"路径"面板

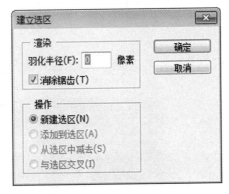

图 3-64　"建立选区"对话框

3.3.3　任务案例

案例：使用路径抠取精确轮廓图像。

1．案例分析

本案例使用"钢笔工具"抠取图像中的雕塑，案例使用素材及效果如图3-65所示。

图 3-65　案例使用素材及效果

2．具体操作步骤

（1）打开需要提取的原始图像。

（2）在工具箱中选择"钢笔工具"，在选项栏上单击"创建路径"按钮 ，设置子路径选项为"添加到路径区域" 。

（3）放大图像视图，使用"钢笔工具"开始依据图像轮廓绘制路径，如图 3-66 所示。

图 3-66　放大图像视图

（4）依据"钢笔工具"创建路径的方法在图像的外轮廓创建如图 3-67 所示的封闭路径。

图 3-67　创建外轮廓路径

(5) 在"钢笔工具"选项栏上单击"从路径区域减去"按钮 🗗，使用钢笔工具绘制如图 3-68 所示的子路径。

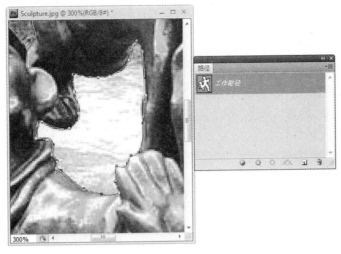

图 3-68　创建子路径

(6) 创建完毕后，按 Ctrl + Enter 组合键将路径转换为选区，如图 3-69 所示。

图 3-69　路径转换为选区

(7) 使用"移动工具"将其移至如图 3-70 所示的背景中。

图 3-70　最终效果

任务 3.4　通 道 抠 图

3.4.1　任务分析

在 Photoshop 中,通道是以灰度图像的形式存储图像颜色信息和选区的载体,分为颜色通道、专色通道和 Alpha 通道三种。Photoshop 对通道的所有操作都通过"通道"面板完成,选择"窗口"→"通道"命令,可以显示"通道"面板,如图 3-71 所示。

（1）颜色通道是承载图像颜色信息的载体。在 Photoshop 中打开或新建一个图像,颜色通道就随之建立起来。颜色通道通常是由编辑和预览图像的复合通道以及承载图像分色信息的单色通道构成,如图 3-72 所示。抠取图像前通常将颜色通道复制为 Alpha 通道。

（2）专色通道是承载专色信息的载体。专色是用来替代或补充印刷色（CMYK）的油墨,如图 3-73 所示的图像就使用了 PANTONE Reflex Blue C 专色。Photoshop 利用专色通道可以将专色添加到图像并预览其效果。

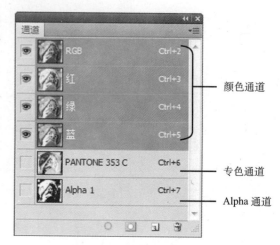

图 3-71　"通道"面板

图 3-72　颜色通道

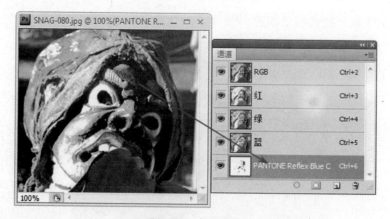

图 3-73　专色通道

（3）Alpha 通道是以灰度形式的图像存储选区信息的载体。因此,利用 Alpha 通道可以将创建和存储的选区当做灰度图像编辑。如图 3-74 所示的人体裂纹的形状就是利用 Alpha 通道创建的选区。在

Photoshop 软件中用于抠图和创建复杂选区的主要是 Alpha 通道。

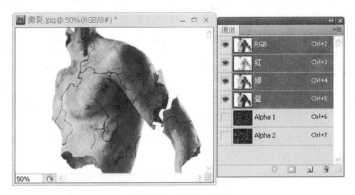

图 3-74 Alpha 通道

3.4.2 任务导向

1. 理解 Alpha 通道抠图原理

因为 Alpha 通道是以灰度图像存储选区信息的,所以在 Alpha 通道中只有黑、白、灰三种颜色。在"通道"面板上单击 Alpha 通道可以查看此通道对应的图像,如图 3-75 所示。

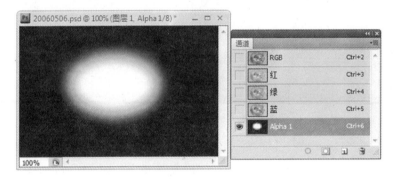

图 3-75 查看 Alpha 通道

在 Alpha 通道对应的图像中,黑、白和灰分别对应以下选区关系:
- 白色对应的区域将是完全选取的区域;
- 灰色依据其灰度值产生对应程度的羽化值;
- 黑色对应的区域将不被选取,如图 3-76 所示。

图 3-76 Alpha 通道对应的选区

2. 创建 Alpha 通道

在 Photoshop 中,可以通过以下四种方法创建 Alpha 通道。

（1）存储浮动的选区为 Alpha 通道。创建选区后，选择"选择"→"存储选区"命令，或直接单击"通道"面板底部的"将选区存储为通道"按钮 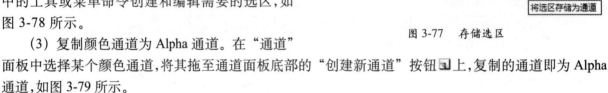，如图 3-77 所示。

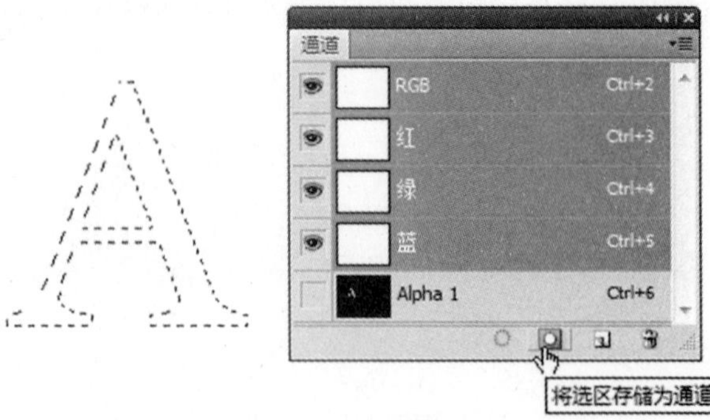

（2）创建新 Alpha 通道。单击"通道"面板底部的"创建新通道"按钮，创建 Alpha 通道，默认无任何选区范围，此时需调用 Photoshop 中的工具或菜单命令创建和编辑需要的选区，如图 3-78 所示。

图 3-77　存储选区

（3）复制颜色通道为 Alpha 通道。在"通道"面板中选择某个颜色通道，将其拖至通道面板底部的"创建新通道"按钮 上，复制的通道即为 Alpha 通道，如图 3-79 所示。

（4）通道运算。选择"图像"→"计算"命令，在打开的"计算"对话框中可设置将颜色通道混合后产生新的 Alpha 通道，如图 3-80 所示。

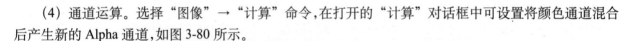

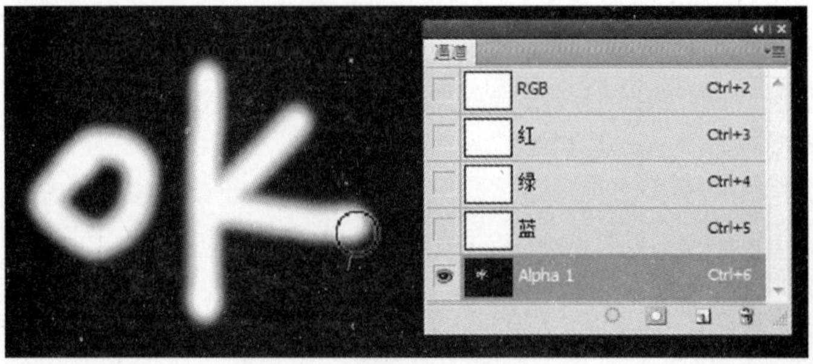

图 3-78　创建用户需要的选区

图 3-79　复制颜色通道为 Alpha 通道

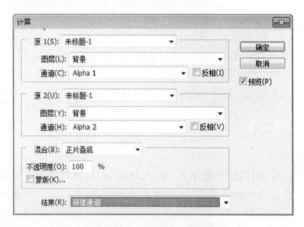

图 3-80　"计算"对话框

也可以选择"图像"→"应用图像"命令，将一个图像的图层和通道（源）与现用图像（目标）的图层和通道混合，如图 3-81 所示。

3．载入 Alpha 通道选区

选择"选择"→"载入选区"命令，在弹出的"载入选区"对话框中选择需要的通道，如图 3-82 所示。

　　【操作技巧提示】：直接按住 Ctrl 键在"通道"面板上单击包含要载入的选区的 Alpha 通道名称，即可载入 Alpha 通道选区。如果在现有选区基础上载入另一选区并合并到该选区，按住 Ctrl + Shift 组合键单击另一个通道；如果从该选区中减去另一个通道的选区，按住 Ctrl + Alt 组合键单击另一个通道；如果取另一个通道与该通道选区的交叉部分，按住 Ctrl + Shift + Alt 组合键单击另一个通道。

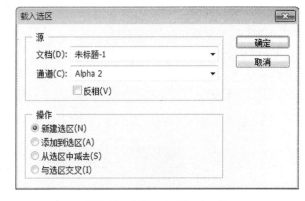

图 3-81 "应用图像"对话框　　　　　　　　　　图 3-82 "载入选区"对话框

4. 使用快速蒙版

与 Alpha 通道相似,在快速蒙版模式下创建选区可以使用绘画工具或其他命令,但其创建的是一个临时的浮动选区,而 Alpha 通道创建的则是一个已经存储的选区。具体操作步骤如下。

(1) 单击工具箱下端的以"快速蒙版模式编辑"按钮，或直接按 Q 键进入快速蒙版编辑模式,此时前景色将自动切换为黑色。

(2) 使用"画笔工具"在需要抠取的图像上绘画,如图 3-83 所示。

(3) 绘画完成后按 Q 键退出快速蒙版编辑模式状态,选择"选择"→"反向"命令,即可选取图像中绘画的区域,如图 3-84 所示。

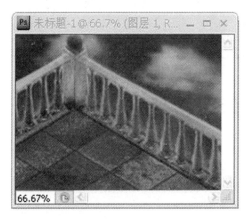

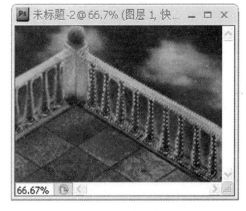

图 3-83 在快速蒙版编辑模式下创建选区　　　　图 3-84 建立选区

【操作技巧提示】:在快速蒙版编辑模式下,绘画以外的区域在退出快速蒙版编辑模式后将成为选区。因此,绘画时使用黑色将会减少选择的区域,白色将会增加选择的区域,灰色将会产生半透明区域。

3.4.3 任务案例

案例一:抠取半透明物体。

1. 案例分析

案例使用素材及效果如图 3-85 所示。本案例将蜻蜓从其背景中提取出来,难点在于蜻蜓的翅膀为透明状态。

2. 具体操作步骤

(1) 打开原始素材及"通道"面板,如图 3-86 所示。

(2) 在"通道"面板上选择"绿色"通道,将其拖至"通道"面板底部的"创建新通道"按钮上,得到"绿色副本"的 Alpha 通道,如图 3-87 所示。

图 3-85　案例使用素材及效果

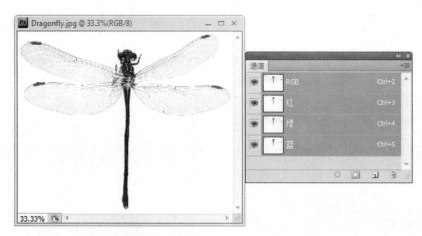

图 3-86　原始素材及"通道"面板

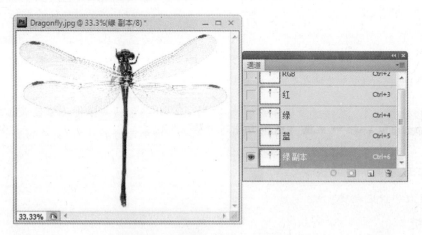

图 3-87　复制颜色通道为 Alpha 通道

　　【操作技巧提示】：将颜色通道复制为 Alpha 通道时，应该选择对象与背景反差最大的单色通道，如本案例中的绿色通道。

　　（3）选择"图像"→"调整"→"反相"命令，得到如图 3-88 所示的效果。

　　【操作技巧提示】："反相"（组合键：Ctrl＋I）操作的作用是将所选对象在 Alpha 通道中转换为白色。

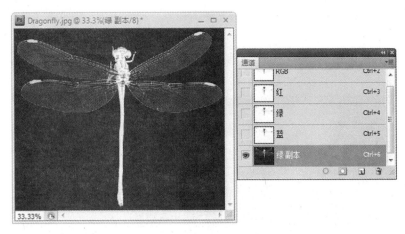

图 3-88　反相 Alpha 通道

（4）选择"图像"→"调整"→"反相"命令，弹出"色阶"对话框（1），如图 3-89 所示。使用"黑色吸管"在图像的黑色背景中单击，将背景设置为黑色。

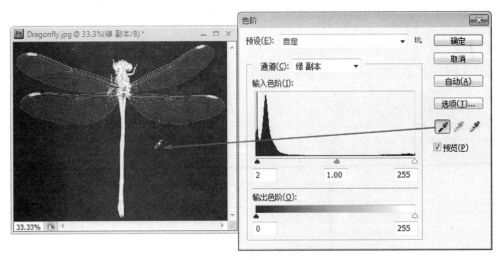

图 3-89　"色阶"对话框（1）

【操作技巧提示】：此步操作目的是为了确保背景在 Alpha 通道中为黑色。

（5）在"色阶"对话框中向左拖动白色滑块，如图 3-90 所示。

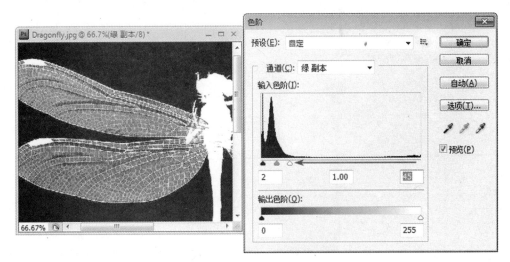

图 3-90　色阶调整 Alpha 通道

【操作技巧提示】："色阶"调整的目的是提高图像主体的亮度,将图像主体的灰色转为白色,但同时需要保留图像上半透明区域的灰色。

（6）在工具箱中选择"画笔工具" ✐,设置前景色为白色,在图中蜻蜓的主体上绘画,如图3-91所示。

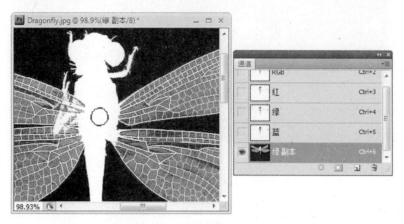

图 3-91　编辑 Alpha 通道

【操作技巧提示】：以上两步是本案例操作的关键。在 Alpha 通道中将蜻蜓体编辑为白色是为了完全选取,而灰色是为了产生羽化半透明选取。

（7）按住 Ctrl 键单击"绿 副本"通道缩览图,载入 Alpha 通道选区,如图3-92所示。

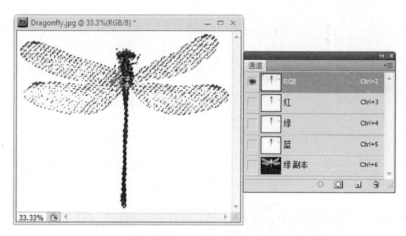

图 3-92　载入 Alpha 通道选区

（8）在"通道"面板中选择 RGB 复合通道,以便在图像窗口中显示选择的图像,如图3-93所示。

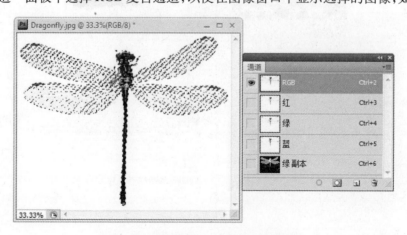

图 3-93　在图像窗口中显示选择的图像

（9）按 Ctrl + J 组合键将选择的图像在"图层"面板中复制至新图层，如图 3-94 所示。

图 3-94　复制选择的图像至新图层

（10）继续按 Ctrl + J 组合键复制图像，直到图像效果清晰，如图 3-95 所示。

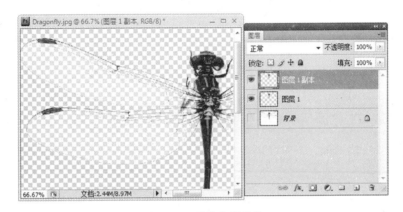

图 3-95　继续复制图像

（11）按 Ctrl + E 组合键向下合并复制的图层。再使用"移动工具"将其移至如图 3-96 所示的背景，即可获得最终效果。

图 3-96　最终效果

案例二：抠取烟花、烟火等类型的图像。

1．案例分析

案例使用素材及效果如图 3-97 所示，本案例主要抠取图像中的烟火。

图 3-97　案例使用素材及效果

2．具休操作步骤

（1）打开原始素材及"通道"面板，如图 3-98 所示。

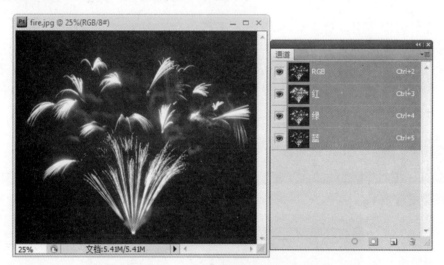

图 3-98　原始素材及"通道"面板

（2）为了确保背景在 Alpha 通道中为黑色，按 Ctrl＋L 组合键调出"色阶"对话框（2），如图 3-99 所示。使用"黑色吸管"在图像的黑色背景中单击，将背景设置为黑色。

（3）在"通道"面板中分别将"红"、"绿"和"蓝"色通道拖至"通道"面板底部的"创建新通道"按钮 🔲 上，得到各自副本的 Alpha 通道，如图 3-100 所示。

（4）按住 Ctrl 键单击"红 副本"通道缩览图，在"通道"面板中选择 RGB 复合通道，如图 3-101 所示。

（5）返回到"图层"面板，单击面板底部的"创建新图层"按钮 🔲，新建"图层 1"，设置前景色为红色（R 为 255、G 为 0、B 为 0）。按 Alt＋Delete 组合键填充选区，如图 3-102 所示。

（6）按住 Ctrl 键单击"绿 副本"通道缩览图，在"通道"面板中选择 RGB 复合通道。返回到"图层"面板，单击面板底部的"创建新图层按钮"🔲，新建"图层 2"，设置前景色为绿色（R 为 0、G 为 255、B 为 0）。按 Alt＋Delete 组合键填充选区，如图 3-103 所示。

（7）按住 Ctrl 键单击"蓝 副本"通道缩览图，在"通道"面板中选择 RGB 复合通道，返回到"图层"面板,单击面板底部的"创建新图层"按钮▣,新建"图层3",设置前景色为蓝色(R为0、G为0、B为255)。按 Alt + Delete 组合键填充选区,如图 3-104 所示。

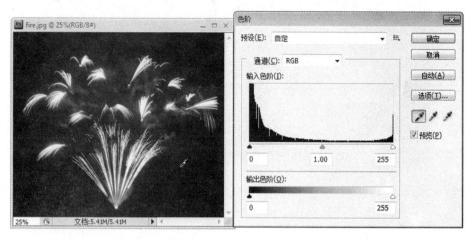

图 3-99　"色阶"对话框 (2)

图 3-100　复制颜色通道为 Alpha 通道

图 3-101　载入 Alpha 通道选区

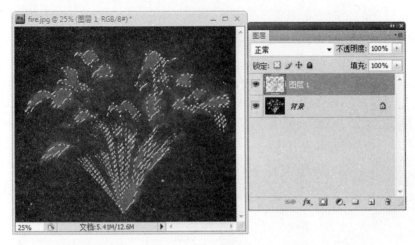

图 3-102　载入"红 副本"通道选区并填充颜色

图 3-103　载入"绿 副本"通道选区并填充颜色

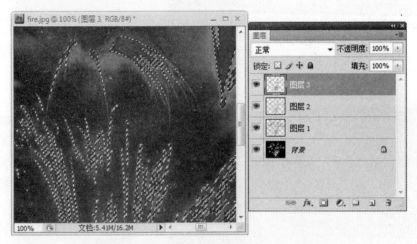

图 3-104　载入"蓝 副本"通道选区并填充颜色

（8）按 Ctrl + D 组合键取消选择。在"图层"面板上分别设置"图层 3"、"图层 2"的混合模式为"滤色"，如图 3-105 所示。

（9）按 Ctrl + E 组合键向下合并"图层 3"、"图层 2"和"图层 1"，此时要隐藏"背景"图层，如图 3-106 所示。

（10）使用"移动工具"将其移至如图 3-107 所示的背景，即完成操作。

图 3-105　设置图层混合模式

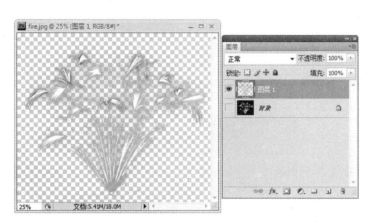

图 3-106　合并图层

图 3-107　最终效果

案例三：抠取文字、纹理等图案。

1．案例分析

案例使用素材及效果如图 3-108 所示，本案例主要抠取图像中的文字。

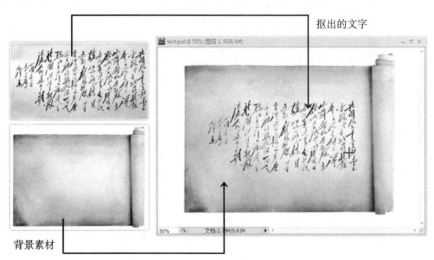

图 3-108　案例使用素材及效果

2．具体操作步骤

（1）打开原始素材及"通道"面板，如图 3-109 所示。

（2）选择"图像"→"计算"命令，在弹出的"计算"对话框中进行的设置如图 3-110 所示。

图 3-109　原始素材及"通道"面板

图 3-110　创建 Alpha 通道

【操作技巧提示】：用于通道计算的"相加"和"减去"模式的原理如下。

"相加"增加两个通道中的像素值。因为较高的像素值代表较亮的颜色，所以向通道添加重叠像素将使图像变亮。两个通道中的黑色区域仍然保持黑色 (0 + 0 =0)。任一通道中的白色区域仍为白色 (255 + 任意值＝255 或更大值)。"减去"从目标通道中相应的像素上减去原通道中的像素值。

(3) 按 Ctrl＋I 组合键反相 Alpha 通道，如图 3-111 所示。

图 3-111　反相 Alpha 通道

(4) 按 Ctrl＋L 组合键调出"色阶"调整对话框，使用"黑色吸管"在图像的黑色背景中单击，将背景设置为黑色，向左拖动白色滑块以提高主体图像亮度，如图 3-112 所示。

图 3-112　色阶调整 Alpha 通道

（5）单击"确定"按钮得到如图 3-113 所示的 Alpha 通道。

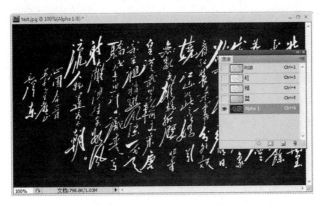

图 3-113　编辑后的 Alpha 通道（1）

（6）按住 Ctrl 键单击 Alpha 通道缩览图载入 Alpha 通道选区再在"通道"面板中选择 RGB 复合通道。返回到"图层"面板，按 Ctrl + J 组合键复制为新图层，并隐藏"背景"图层，如图 3-114 所示。

（7）使用"移动工具"将其移至图 3-115 所示的背景中即可。

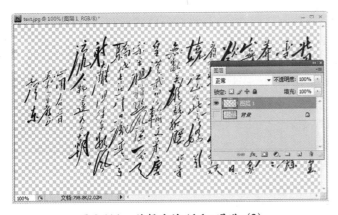

图 3-114　编辑后的 Alpha 通道（2）

图 3-115　最终效果

本 章 小 结

　　选择图像就是创建临时的浮动选区，而抠取图像主要是将图像从其背景中选择并提取出来。选取图像时，使用 Photoshop 提供的选择工具最为便捷。"抽出"滤镜通常用于抠取边缘复杂或内部颜色单一的图像。路径抠图主要是使用"钢笔工具"描绘图像的精确轮廓。而 Alpha 通道则适用于综合复杂的半透明或无法确定其轮廓的图像。对于 Photoshop 提供的多种选择和抠图方法，大家需要掌握每种方法的适用范围和操作技巧。

本 章 练 习

1．技能认证考题

（1）下列基于"容差"创建选区的命令和工具有（　　）。

　　A．"色彩范围"命令　　　　B．"扩大选取"命令

　　C．"选取相似"命令　　　　D．"魔棒工具"

(2) 用"单行选框工具"在图像上单击将至少选择（　　）个像素。

A. 1　　　　　　　B. 1/2　　　　　　C. 2　　　　　　　D. 0

(3) 下列可生成浮动的选区的方法是（　　）。

A. 使用"矩形选框工具"　　　　　　B. 使用"色彩范围"命令

C. 使用"抽出"命令　　　　　　　　D. 使用"魔棒工具"

(4) 下列关于"变换选区"与"自由变换"命令描述正确的是（　　）。

A. "变换选区"的对象是选区内的像素

B. "自由变换"的对象是选区

C. "变换选区"与"自由变换"完全一样

D. "变换选区"与"自由变换"的操作一样

(5) "自由变换"命令中能够对文字操作的子命令为（　　）。

A. 旋转　　　　B. 缩放　　　　C. 扭曲　　　　D. 透视

(6) 下列关于"羽化"的说法正确的是（　　）。

A. 选区建立后无法改变其"羽化"值

B. 选区取消后可改变其"羽化"值

C. 必须在选区建立后才能更改其"羽化"值

D. 以上说法都不正确

(7) 当你将一幅图像拖放到另外一幅图像上时，可保证刚好拖放在另一幅图像的中间的键是（　　）键。

A. Shift　　　　　　B. Alt　　　　　　C. Ctrl　　　　　D. Alt

(8) 路径是由锚点组成的，由于每个锚点手柄数目与方向的不同，通常可以将锚点分为三类，即（　　）。

A. 直线点　　　　B. 连接点　　　　C. 曲线点　　　　D. 拐点

(9) 下面对路径的描述正确的是（　　）。

A. 路径可分为开放路径和封闭路径

B. 锚点通常被分为直线点和曲线点

C. 锚点是不能移动的

D. 开放路径和封闭路径都可以执行建立选区的命令

(10) 若将曲线点转换为直线点，应采用的操作是（　　）。

A. 使用"选择工具"单击曲线点

B. 使用"钢笔工具"单击曲线点

C. 使用"锚点转换工具"单击曲线点

D. 使用"铅笔工具"单击曲线点

(11) 当将浮动的选择范围转换为路径时，所创建的路径的状态是（　　）。

A. 工作路径　　　B. 开放的子路径　　　C. 剪贴路径　　　D. 填充的子路径

(12) 下面对通道的描述正确的是（　　）。

A. 色彩通道的数量是由图像色阶决定的，而不是因色彩模式的不同而不同

B. 当新建文件时，颜色信息通道已经自动建立了

C. 同一文件的所有通道都有相同数目的像素点和分辨率

D. 在图像中除了内定的颜色通道外，还可生成新的 Alpha 通道

(13) 在下列操作中可以增加新通道的是（　　）。

A. 可以在"通道"面板的弹出式菜单中选择"新通道"命令

B. 可以通过"运算"命令得到新通道

C. 可以通过"存储选区"命令生成新通道

D. 可将路径直接生成新通道

(14) 在 Photoshop 中下列（　　）色彩模式的图像只有一个通道。

A. 位图模式、灰度模式、RGB 模式、LAB 模式

B. 位图模式、灰度模式、双色调模式、索引颜色模式

C. 位图模式、灰度模式、双色调模式、LAB 模式

D. 灰度模式、双色调模式、索引颜色模式、LAB 模式

(15) Alpha 通道最主要的用途是（　　）。

A. 保存图像色彩信息

B. 保存图像色阶信息

C. 保存图像未修改前的状态

D. 用来存储和建立选择范围

2. 实习实训操作

(1) 利用所给素材创建如图 3-116 所示的图像效果。

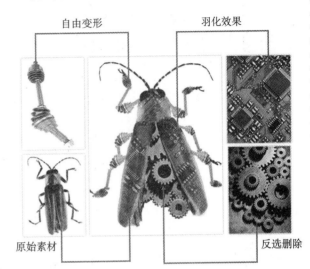

图 3-116　甲壳虫素材及效果

(2) 使用"自由变换"命令创建如图 3-117 所示的折扇。

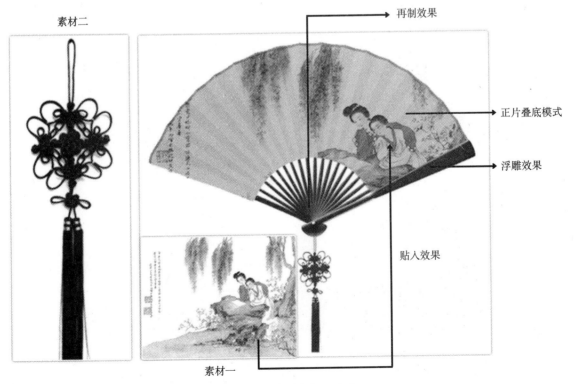

图 3-117　折扇素材及效果

（3）使用"抽出"命令抠取如图 3-118 所示的两幅图像。

图 3-118　抽出素材与效果

（4）使用"钢笔工具"抠取如图 3-119 所示的汽车和建筑物。

图 3-119　路径素材及效果

(5) 使用 Alpha 通道抠取如图 3-120 所示的图像。

(6) 综合应用：根据所给素材创建如图 3-121 所示的"错觉"图像效果。

图 3-120 Alpha 通道素材及效果

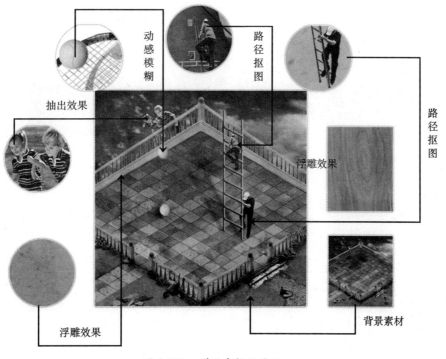

图 3-121 错觉素材及效果

模块4　绘图与绘画

任务目标

学习完本模块，能够创建鼠绘或手绘作品。如图 4-1 所示为鼠标绘制作品示例。

任务实现

利用 Photoshop 路径或形状图层可以绘制需要的对象形状，通过向对象添加颜色、渐变、图案或效果可以产生质感和纹理。也可以使用绘画类工具通过手写板直接手绘或对手绘原稿上色。

典型任务

➢ 了解使用颜色。
➢ 填充描边图像。
➢ 添加图像效果。
➢ 绘图。
➢ 绘画。

图 4-1　鼠标绘制作品示例

任务 4.1　了解使用颜色

4.1.1　任务分析

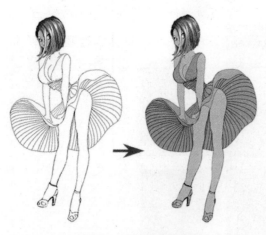

图 4-2　使用颜色示例

颜色是绘画的基础。Photoshop 使用颜色模型描述颜色，绘画时可以使用一种颜色模型为图像指定合适的颜色，以便用于显示或打印输出。了解颜色之间的相互关系以及如何使用正确的颜色，可以获得理想的输出图像。如图 4-2 所示为使用颜色示例。

4.1.2　任务导向

1. 使用前景色与背景色

在 Photoshop 工具箱底部有两个颜色图标，分别为"前景色"和"背景色"图标，如图 4-3 所示。Photoshop 使用"前景色"绘画，使用"背景色"生成渐变、滤镜效果和图像背景。

Photoshop 默认"前景色"是黑色，默认"背景色"是白色。

（1）更改前景色。单击"前景色"图标，在弹出的"拾色器"对话框中设置一种颜色。

（2）更改背景色。单击"背景色"图标,在弹出的"拾色器"对话框中设置一种颜色。

（3）交换前景色和背景色。单击"切换颜色"图标,可以交换前景色与背景色。

（4）恢复默认前景色和背景色。单击"默认颜色"图标,可以将更改的前景色与背景色恢复为黑色和白色。

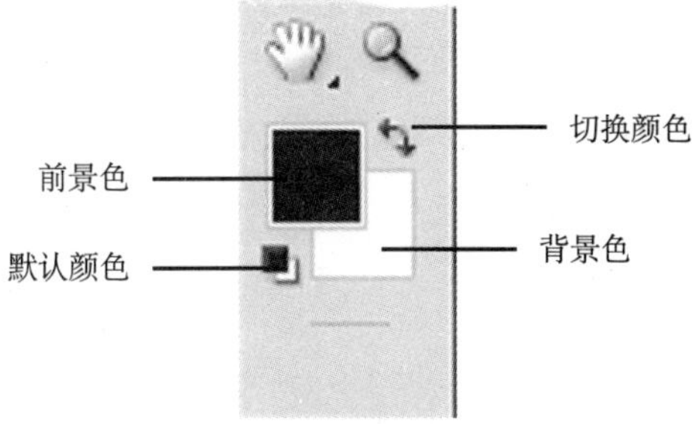

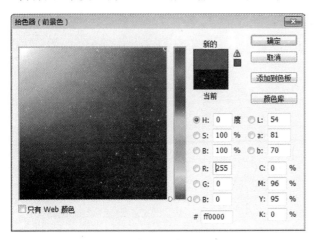

图4-3　工具箱中前景色与背景图标

【操作技巧提示】:使用前景色与背景色有以下技巧。

① 按D键可以恢复默认前景色和背景色。

② 按X键可以交换前景色和背景色。

2．使用拾色器选取颜色

在工具箱中单击"前景色"或"背景色"颜色图标即可弹出"拾色器"对话框,如图4-4所示。

（1）基于颜色模型选取颜色。HSB模型根据颜色的三属性（色相、饱和度和亮度）来描述颜色。在0～360°的标准色轮上,按位置度量色相。饱和度使用从0（灰色）～100%（完全饱和）的百分比来度量,在Adobe拾色器左边的色域中,从左至右饱和度递增。亮度使用从0（黑色）～100%（白色）的百分比来度量,在Adobe拾色器左边的色域中,从下至上亮度递增,如图4-5所示。

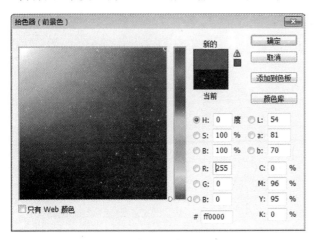

图4-4　"拾色器"对话框

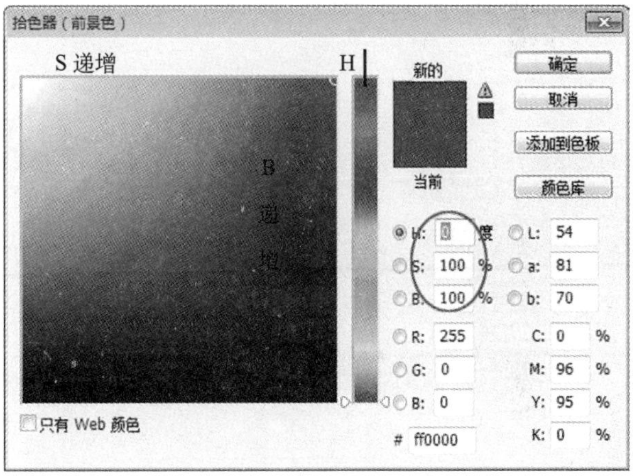

图4-5　HSB颜色模型

（2）选取Web安全颜色。在"拾色器"对话框中选择"只有Web颜色"复选框,如图4-6所示,即可设置Web安全颜色。Web安全颜色是浏览器使用的216种颜色,在8位屏幕上显示颜色时,浏览器将图像中的所有颜色更改成这些颜色。

（3）根据颜色名称选取颜色。Photoshop使用3对介于00（最小明亮度）和ff（最大明亮度）之间的数字定义颜色中的R、G、B分量,并用十六进制值来表示颜色,如图4-7所示。例如,000000是黑色,ffffff是白色,ff0000是红色。

（4）选取专色。Photoshop可以将指定的专色用于图像或绘画。在"拾色器"对话框中单击"颜色库"按钮,在弹出的"颜色库"对话框的"色库"选项区中选择PANTONE色库,然后再选择预设的专色名称,如图4-8所示。

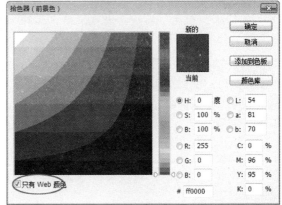

图4-6　设置Web安全颜色

（5）为不可打印的颜色选取CMYK等效值。由于RGB、HSB和Lab颜色模型中的某些颜色在

CMYK 模型中没有等效值,因此在选择这些颜色时将出现一个警告三角形（色域警告）,如图 4-9 所示。此三角形下方的色板将显示最接近的 CMYK 等效值。要选取等效值,只需单击警告三角形标记即可。

3. 使用"颜色"面板选取颜色

选择"窗口"→"颜色"命令（快捷键:F6）,显示"颜色"面板,如图 4-10 所示。

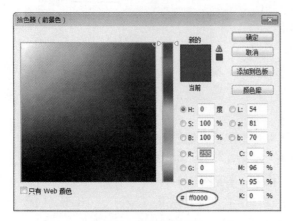

图 4-7　指定颜色名称

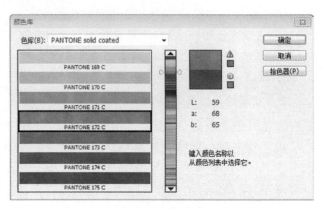

图 4-8　专色列表

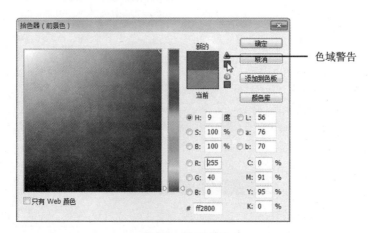

图 4-9　色域警告

图 4-10　"颜色"面板

使用"颜色"面板设置颜色的操作步骤如下。

(1) 单击"颜色"面板上"前景色"或"背景色"图标,使其处于可用编辑状态（黑框标示）。

(2) 从"颜色"面板弹出式菜单中选择指定的颜色模型,如图 4-11 所示。

(3) 根据颜色模型设定颜色值。

　【操作技巧提示】:在"颜色"面板"前景色"或"背景色"图标上双击,在弹出的"拾色器"对话框中也可以设置颜色。选取颜色时如果出现警告三角形,表明此种颜色已超出 CMYK 范围。

4. 采样颜色

使用"吸管工具"可以采集图像的颜色到前景色或背景色。操作步骤如下。

(1) 在工具箱中选择"吸管工具" ∥（快捷键:I）。

(2) 在工具选项栏上设定"取样大小"选项值为"取样点","3×3平均"、"5×5平均"、"11×11平均"、"31×31平均"、"51×51平均"或"101×101平均"表示区域内像素数量的平均值。

图 4-11　"颜色"面板弹出式菜单

（3）在图像上取样位置处单击，可将颜色采集为前景色。按住 Alt 键单击，可将颜色采集为背景色。采集点的颜色信息显示在"信息"面板上，如图 4-12 所示。

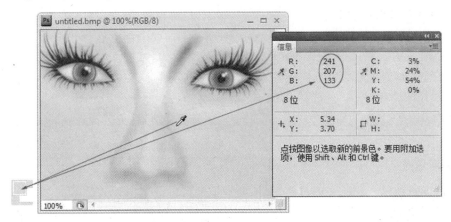

图 4-12　采集颜色

【操作技巧提示】：使用"吸管工具"时配合以下技巧可以提高工作效率。

① 在使用绘画工具时按住 Alt 键，可暂时切换到"吸管工具"。

② 为了准备采集指定点的颜色，可以按住 Caps Lock 键将光标更改为精确光标显示。

5．管理颜色

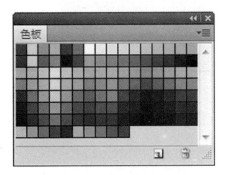

图 4-13　"色板"面板

Photoshop 使用"色板"面板可以存储和调用颜色。选择"窗口"→"色板"命令，显示"色板"面板，如图 4-13 所示。

（1）设置前景色。在"色板"面板上，直接单击某种颜色。

（2）设置背景色。在"色板"面板上，按住 Ctrl 键单击某种颜色。

（3）添加颜色。设置前景色后，单击"色板"面板底部的"创建新颜色"按钮 。

（4）删除颜色。将颜色拖到"色板"面板底部"删除"按钮 上，或直接按住 Alt 键单击此颜色。

（5）存储颜色。在"色板"面板上增加或删除所需的颜色，单击"色板"面板右上角按钮打开弹出式菜单，然后选择"存储色板"命令。

（6）载入颜色。单击"色板"面板右上角按钮，然后从弹出式菜单中选择"载入色板"命令。

任务 4.2　填充描边图像

4.2.1　任务分析

创建鼠绘作品或对手绘作品上色时，通常需要将颜色或图案填充于图像内部以获得预期效果，如图 4-14 所示。Photoshop 可以使用指定颜色、渐变和图案填充选区或图像，也可以向选区、图层边缘或路径轮廓添加颜色。

4.2.2　任务导向

1．使用颜色填充

Photoshop 使用前景色或背景色填充图像，具体操作方法

描边

填充

图 4-14　填充描边示例

如下。

（1）使用快捷键填充。在工具箱或"颜色"面板中设置前景色或背景色，如果要使用前景色填充图像，按 Alt + Delete 组合键（或 Alt + Backspace 组合键）；使用背景色填充图像，按 Ctrl + Delete 组合键（或 Ctrl + Backspace 组合键）。

（2）使用"油漆桶工具"。在工具箱中选择"油漆桶工具" 〇（快捷键：G），在工具选项栏选择 前景 ▼，然后在图像上需要填充颜色的位置单击。

（3）使用"填充"对话框。选择"编辑"→"填充"命令（组合键：Shift + F5 或 Shift + Backspace），在弹出的"填充"对话框"内容"选项栏中选择"前景色"、"背景色"或"颜色"填充图像，如图 4-15 所示。

2．使用渐变填充

渐变是两种或两种以上颜色间的过渡，使用渐变填充可以实现多种颜色混合，也可以使图像实现由平面到立体的效果，如图 4-16 所示。

图 4-15　"填充"对话框

图 4-16　渐变填充示例

Photoshop 使用"渐变工具"将渐变的颜色填充到选区或图像。具体操作步骤如下。

（1）在工具箱中选择"渐变工具" ▭（快捷键：G）。

（2）选择渐变颜色。在工具选项栏渐变颜色弹出式按钮 ▭ 上单击，或直接在图像窗口中右击，在弹出的颜色列表中选择一种渐变颜色，如图 4-17 所示。也可以单击颜色列表右侧的三角形按钮，从弹出的菜单中载入预设的渐变。

（3）如果要自定义渐变颜色，在选项栏渐变颜色图标 ▭ 上单击，弹出如图 4-18 所示的"渐变编辑器"对话框。

● 编辑渐变颜色：在颜色编辑滑块上双击，即可弹出拾色器用于设置颜色；在编辑颜色栏的空白处双击，可以设置并添加一种颜色；如果要删除某个颜色滑块，只需将其拖至此栏的下方；如果要准确定位某个颜色滑块的位置，可以在"位置"选项中输入百分比，如图 4-19 所示。

● 设置颜色的不透明度：选择透明度编辑滑块，在"不透明度"选项中输入不透明度值，如图 4-20 所示。

● 添加渐变到颜色集中：编辑好的渐变可在"名称"选项栏中输入名称后，单击"新建"按钮，将其放置在预设的渐变颜色集中，如图 4-21 所示。

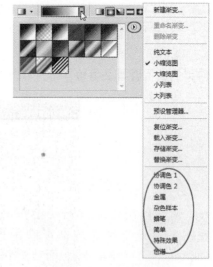

图 4-17　选择渐变颜色

● 存储渐变：如果要将编辑好的渐变调用到其他文件中使用，单击"存储"按钮后将其存储为一个文件，然后在其他文件中单击"载入"按钮即可将其调入。

（4）设置渐变颜色过渡方式。在工具选项栏上单击 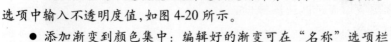 按钮，分别为"线性渐变（颜色以直线

的方式从起点过渡到终点）"、"径向渐变（颜色从圆心向圆周从起点过渡到终点）"、"角度渐变（颜色按照逆时针方向从起点过渡到终点）"、"对称渐变（颜色使用均衡的线性渐变在起点的两侧产生过渡）"和"菱形渐变（颜色以菱形的方式从起点过渡到终点）"。

（5）设置渐变选项。在工具选项栏"不透明度"选项中设置渐变颜色的透明度；选择"反向"会反转渐变中的颜色顺序；选择"仿色"会使颜色过渡更平滑；如果要保证渐变的透明效果，一定要选择"透明区域"选项。

（6）创建渐变填充。用鼠标从产生颜色渐变的起点移至终点，拖动的范围将决定颜色带宽。如果将拖动的方向限定为45°的倍数，在拖动时按住 Shift 键。

图 4-18 "渐变编辑器"对话框

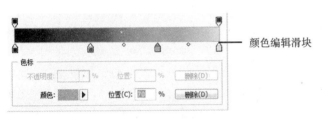

图 4-19 编辑颜色

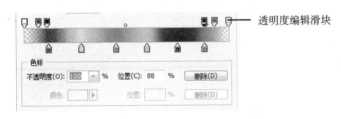

图 4-20 设置不透明度

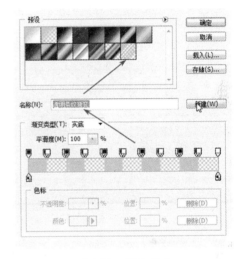

图 4-21 添加渐变

3．使用图案填充

图案是一个不断重复的图像，使用图案填充可以形成类似纹理、具有一定规律的填充效果，如图 4-22 所示为网页背景的设置。

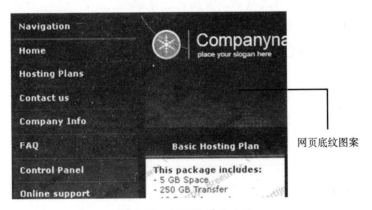

图 4-22 网页背景的设置

使用图案填充选区或图像有以下三种方法。

（1）使用"图案图章工具"。在工具箱中选择"图案图章工具"（快捷键：S），在工具选项栏图案预设集中选择需要的图案，然后在图像上绘画以填充图案。

（2）使用"油漆桶工具"。在工具箱中选择"油漆桶工具" 🖌（快捷键：G），在工具选项栏图案预设集中 选择需要的图案，在图像上需要填充图案的位置单击。

（3）使用"填充"对话框。选择"编辑"→"填充"命令，在弹出的"填充"对话框"内容"选项区的"使用"选项中选择"图案"，如图4-23所示。

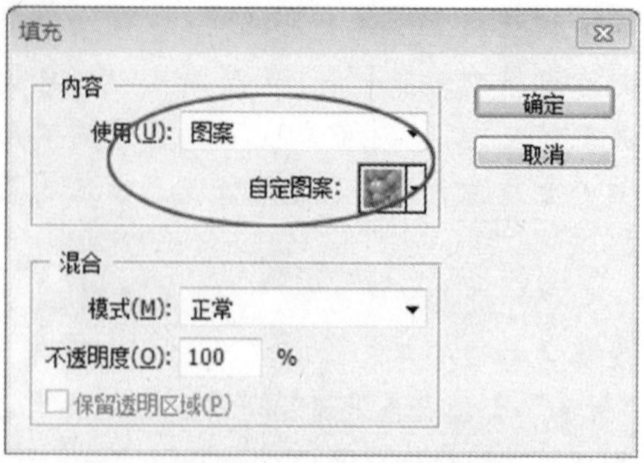

📑 **【知识技能拓展】**：自定义无缝拼接图案。

（1）根据需要新建图案文件大小：200像素×150像素，透明背景。

（2）按Ctrl＋R组合键显示标尺，再按Ctrl＋A组合

图4-23 "填充"对话框

键全选图像，选择"选择"→"变换选区"命令，找出图像的中心，再从标尺上拖出两条从中心相交的参考线，如图4-24所示。

（3）按Enter键应用变换操作。使用"文字工具"在图像窗口中单击，输入如图4-25所示的文字。

图4-24 创建图像

图4-25 输入文字

（4）按Ctrl＋T组合键自由变换对象，在控制框内拖动鼠标至变形参考点对齐参考线交点，如图4-26所示。

（5）在控制框外拖动鼠标旋转图像，如图4-27所示。

图4-26 确定图像位置

图4-27 旋转图像

（6）按Enter键应用变换操作。选择"滤镜"→"其他"→"位移"命令，设置水平和垂直位移为图像长、宽的一半，如图4-28所示。

（7）单击"确定"按钮。选择"编辑"→"定义图案"命令，在弹出的"图案名称"对话框中输入图案名称，如图4-29所示。

（8）单击"确定"按钮，定义好的图案将显示在"图案图章工具"、"油漆桶工具"和"填充"对话框的图案预设集中 。

图 4-28　位移图像

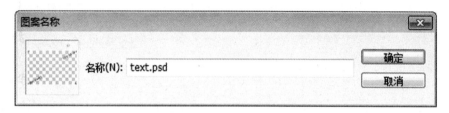

图 4-29　"图案名称"对话框

（9）使用"图案图章工具"、"油漆桶工具"或"填充"对话框填充所需的图像,效果如图 4-30 所示。

4．使用颜色描边选区或图像

使用"描边"命令可以在选区或图像边缘建立颜色线条。具体操作步骤如下。

（1）选择"编辑"→"描边"命令,弹出如图 4-31 所示的"描边"对话框。

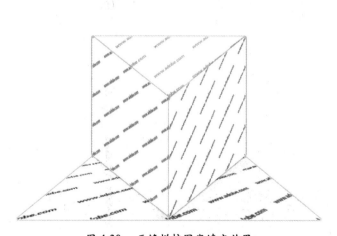

图 4-30　无缝拼接图案填充效果

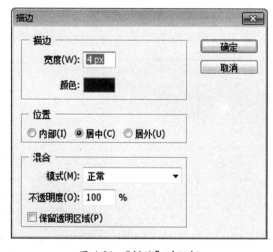

图 4-31　"描边"对话框

（2）在"描边"对话框中设定描边线条的"宽度"。

（3）在"描边"对话框中单击"颜色"图标,在弹出的对话框中设置线条颜色。

（4）在"位置"选项区中设置线条位于选框边界的位置。

（5）在"混合"选项区中设置线条的"不透明度"值。

（6）单击"确定"按钮。

使用"宽度"为 4px、"红色"、"居中"位置、"不透明度"为 100 的选项"描边"后的效果如图 4-32 所示。

5．描边路径

在勾画素描稿的主轮廓时,可以使用 Photoshop 绘画工具沿路径创建绘画描边,具体步骤如下。

（1）依据图像轮廓使用"钢笔工具"创建一个或多个路径，如图 4-33 所示。

（2）在工具箱中选择绘画工具（通常使用"画笔工具"），并设置绘画选项。

图 4-32 描边效果

（3）创建新图层（可选）。

（4）单击"路径"面板底部的"描边路径"按钮 ◎，得到的描边效果如图 4-34 所示。

图 4-33 创建路径

图 4-34 描边路径

【操作技巧提示】：描边时按住 Alt 键单击"描边路径"按钮，在弹出的"描边路径"对话框中（如图 4-35 所示）选择"模拟压力"选项，可以模拟手绘描边效果。

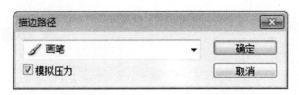

图 4-35 "描边路径"对话框

任务 4.3 添加图像效果

4.3.1 任务分析

Photoshop 可以为图层上的图像添加十种效果："投影"、"内阴影"、"外发光"、"内发光"、"斜面和浮雕"、"光泽"、"颜色叠加"、"渐变叠加"、"图案叠加"和"描边"。利用这些效果可以改变图层上图像的外观，对图像进行富有创意性的编辑，如图 4-36 所示。

4.3.2 任务导向

1. 添加效果

单击"图层"面板上的"添加图层样式"按钮 ，从列表中选择一种样式。或直接在该图层名称后空白处

图 4-36 应用效果示例

双击,在弹出的"图层样式"对话框中选择一种样式,如图4-37所示。选择某个图层效果后,单击效果名称会在对话框的右侧显示此效果的对应选项。

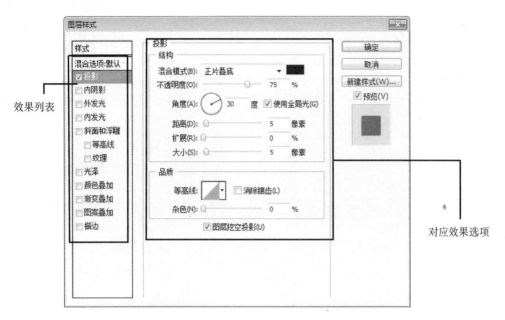

图4-37　"图层样式"对话框

(1)"投影"与"内阴影"效果。"投影"是在目标图层的后面添加阴影,而"内阴影"是将阴影应用到目标图层的边缘,使图层呈凹陷的外观效果。"投影"与"内阴影"的效果如图4-38所示。

(2)"外发光"与"内发光"效果。"外发光"是将边缘发光的效果添加到图层内容的外边缘,而"内发光"是将边缘发光的效果添加到图层内容的内边缘。"外发光"和"内发光"的效果如图4-39所示。

图4-38　"投影"与"内阴影"效果

图4-39　"外发光"与"内发光"效果

(3)"斜面和浮雕"效果。将各种高光和阴影组合添加到图层中,使其具有凹凸的效果。"内斜面"在图层内容的内边缘上创建斜面;"外斜面"在图层内容的外边缘上创建斜面;"浮雕效果"创造内斜面和外斜面的综合效果;"枕状浮雕"创造将图层内容的边缘嵌入下层图层中的效果;"描边浮雕"将浮雕应用于图层的"描边"效果的边界(须配合"描边"效果使用)。各种浮雕效果如图4-40所示。

(4)"光泽"效果。"光泽"可以根据图层的形状在图层内部应用阴影。"光泽"效果如图4-41所示。

(5)"颜色叠加"、"渐变叠加"、"图案叠加"效果。"颜色叠加"是用颜色填充图层并与本图层像素混合;"渐变叠加"是用渐变填充本图层并与本图层像素混合;"图案叠加" 是用图案填充图层并与本图层像素混合。各种叠加效果如图 4-42 所示。

🍃 **【知识应用补充】：**使用"颜色叠加"、"渐变叠加"和"图案叠加"图层效果比直接在图层上使用颜色、渐变和图案填充来调整对图层的影响要容易得多。

（6）"描边"效果。"描边"可以使用"颜色"、"渐变"或"图案"在当前图层的图像上描画轮廓。"描边"效果如图 4-43 所示。

图 4-40 各种浮雕效果

图 4-41 "光泽"效果

图 4-42 各种叠加效果

图 4-43 "描边"效果

各种效果选项如下。

● "混合模式"：确定图层样式与下层图层的混合方式。

● "阻塞"：模糊之前收缩"内阴影"或"内发光"的杂边边界。

● "颜色"：指定阴影、发光或高光，单击颜色框可以选取颜色。

● "距离"：指定阴影或"光泽"效果的偏移距离。

● "深度"：指定斜面或图案深度。

● "使用全局光"：可以设置一个"主"光照角度，此角度可用于使用阴影的所有图层效果。取消选择该选项，则设置的光照角度将成为局部效果。

● "抖动"：改变渐变的颜色和不透明度的应用。

● "图层挖空投影"：控制半透明图层中投影的可见性。

● "杂色"：指定发光或阴影的不透明度中随机元素的数量。

● "消除锯齿"：混合等高线或光泽等高线的边缘像素。

● "不透明度"：设置图层效果的不透明度。

● "渐变"：指定图层效果的渐变。

● "图案"：指定图层效果的图案。

● "位置"：指定"描边"效果的位置。

● "范围"：控制发光中作为等高线目标的部分或范围。

- "大小"：指定模糊的半径和大小或阴影大小。
- "软化"：模糊阴影效果可减少多余的人工痕迹。
- "源"：指定内发光的光源。
- "扩展"：模糊之前扩大杂边边界。
- "样式"：指定"斜面和浮雕"效果的斜面样式。
- "方法"：创建"斜面和浮雕"效果边缘的方式。
- "纹理"：对"斜面和浮雕"效果应用一种纹理。
- "高度"：对于"斜面和浮雕"效果设置光源的高度。
- "角度"：确定效果应用于图层时所采用的光照角度。
- "等高线"：使用阴影时，等高线可以指定渐隐；使用纯色发光时，等高线可以创建透明光环；使用渐变填充发光时，等高线可以创建渐变颜色和不透明度的重复变化；在斜面和浮雕中，等高线可以勾画在浮雕处理中被遮住的起伏、凹陷和凸起。

2．编辑效果

当图层添加了效果之后，在"图层"面板该图层名称右边会出现 fx 图标，如图 4-44 所示。单击该图标右侧的折叠按钮，可以查看图层效果列表。如果要在图像窗口中暂时隐藏这些效果，单击"图层"面板对应效果前的眼睛图标。

要编辑图层效果，选择"图层"→"图层样式"命令，或直接在"图层"面板效果图标 fx 上右击，弹出如图 4-45 所示的快捷菜单。

（1）复制效果。在快捷菜单中选择"复制图层样式"，然后在另一图层上"粘贴图层样式"，粘贴的图层样式将替换目标图层上的现有图层样式。

（2）删除图层效果。在快捷菜单中选择"清除图层样式"可删除所有效果。要删除单个效果，将其拖到"图层"面板底部的"删除"按钮 上。

（3）将效果转换为图层。在快捷菜单中选择"创建图层"命令，可以将图层效果转换为常规图层，转换后的图层名称非常具体地描述了作为图层效果的作用，如图 4-46 所示。

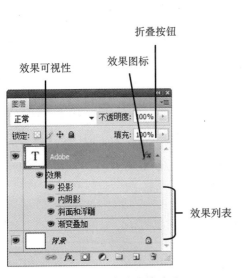

图 4-44　查看图层效果

图 4-45　图层效果样式快捷菜单

图 4-46　将图层效果转换为图层

（4）缩放效果。在快捷菜单中选择"缩放效果"命令，可以使效果与图像大小保持一致。

（5）使用全局光。在快捷菜单中选择"全局光"命令，可以使所有效果使用统一的光源设置。

3．使用样式

在图层上添加一个或多个效果后，可以将这些效果存储起来构成"样式"并存储在"样式"面板中。选择"窗口"→"样式"命令，调出"样式"面板，该面板的快捷菜单中包括许多样式及命令，如图4-47所示。

（1）存储样式。将创建好的图层效果存储到"样式"面板，只需单击"样式"面板底部的"创建新建样式"按钮 ⬛ 即可。

（2）载入样式。单击"样式"面板的快捷菜单，在样式列表中选择需要的样式，如图4-47所示。

（3）应用样式。要将"样式"面板中的样式应用于某个图层，可先选取图层，直接在"样式"面板中单击某种样式图标即可，如图4-48所示。

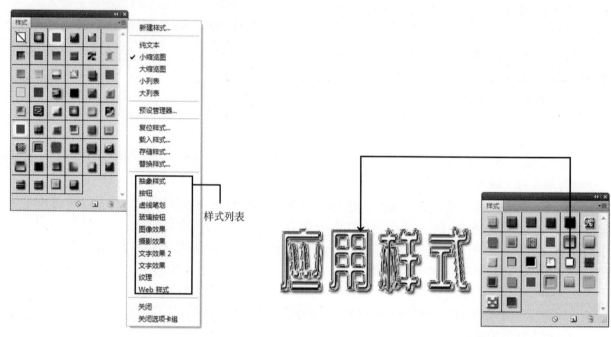

图4-47 "样式"面板及快捷菜单   图4-48 应用样式

任务4.4 绘 图

4.4.1 任务分析

在Photoshop中绘图，事实上是创建被称为矢量对象（形状图层或路径）的几何形状，然后再对形状内的图像上色或添加效果，如图4-49所示。Photoshop使用"形状工具"和"钢笔工具"绘制与创建几何形状，而几何形状则通过"路径"和"形状图层"来表现。

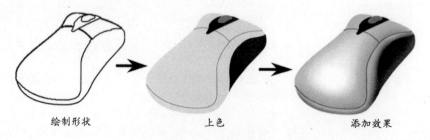

绘制形状   上色   添加效果

图4-49 绘图示例

4.4.2 任务导向

1. 使用路径和"路径"面板

路径是不可打印的矢量图形。在 Photoshop 中路径可以分为以下三种：

● 工作路径：是使用绘图工具直接在图像窗口中创建的临时路径。如果在没有存储并隐藏了工作路径的情况下，再次在图像窗口中绘图时，新的工作路径将取代原有工作路径。

● 子路径：在原路径基础上继续创建的路径。子路径和原路径之间一定存在路径运算关系。

● 存储的路径：先在"路径"面板中单击"创建新路径"按钮 ，然后用绘图工具在图像窗口中创建路径。或将原"工作路径"通过"存储路径"命令将其转换为存储的路径。

绘图时，通过"路径"面板（图 4-50）通常可以对路径执行以下操作。

(1) 显示/隐藏路径。在"路径"面板上单击路径名称，可以在图像窗口中显示当前路径；在"路径"面板空白处单击，即可隐藏路径。

(2) 存储工作路径。从"路径"面板弹出式菜单中选择"存储路径"命令，可以将工作路径存储起来。

(3) 创建可存储的新路径。单击"创建新路径"按钮 ，然后用"钢笔工具"或"形状工具"创建路径。

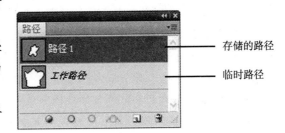

图 4-50 "路径"面板

存储的路径
临时路径

(4) 删除路径。将路径拖到"路径"面板底部的"删除当前路径"按钮 上。

(5) 填充路径。单击"填充路径"按钮 ，即可将前景色填充到路径内部。

(6) 描边路径。单击"描边路径"按钮 ，即可使用绘画工具描边路径。

(7) 将路径转为选区。单击"将路径作为选区载入"按钮 ，或直接按 Ctrl + Enter 组合键，可以将当前路径转换为选区。

(8) 从选区生成路径。单击"从选区生成工作路径"按钮 ，可以将当前选区转换为工作路径。

2. 使用路径绘图

第一种情况，绘制具有单个形状的工作路径。具体操作步骤如下。

(1) 在工具箱中选择"形状工具"或"钢笔工具"。

(2) 在工具选项栏上设定"创建路径" 和子路径选项"添加到路径区域" 。

(3) 按照"形状工具"或"钢笔工具"绘制路径的方法在图像窗口中创建新工作路径，如图 4-51 所示。

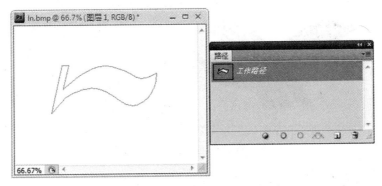

图 4-51 创建单个工作路径

(4) 按 Ctrl + Enter 组合键将当前工作路径转换为选区。

(5) 创建新图层（可选），填充选区，效果如图 4-52 所示。

图 4-52　填充选区的效果（1）

第二种情况，绘制具有多个形状的子工作路径，具体操作步骤如下。

（1）在工具箱中选择"形状工具"或"钢笔工具"。

（2）在工具选项栏上设定"创建路径"和子路径选项"添加到路径区域"。

（3）按照"形状工具"或"钢笔工具"绘制路径的方法在图像窗口中创建新工作路径。

（4）在选项区确定子路径与原路径的关系，各图标对应功能如下："添加到路径区域"、"从路径区域减去"、"交叉路径区域"或"重叠路径区域除外"，继续在图像窗口中创建子工作路径，如图 4-53 所示。

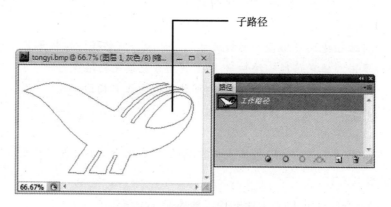

图 4-53　创建多个子工作路径

（5）按 Ctrl + Enter 组合键将当前工作路径转换为选区。

（6）创建新图层（可选），填充选区，效果如图 4-54 所示。

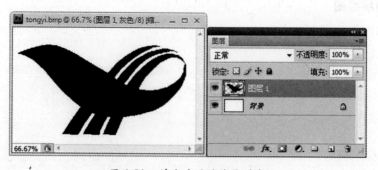

图 4-54　填充选区的效果（2）

第三种情况，绘制具有多个独立形状的路径，具体操作步骤如下。

（1）在工具箱中选择"形状工具"或"钢笔工具"。

（2）在工具选项栏上设定"创建路径"和子路径选项"添加到路径区域"。

（3）单击"路径"面板中的"创建新路径"按钮，然后用"钢笔工具"或"形状工具"在图像窗口中创建新路径。

(4) 重复第（3）步，创建多个独立形状的路径，如图4-55所示。

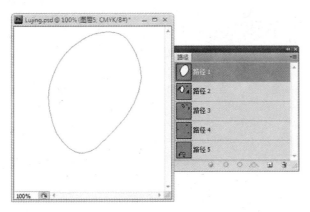

图4-55　创建多个独立形状的路径

(5) 在"路径"面板上单击路径，按Ctrl + Enter组合键将当前路径转换为选区。

(6) 创建新图层（可选），填充选区。

(7) 重复第（5）、（6）步完成所需绘制效果，如图4-56所示。

图4-56　图层操作及绘制效果

【知识应用补充】：在Photoshop中，创建的"路径"与图层没有直接关系，只有"将路径作为选区载入"、"填充路径"和"描边路径"时，必须考虑是在哪个图层上工作。

3．使用形状图层绘图

Photoshop中的形状图层是由填充图层和矢量形状共同构成，形状图层中的形状由"钢笔工具"和"形状工具"创建，图层使用颜色填充图层。在形状图层中，矢量形状作为充当填充图层的矢量蒙版，并且以路径的形式显示在"路径"面板中，如图4-57所示。

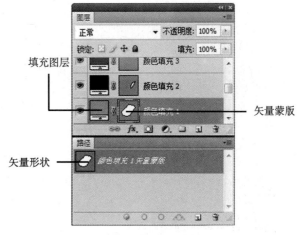

图4-57　形状图层

使用形状图层绘图的操作步骤如下。

(1) 在工具箱中选择"形状工具"或"钢笔工具"。

(2) 在工具选项栏上设定创建"形状图层"、"创建新的形状图层"以及该填充图层使用的颜色。

(3) 依据"形状工具"或"钢笔工具"绘制路

径的方法在图像窗口中绘制形状。

（4）如果要在同一个图层中绘制多个形状，如图4-58所示，在选项栏上应设定运算关系 □□□□□ 后再继续绘制。

- "添加到形状区域" □：将现有形状添加到原区域。
- "从形状区域减去" □：可从现有形状中删除重叠区域。
- "交叉形状区域" □：可将区域限制为新区域与现有形状的交叉区域。

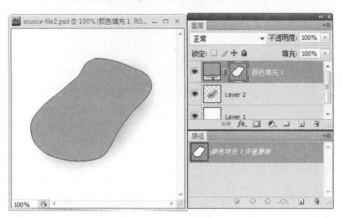

图4-58　绘制形状图层

- "重叠形状区域除外" □：可从新区域和现有区域的合并区域中排除重叠区域。

　　【知识应用补充】：如果要调整形状图层的形状，只需在"图层"面板或"路径"面板中单击形状图层的矢量蒙版缩览图，然后按照调整路径的方法调整图层形状。

4.4.3　任务案例

案例：使用形状图层创建手机外观作品。

1．案例分析

案例效果如图4-1所示。本案例主要通过形状图层绘制手机的形状，并为形状图层添加效果。

2．具体操作步骤

（1）新建一个白色背景的文件。

（2）选择圆角矩形工具，在工具选项栏设置圆角半径为60，绘制如图4-59所示的形状图层。

（3）按Ctrl + T组合键变形至如图4-60所示效果。

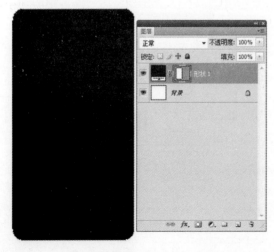

图4-59　创建"形状1"图层

图4-60　自由变形

（4）按 Ctrl + J 组合键复制"图层 1"，使用"移动工具"向右移动复制的图层至如图 4-61 所示位置。

（5）为复制的图层添加如图 4-62 所示的"渐变叠加"效果。

图 4-61　复制图层（1）

图 4-62　添加"渐变叠加"效果

（6）选择"形状 1"图层，按 Ctrl + J 组合键再复制图层，按 Ctrl + [组合键将其移至最下面。双击图层缩览图，使用 #dedbdc 颜色填充图层，得到如图 4-63 所示效果。

（7）新建"图层 1"，选择"图层"→"创建剪贴蒙版"命令，再选择"画笔工具"绘制如图 4-64 所示的"光泽"效果。

图 4-63　复制图层（2）

图 4-64　创建"图层 1"

（8）新建"图层 2"，使用白色填充图层，选择"滤镜"→"杂色"→"添加杂色"命令来添加杂色，如图 4-65 所示。

（9）再选择"滤镜"→"模糊"→"动感模糊"命令，添加"动感模糊"效果，如图 4-66 所示。

图 4-65　添加杂色

图 4-66　添加"动感模糊"

（10）选择"图层"→"创建剪贴蒙版"命令，得到的"图层 2"及效果如图 4-67 所示。

（11）选择"形状 1 副本 2"图层，按住 Ctrl 键单击该图层形状，使其转换为选区。新建"图层 3"，选择"编辑"→"描边"命令，在弹出的对话框中的设置如图 4-68 所示。

图 4-67　创建"图层 2"　　　　　　图 4-68　创建"图层 3"并设置描边效果

（12）按住 Ctrl 键单击"形状 1"图层中的形状，使其转换为选区，两次按向左的方向键移动选区，新建"图层 4"，使用白色填充，如图 4-69 所示。

（13）新建"图层 5"，选择"编辑"→"描边"命令，在弹出的对话框中的设置如图 4-70 所示。

图 4-69　创建"图层 4"　　　　　　图 4-70　创建"图层 5"并设置"描边"效果

（14）选择"滤镜"→"模糊"→"高斯模糊"命令，设置"高斯模糊"效果如图 4-71 所示。

（15）使用"矩形工具"创建如图 7-72 所示的"形状 2"图层。

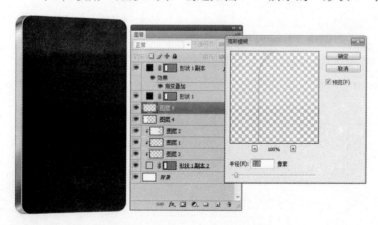

图 4-71　添加"高斯模糊"效果　　　　　　图 4-72　创建"形状 2"图层

（16）添加如图 4-73 所示的"渐变叠加"效果和图 4-74 所示的"描边"效果。

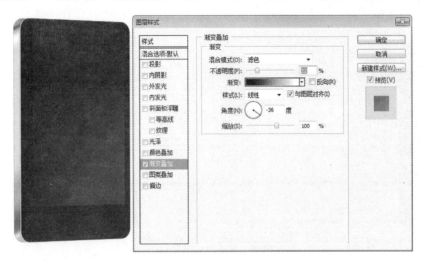

图 4-73 添加"渐变叠加"效果

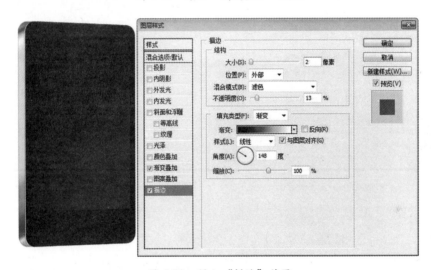

图 4-74 添加"描边"效果

（17）按住 Ctrl 键单击"形状 2"图层，使其转换为选区，新建"图层 6"，选择"编辑"→"描边"命令，在弹出的对话框中的设置如图 4-75 所示。

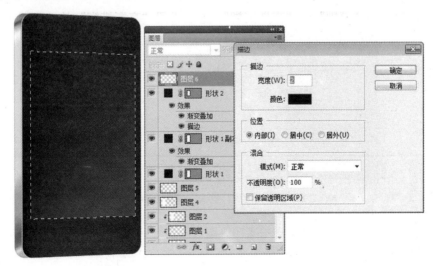

图 4-75 创建"图层 6"并设置"描边"效果

（18）选择"滤镜"→"模糊"→"高斯模糊"命令，设置"高斯模糊"效果如图4-76所示。

（19）选择"橡皮擦工具"擦除图像的上、左、下部分，得到如图4-77所示效果。

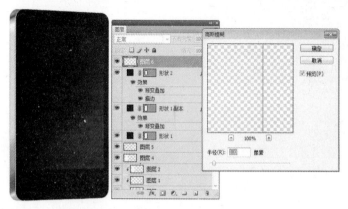

图4-76　为"图层6"添加"高斯模糊"效果

图4-77　擦除部分图像

（20）按住Ctrl键单击"形状1副本"图层，新建"图层7"。选择"编辑"→"描边"命令，在弹出的对话框中的设置如图4-78所示。

图4-78　创建"图层7"并设置"描边"效果

（21）选择"滤镜"→"模糊"→"高斯模糊"命令，设置"高斯模糊"效果如图4-79所示。

图4-79　为"图层7"添加"高斯模糊"效果

（22）按住Ctrl键单击"形状1副本"图层，新建"图层8"。选择"编辑"→"描边"命令，在弹出的对话框中的设置如图4-80所示。

（23）选择"滤镜"→"模糊"→"高斯模糊"命令，设置"高斯模糊"效果如图4-81所示。

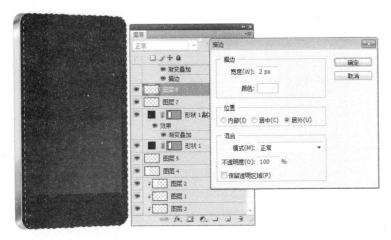

图 4-80　创建"图层 8"并设置"描边"效果

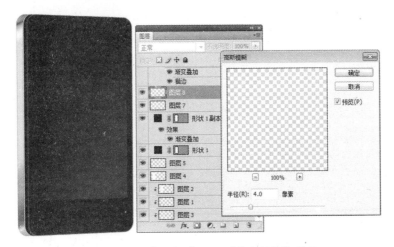

图 4-81　为"图层 8"添加"高斯模糊"效果

（24）按住 Ctrl 键单击"形状 1 副本"图层，使其转换为选区。按 Ctrl + Shift + I 组合键反选，按 Delete 键删除选区内容，得到如图 4-82 所示效果。

（25）使用"椭圆工具"创建如图 4-83 所示的"形状 3"图层。复制"形状 2"图层样式，然后在"形状 3"图层上粘贴图层样式。

图 4-82　删除部分图像

图 4-83　创建"形状 3"图层

（26）为"形状 3"图层再添加如图 4-84 所示的"斜面和浮雕"效果。

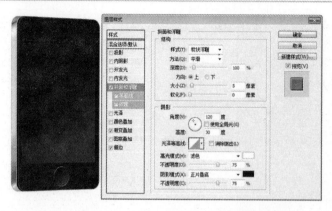

图 4-84　为"形状 3"图层添加"斜面和浮雕"效果

（27）使用"圆角矩形工具"创建如图 4-85 所示的"形状 4"图层,设置图层的填充不透明度为 0,添加如图 4-85 所示的"描边"效果。

（28）使用"椭圆工具"创建如图 4-86 所示的"形状 5"图层,添加"斜面和浮雕"效果。

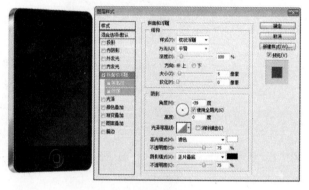

图 4-85　创建"形状 4"图层并添加"描边"效果　　　图 4-86　创建"形状 5"图层并添加"斜面和浮雕"效果

（29）使用"圆角矩形工具"创建"形状 6"图层,添加"斜面和浮雕"效果。

（30）使用"圆角矩形工具"创建如图 4-87 所示的"形状 7"图层,双击图层内容缩览图,使用 #dedcdc 颜色填充,并添加"投影"和"描边"效果,如图 4-88 所示。

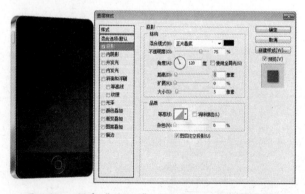
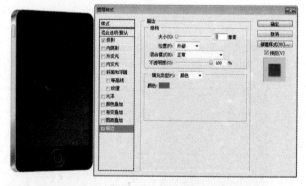

图 4-87　创建"形状 7"图层并添加"投影"效果　　　图 4-88　为"形状 7"图层添加"描边"效果

（31）使用"椭圆工具"创建"形状 8"图层,在"图层"面板上右击,在弹出的快捷菜单中选择"粘贴图层样式"命令得到如图 4-89 所示效果。

（32）选择"移动工具",按住 Alt 键向下拖动来复制图层,得到如图 4-90 所示效果。

（33）使用"直线工具"在"形状 8"图层和"形状 8 副本"图层上添加"＋"和"－",得到"形状 9"图层,再添加如图 4-91 所示"投影"效果。

图 4-89　创建"形状 8"图层并复制多种效果

图 4-90　复制得到"形状 8 副本"图层

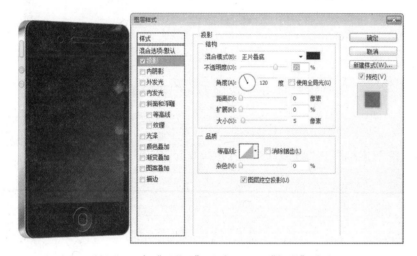

图 4-91　在"形状 9"图层上添加"投影"效果

（34）使用"钢笔工具"创建"形状 10"图层，添加如图 4-92 所示的"斜面和浮雕"效果。

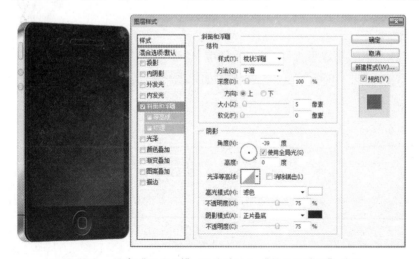

图 4-92　创建"形状 10"图层并添加"斜面和浮雕"效果

（35）选择"形状 1 副本"图层，激活路径，在选项区中进行相应设置。使用"钢笔工具"创建如图 4-93 所示形状，并调整"渐变叠加"效果。

（36）添加如图 4-94 所示的屏幕图片，得到最终效果。

图 4-93　编辑"形状 1 副本"图层及效果

图 4-94　添加屏幕

任务 4.5　绘　　画

4.5.1　任务分析

如图 4-95 所示，绘画就是利用 Photoshop 绘画工具创建模拟手绘作品，或对手绘原稿上色。目前，绘画方式主要有两种：

（1）直接在手写板上绘制图像的轮廓及线条，再对其上色。

（2）先在纸上绘制素描稿，然后将其输入 Photoshop 中，再提线、上色。

4.5.2　任务导向

1. 使用画笔工具

Photoshop 中的"画笔工具"（快捷键：B）和"铅笔工具"使用前景色在图像中绘画，"画笔工具"创建柔和的边缘，而"铅笔工具"则创建硬边，如图 4-96 所示。

（1）设置绘画选项

图 4-95　绘画示例

在"画笔工具"选项区上可以设置画笔直径、硬度、绘画"模式"、"不透明度"和"流量"选项，如图 4-97 所示。在绘画时如果要模拟喷枪效果，在选项区上单击"喷枪"图标。

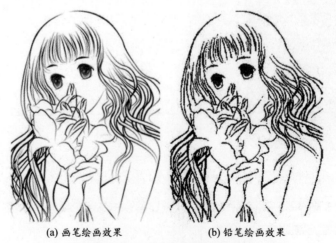

(a) 画笔绘画效果　　　　(b) 铅笔绘画效果

图 4-96　画笔与铅笔绘画效果

图 4-97　画笔工具选项栏

【操作技巧提示】：使用"画笔工具"配合以下组合键,可以提高工作效率。

① 按 Shift 键拖动,可画水平、垂直、45°直线。

② 先单击一点,然后按 Shift 键再单击另一点,可在此两点间建立直线。

③ 键盘上的数字键可快速设置绘画的不透明度。

④ "/"键可以更改画笔直径。

⑤ Shift + / 组合键可以更改画笔硬度。

⑥ 按住 Alt 键可暂时切换到"吸管工具"来吸取颜色。

（2）使用预设画笔类型

单击"画笔工具"选项区画笔类型弹出式按钮 ![画笔]，或直接在图像上右击,将会弹出如图 4-98 所示的画笔预设选择器。

在画笔预设选择器中直接从画笔类型列表中选择一种画笔,也可以从弹出式菜单中选择一种画笔后再载入画笔列表中。

（3）创建自定义画笔

除了使用 Photoshop 预置的画笔类型外,还可以创建自定义画笔。操作方法是使用"选择工具"选择预定义的图像或文字,再选择"编辑"→"定义画笔预设"命令。定义好的画笔将出现在画笔选择器列表中。

【知识应用补充】：也可以下载画笔到 Photoshop 中使用,但必须要放置在 Photoshop 的"安装盘符 :\Program Files\Adobe Photoshop CS4\Presets\Brushes"目录下才可以。

（4）使用"画笔"面板

Photoshop 提供了将许多动态（变化）的对象

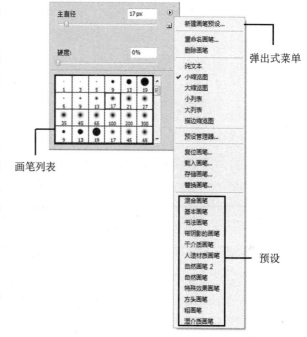

图 4-98　画笔预设选择器

可添加到"画笔"面板的预设画笔选项中,配合这些选项可以创建出富有神奇效果的艺术笔触,这些效果显示在"画笔"面板中。

"画笔笔尖形状"选项可以控制笔形的角度、圆度及间距,如图 4-99 所示。

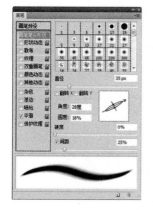

图 4-99　"画笔笔尖形状"选项及其绘画效果

"形状动态"选项可以控制描边中笔形的变化，如图 4-100 所示。

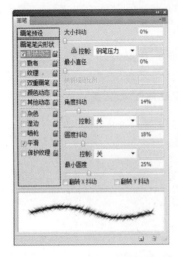

图 4-100 "形状动态"选项及其绘画效果

"散布"选项可以控制描边中笔迹的数目和位置，如图 4-101 所示。

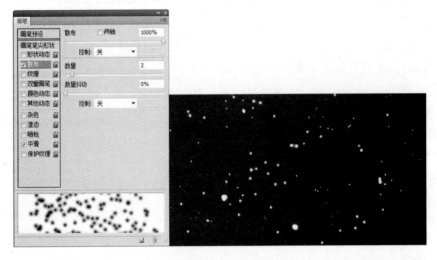

图 4-101 "散布"选项及其绘画效果

"纹理"选项可以控制描边中笔迹下应用图案的纹理，如图 4-102 所示。

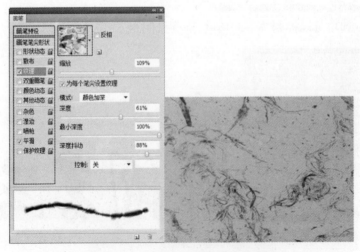

图 4-102 "纹理"选项及其绘画效果

"双重画笔"选项组合两种笔迹来创建绘画效果,如图 4-103 所示。

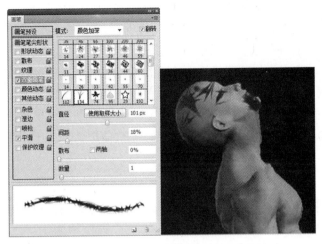

图 4-103 "双重画笔"选项及其绘画效果

"颜色动态"选项可以控制描边中笔迹的色彩变换方式,如图 4-104 所示。

图 4-104 "颜色动态"选项及其绘画效果

"其他动态"选项可以控制描边时笔迹中色彩的不透明度和套用颜色的程度变换方式,如图 4-105 所示。

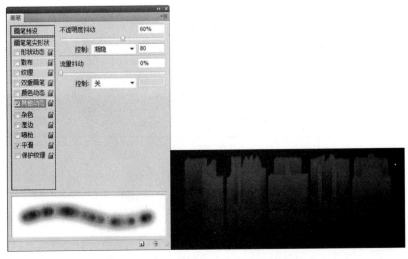

图 4-105 "其他动态"选项及其绘画效果

"杂色"选项在柔和的画笔边缘添加杂点。

"湿边"选项在画笔边缘增大油墨量。

"喷枪"选项模拟喷枪效果，与选项栏的"喷枪"相对应。

"平滑"选项在使用光笔时产生平滑的曲线。

"保护纹理"选项在使用多个纹理画笔笔尖绘画时，可以模拟出一致的画布纹理。

【知识应用补充】：动态画笔选项中的"抖动"相关选项的百分比可以指定动态元素的随机性，如果是 0，则元素在描边路线中不改变；如果是 100，则元素具有最大数量的随机性。"渐隐"按指定数量的步长在初始直径和最小直径之间渐隐画笔笔迹的大小，每个步长等于画笔笔尖的一个笔迹，值的范围可以为 1～9999。

2．局部修饰与加强

（1）涂抹图像。使用"涂抹工具"可以在手指下拖动图像进行绘画，或在手指下使用某种颜色拖动绘画。绘画的幅度受"强度"值控制。

（2）模糊 / 锐化图像。"模糊工具"可柔化图像中的硬边缘或区域以减少细节。"锐化工具"可聚焦软边以提高清晰度或聚焦程度。模糊 / 锐化的幅度受"强度"值控制。

（3）减淡 / 加深图像色调。"减淡工具"和"加深工具"可以使用基于图像的色调，使图像局部区域变亮或变暗。影响图像色调受"范围"选项决定，影响的幅度受"曝光度"值控制。

（4）更改图像的饱和度。"海绵工具"可以增加或降低图像的饱和度信息。增加或降低选项受"模式"选项决定，影响的幅度受"流量"控制。

（5）擦除图像。使用"橡皮擦工具"可以擦除图像上多余的像素。使用"背景橡皮擦工具"可以在保留对象的边缘时将图层上的像素抹成透明。使用"魔术橡皮擦工具"可以将图像中所有相似的像素更改为透明。

（6）还原图像。使用"历史记录画笔工具"可以使图像局部还原到打开或保存的上一个状态。使用"历史记录艺术画笔工具"可以使用快照进行风格化绘画。

4.5.3　任务案例

案例：对手绘原稿上色。

1．案例分析

案例使用素材及效果如图 4-106 所示。本案例主要通过绘画工具对手绘的原稿进行上色。

手绘原稿

上色效果

图 4-106　案例使用素材及效果

2．具体操作步骤

（1）打开如图 4-107 所示的素材。

图 4-107　打开素材

（2）按 Ctrl + L 组合键弹出如图 4-108 所示的"色阶"调整对话框，将扫描稿调成黑白分明的状态，并用"橡皮擦工具"擦除废线和杂点。

图 4-108　色阶调整原稿

（3）在"通道"面板上将红色通道移至"新建"按钮，得到"红 副本"通道，如图 4-109 所示。

（4）按 Ctrl + L 组合键弹出 "色阶"对话框，参数的设置值如图 4-110 所示。

（5）按 Ctrl 键单击"红 副本"通道将其作为选区载入。选择背景图层，按 Ctrl + Shift + J 组合键将线条剪切至"图层 1"，并命名为"线条"，如图 4-111 所示。

（6）新建一个图层将其移至"线条"层下，并命名为"皮肤"图层，如图 4-112 所示。使用"魔棒工具"选择皮肤所在的区域，填充 #fbd596 颜色。

（7）新建一个图层并命名为"衣服"图层，如图 4-113 所示。使用"魔棒工具"选择衣服所在的区域，填充 #eb6b48 颜色。

（8）新建一个图层并命名为"头发"图层，如图 4-114 所示。使用"魔棒工具"选择头发所在的区域，填充 #f9f402 颜色。

（9）单击"图层"面板的不透明图层锁定图标锁定：⬚，按照美学原理和光影关系，在每个图层上分别使用不同深浅颜色的"画笔"、"加深工具"、"减淡工具"深化、亮化画面层次，如图4-115所示。

图4-109　复制通道

图4-110　调整通道

图4-111　提取线条

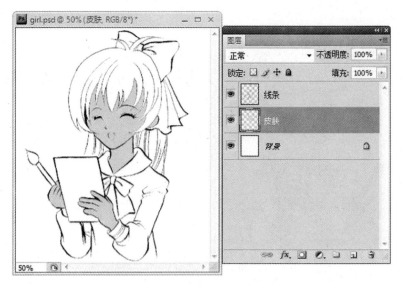

图 4-112　用颜色填充"皮肤"图层

图 4-113　用颜色填充"衣服"图层

图 4-114　用颜色填充"头发"图层

图 4-115　深化画面层次

（10）选择"线条"图层，单击"图层"面板的不透明图层锁定图标,选取比画面内容深一点的颜色进行绘画来淡化线条颜色,如图 4-116 所示。

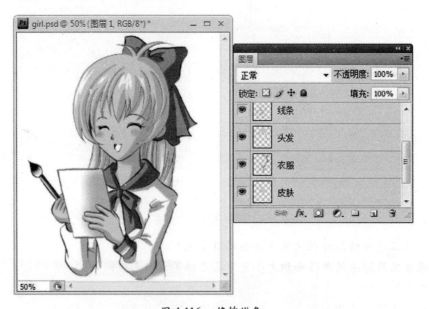

图 4-116　修饰线条

本 章 小 结

绘图就是创建矢量对象（形状图层或路径）的几何形状，然后再对形状内的图像上色或添加效果，利用 Photoshop 路径或形状图层可以绘制精确的形状,通过向对象添加颜色、渐变、图案或效果样式,可以产生质感和纹理。绘画需要先创建线条,然后再上色。Photoshop 可以使用绘画类工具通过手写板直接手绘或对手绘原稿上色。在实际工作中,创建图像的质感、纹理往往也需要利用 Photoshop 的知识,如调色、通道、滤镜等操作。

本 章 练 习

1. 技能认证考题

(1) 颜色混合后能够得到绿色印刷品的是（　　）。

    A. C100 M100　　　　B. M100 B100　　　　C. Y100 C100　　　　D. C100 K100

(2) 在"颜色"面板中设定 RGB 颜色时,有时会在面板的左下角出现色块,并出现带有感叹号的黄色三角形,这表示（　　）。

    A. 此颜色不属于 RGB 的色域范围

    B. 此颜色不属于 HSB 的色域范围

    C. 此颜色超出可印刷的范围

    D. 此颜色不属于 Lab 的色域范围

(3) 将色板中的颜色作为工具箱中的背景色的按键是（　　）。

    A. Shift 键　　　　B. Ctrl 键　　　　C. Alt 键　　　　D. 空格键

(4) 当使用绘画工具时,能暂时切换到吸管工具的按键是（　　）。

    A. Shift 键　　　　B. Ctrl 键　　　　C. Alt 键　　　　D. 空格键

(5) "色板"面板中不能显示的信息是（　　）。

    A. 各种单色　　　　B. 渐变色　　　　C. 图案　　　　D. 各种画笔

(6) 在设定颜色时不会出现颜色警告的色彩模式是（　　）。

    A. Lab　　　　B. RGB　　　　C. CMYK　　　　D. 灰度模式

(7) 是绘画工具的工作模式,而在层与层之间没有的模式是（　　）。

    A. 溶解　　　　B. 背后　　　　C. 叠加　　　　D. 排除

(8) 以下关于快照的说法中,正确的是（　　）。

    A. 使用"历史记录"面板菜单中的"新快照"命令可以为图像建立多个不同快照

    B. 快照可以用来存储图像处理过程中的状态

    C. 快照中可以包含图像中的图层,路径,通道等多种信息

    D. 下次打开图像时,建立的快照仍会出现在"历史记录"面板中

(9) 下面是对橡皮工具功能的描述,正确的是（　　）。

    A. 橡皮工具可将图像擦除至工具箱的背景色

    B. 橡皮工具擦除的单位面积大小完全是由画笔大小来控制的

    C. 橡皮工具可将图像还原到"历史记录"面板中图像的任何一个状态

    D. 橡皮工具不能擦除背景层上的图像

(10) 可以减少图像的饱和度的工具是（　　）。

    A. 加深工具　　　　B. 减淡工具　　　　C. 海绵工具　　　　D. 涂抹工具

(11) 对减淡、加深、海绵三种工具共同特征描述正确的是（　　）。

    A. 以上三种工具都可分别对阴影、中间调、亮调进行调整

    B. 以上三种工具主要用来调整图像的细节部分,可使图像的局部变浅、变深或降低色彩饱和度

    C. 以上三种工具的选项面板中都有曝光度的设定

    D. 以上三种工具的选项面板中都有消除锯齿选项

(12) 不能用"涂抹工具"的色彩模式是（　　）。

    A. 位图　　　　B. 灰度　　　　C. 索引颜色　　　　D. 多通道

2．实习实训操作

（1）使用"渐变"功能创建如图 4-117 所示的立体几何。

（2）使用"渐变"功能和"图案"功能绘制如图 4-118 所示的话筒。

（3）使用"路径"面板或"形状"图层绘制如图 4-119 所示的鼠标。

（4）利用手写板绘制如图 4-120 所示的卡通人物。

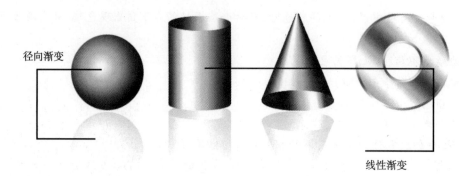

图 4-117　立体几何

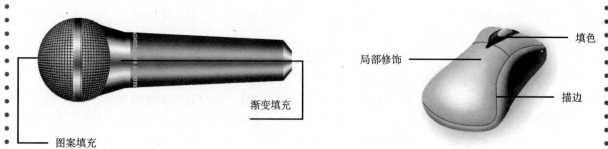

图 4-118　话筒

图 4-119　鼠标

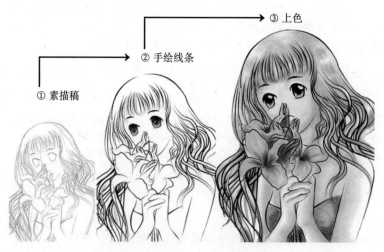

图 4-120　卡通人物

模块5　编辑和加工图像

任务目标

学习完本模块，能够将数码相片按照要求进行编辑和加工，熟悉数码暗房基本知识。如图 5-1 所示为编辑图像示例。

任务实现

Photoshop 提供了一组用于图像编辑和修复的工具，如"裁切工具"、"图章工具"、"修复画笔工具"、"红眼工具"，还有"图像大小"、"Photo merge"、"液化"、"消失点"、"锐化"、"模糊"等菜单命令，这些功能为用户编辑和修复图像提供了极大的便利。

典型任务

➢ 更改图像尺寸。

➢ 裁切纠正图像。

➢ 拼贴合并图像。

➢ 修复图像。

➢ 润饰图像。

图 5-1　编辑图像示例

任务 5.1　更改图像尺寸

5.1.1　任务分析

一幅图像的尺寸是由该图像的像素尺寸和文档尺寸共同决定。像素尺寸指的是图像在宽度和高度方向上包含的像素数量。图像的像素大小决定了图像的细节，在相同的区域空间里，图像包含的像素越多，图像的细节就越丰富。文档尺寸是由当前图像的打印尺寸和分辨率共同决定的。

图像的像素尺寸、打印尺寸和分辨率三者之间的关系如图 5-2 所示。

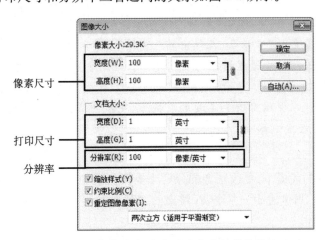

图 5-2　像素尺寸、打印尺寸与分辨率的关系

由图 5-2 可以得出：

$$分辨率 = \frac{像素尺寸}{打印尺寸}$$

在图像分辨率保持不变的前提下，图像的像素尺寸与打印尺寸成正比关系；如果保持图像的像素尺寸不变，则图像分辨率与打印尺寸成反比关系；如果保持图像的打印尺寸不变，则图像分辨率与像素尺寸成正比关系。

5.1.2 任务导向

1．更改像素尺寸

在保持分辨率不变的前提下，更改图像的像素尺寸即更改图像的像素总量。在 Photoshop 中更改像素尺寸的操作步骤如下。

（1）选择"图像"→"图像大小"命令，弹出如图 5-3 所示的"图像大小"对话框（1）。

（2）在"图像大小"对话框中选中"重定图像像素"复选框。

（3）在"像素大小"选项区中设置图像的"宽度"和"高度"选项。如果在更改时保持图像的比例不变，还应选中"约束比例"复选框。

（4）单击"确定"按钮。

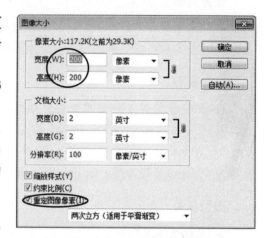

图 5-3 "图像大小"对话框（1）

🐾 **【知识应用补充】**：只有选中了"重定图像像素"复选框才能更改图像中的像素数量。当减少图像中的像素数量（缩减像素取样）时，信息将从图像中删除；当增加图像中的像素数量（增加像素取样）时，Photoshop 将在原图像上添加新像素，新像素的信息是由原来的像素按照"插值"分配的。因此，无论是增加像素还是减少像素图像的品质都有所下降。图像上原像素的信息分配给新像素的过程称为"取样"，Photoshop 通过以下方式（称为"插值"）将信息分配给新像素。

● 邻近：是一种速度快但精度低的图像像素模拟方法。该方法适用于带有硬边缘的图像。

● 两次线性：是一种通过平均周围像素颜色值来添加像素的方法。

● 两次立方：是一种将周围像素值分析作为依据的方法，速度较慢，但精度较高。此方法比"邻近"或"两次线性"更为平滑。

● 两次立方较平滑：基于两次立方插值方法，在图像放大时能产生更平滑的效果。

● 两次立方较锐利：基于两次立方插值方法，在图像缩小时更能保留图像的细节。

2．更改打印尺寸

在保持分辨率不变的前提下，更改图像的打印尺寸操作步骤如下。

（1）选择"图像"→"图像大小"命令，在弹出的"图像大小"对话框中选中"重定图像像素"复选框。

（2）在"文档大小"选项区中设置图像的"宽度"和"高度"选项，如图 5-4 所示。

（3）单击"确定"按钮。

🐾 **【知识应用补充】**：在保持分辨率不变的前提下，更改图像的打印尺寸，图像的像素尺寸也会发生变化，所以图像的品质也会受到影响。

3．更改分辨率

在保持像素尺寸不变的前提下，更改图像的分辨率操作步骤如下。

（1）选择"图像"→"图像大小"命令，在弹出的"图像大小"对话框中取消选中"重定图像像素"复选框。

（2）在"文档大小"选项区中设置图像的分辨率，如图 5-5 所示。

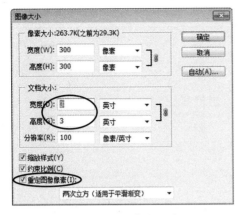

图 5-4　更改打印尺寸

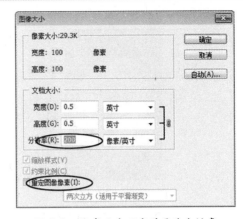

图 5-5　像素尺寸不变时更改分辨率

（3）单击"确定"按钮。

🐾【知识应用补充】：此种方法可以提高图像的分辨率但无法提高图像的品质，因为图像的像素尺寸没变。

在保持打印尺寸不变的前提下，更改图像的分辨率操作步骤如下：

（1）选择"图像"→"图像大小"命令，在弹出的"图像大小"对话框选中"重定图像像素"复选框。

（2）在"文档大小"选项区中设置图像的分辨率，如图 5-6 所示。

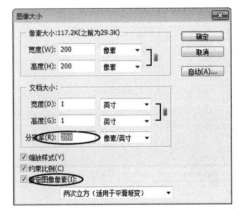

图 5-6　打印尺寸不变时更改分辨率

（3）单击"确定"按钮。

🐾【知识应用补充】：用此方法提高图像的分辨率只会降低图像的品质，因为更改了图像的像素尺寸。因此，通过 Photoshop 直接提高图像的分辨率来提高图像的品质的操作是不可取的，除非以高分辨率重新扫描图像。

5.1.3　任务案例

案例：按照网上上传照片的要求，设置图像尺寸为 192 像素 ×144 像素，文件大小为 30KB 左右，文件格式为 JPEG 格式。现将分辨率为 100PPI 的两寸相片更改为符合此要求的图像。

1．案例分析

因为图像的分辨率决定图像的文件大小，一般情况下，图像在网页上使用的分辨率只需 72PPI，所以为了减小图像的文件，可以将原图像的分辨率改为 72 像素 / 英寸。

2．具体操作步骤

（1）在 Photoshop 中打开如图 5-7 所示的原始两寸相片。

（2）选择"图像"→"图像大小"命令，弹出如图 5-8 所示的"图像大小"对话框（2）。

（3）在"图像大小"对话框中选中"重定图像像素"复选框，更改"分辨率"为 72 像素 / 英寸，如图 5-9 所示。

（4）在对话框中取消选中"约束比例"复选框，更改图像的像素大小"宽度"和"高度"分别为 144 像素和 192 像素，如图 5-10 所示。

（5）选择"文件"→"存储为 Web 和设备所用格式"命令，弹出如图 5-11 所示的对话框。

（6）在对话框的右侧"预设"下拉列表框中选择保存类型为 JPEG 格式，并设定压缩品质，然后单击"存储"按钮。

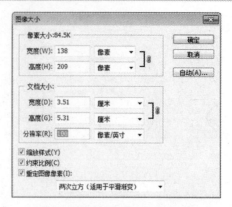

图 5-7　原始两寸相片　　　　　　图 5-8　"图像大小"对话框（2）

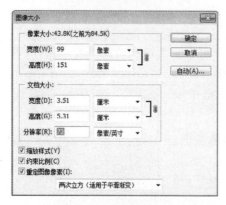

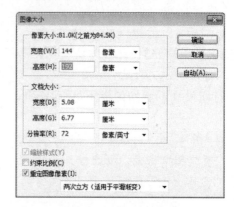

图 5-9　更改分辨率　　　　　　　　图 5-10　更改像素尺寸

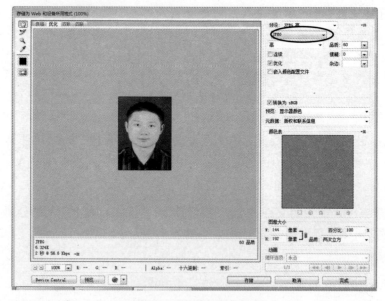

图 5-11　JPEG 选项的设置

任务 5.2　裁切纠正图像

5.2.1　任务分析

　　裁切图像是为了将图像上不必要的像素裁切掉从而突出图像的主体,纠正图像是为了将拍摄或扫描歪曲的图像纠正过来,如图 5-12 所示。

被裁切区域

保留区域

图 5-12　裁切纠正图像示例

5.2.2　任务导向

Photoshop 使用"裁切工具"可以裁切和纠正以下类型的图像：

（1）指定尺寸的图像。

（2）扫描或拍摄歪曲的图像。

（3）镜头扭曲的图像。

5.2.3　任务案例

案例一：按指定尺寸裁切图像。

1．案例分析

在照相馆或数码影楼，按照客户要求，需要将其拍摄的数字相片更改为指定标准尺寸的相片进行冲洗，如一寸或其他尺寸。本案例使用素材如图 5-13 所示，其尺寸为 37.5 厘米 × 52.5 厘米，将其裁切为八寸相片（15.2 厘米 × 20 厘米）。

37.5 厘米 × 52.5 厘米

图 5-13　原始图像

2．具体操作步骤

（1）打开需要裁切的原始图像。

（2）在工具箱中选择"裁切工具"（快捷键：C）。

（3）在选项栏上输入图像的尺寸或分辨率 宽度：15.2厘米 高度：20厘米 分辨率：150 像素/英寸 。

（4）在图像上需要保留的区域拖出矩形裁切框，如图 5-14 所示。如果要调整裁切框的大小，可以将鼠标放在裁切框的控制点上变为双向箭头时拖动；如果要移动裁切框，将鼠标放在裁切框内拖动。

（5）在工具选项栏上单击"提交操作"按钮✔，或直接按 Enter 键应用当前裁切，如图 5-15 所示。如果要取消裁切，在工具选项栏上单击"取消操作"按钮◎或按 Esc 键。

案例二：纠正拍摄或扫描歪曲的图像。

1．案例分析

有时为了快速捕捉一个镜头，由于相机的拍摄角度不正，结果将图像拍歪了。或者在扫描时由于图像的位置摆放不正，扫描后的图像也会出现歪曲。本案例使用的素材如图 5-16 所示。

2．具体操作步骤

（1）打开需要纠正的原始图像。

（2）在工具箱中选择"裁切工具"，在图像主体区域拖出矩形裁切框，如图 5-17 所示。

（3）将鼠标放在裁切框的外部呈旋转标记时，拖动鼠标旋转裁切框至与图像平行位置，如图 5-18 所示。

（4）在裁切框内双击鼠标或直接按 Enter 键应用当前裁切，如图 5-19 所示。

图 5-14　创建裁切框

图 5-15　裁切效果

图 5-16　拍摄歪曲的图像

图 5-17　创建裁切框

图 5-18　旋转裁切框

图 5-19　裁切后的图像

案例三：纠正石印扭曲的图像

1. 案例分析

当数码相机从某一角度拍摄对象时，如从建筑物的底部向上拍摄时，可以突出建筑物的高度，但往往会造成图像在空间上的扭曲,这种扭曲称为石印扭曲。本案例使用的素材如图 5-20 所示。

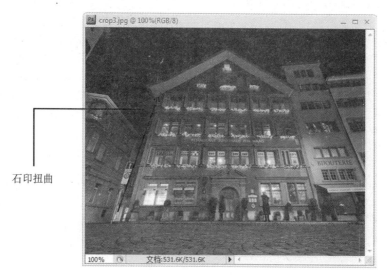

图 5-20　石印扭曲的图像

2．具体操作步骤

(1) 打开需要纠正的原始图像。

(2) 选择"裁切工具",在包含图像的主体区域建立裁切框,如图 5-21 所示。

(3) 在"裁切工具"选项栏上选择☑透视,拖动裁切框的角控制点,使裁切框的边缘与图像边缘保持平行 (必要时按住 Shift 键拖动),如图 5-22 所示。

图 5-21　建立裁切框

图 5-22　调整裁切框

【操作技巧提示】：调整裁切框时切勿挪动裁切框的中心点。

(4) 按 Enter 键应用裁切,裁切后的图像如图 5-23 所示。

(5) 如果裁切后的图像比例失调,可以通过"图像大小"命令更改图像的长宽比,如图 5-24 所示。

案例四：纠正镜头扭曲的图像

1．案例分析

由于镜头缺陷往往会造成图像直线向外或向内扭曲图像,被称为桶形失真的图像,或由于镜头遮光处理不正确而导致图像的边缘较暗。本案例使用的素材如图 5-25 所示。

2．具体操作步骤

(1) 打开需要纠正的原始图像。

（2）选择"滤镜"→"扭曲"→"镜头校正"命令，弹出如图 5-26 示的"镜头校正"对话框。

图 5-23　纠正后的图像

图 5-24　调整长宽比的图像

图 5-25　镜头扭曲的图像

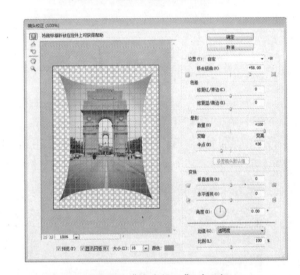

图 5-26　"镜头校正"对话框

（3）在"镜头校正"对话框中，拖动"移去扭曲"滑块为"+58.00"，拖动晕影"数量"滑块为"+100"，"中点"滑块为"+36"。

（4）单击"确定"按钮，校正后的图像如图 5-27 所示。

图 5-27　校正后的图像

（5）选择"裁切工具"在图像的主体建立裁切框，如图 5-28 所示。

（6）应用裁切后的图像效果如图 5-29 所示。

图 5-28　建立裁切框　　　　　　　图 5-29　裁切后的图像

任务 5.3　拼贴合并图像

5.3.1　任务分析

拼贴图像就是将多个镜头拍摄的画面组合成一幅完整的图像，或形成一个全景图片，如图 5-30 所示。

合并图像可以将拍摄同一人物或场景的多幅图像，根据曝光度的不同将其合并在一起，或形成一个 HDR（高动态范围）图像，如图 5-31 所示。

图 5-30　拼贴图像示例　　　　　　图 5-31　合并图像示例

5.3.2　任务导向

1. 拍摄用于全景图的图片

拍摄用于创建全景图的镜头相片，应注意以下几点。

（1）重叠镜头图像。图像之间的重叠区域应约为 25% ~ 40%。

（2）在拍摄时使用同一焦距。如果使用的是缩放镜头，则在拍摄照片时不要改变焦距。

（3）使相机保持水平和相同位置。建议使用带有旋转头的三脚架有助于保持相机的准直和视点。

（4）不要使用扭曲镜头。因为镜头扭曲的相片在拼合时会干扰 Photomerge 操作。

（5）保持同样的曝光度。避免在某些镜头中使用闪光灯，而在其他镜头中不使用。

2．拍摄用于合并 HDR 的图像

拍摄用于合并 HDR 的图像应注意以下几点。

（1）拍摄足够多的照片以覆盖场景的整个动态范围，一般最少应拍摄三张照片。

（2）改变快门速度以获得不同的曝光度，不要使用相机的自动曝光功能。

（3）不要改变光照条件。

（4）确保场景中没有移动的物体。

5.3.3　任务案例

案例一：创建全景图。

1．案例分析

本案例拍摄的是小镇一角的俯瞰图，本全景图片中使用了三个镜头，如图 5-32 所示。

镜头一　　　　　　　　　镜头二　　　　　　　　　镜头三

图 5-32　原始素材

2．具体操作步骤

（1）打开用于创建全景图的镜头相片。

（2）选择"文件"→"自动"→Photomerge 命令，弹出如图 5-33 所示的 Photomerge 对话框。

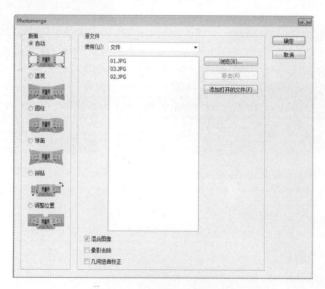

图 5-33　Photomerge 对话框

（3）在对话框中将生成的版面设置为"自动"，这样可以自动调整图像在版面上的位置。

（4）单击"添加打开的文件"按钮，将打开的图像设置为创建全景图。

（5）单击"确定"按钮，Photoshop 将自动调整版面并生成如图 5-34 所示图像。

图 5-34 　自动拼贴的图像

（6）在工具箱中选择"裁切工具"，在包含图像的主体区域建立裁切框，如图 5-35 所示。

图 5-35 　裁切图像

（7）按 Enter 键应用裁切，裁切后的图像如图 5-36 所示。

图 5-36 　最终图像

　　【知识应用补充】：对于无法使用 Photomerge 命令拼贴的图像可以通过"扩展画布"的方法手动拼贴图像。

案例二：创建 HDR 图像。

1．案例分析

本案例使用了 4 个镜头，如图 5-37 所示。

2．具体操作步骤

（1）打开用于创建全景图的镜头相片。

（2）选择"文件"→"自动"→"合并到 HDR"命令，弹出如图 5-38 所示的对话框。

图 5-37　原始素材

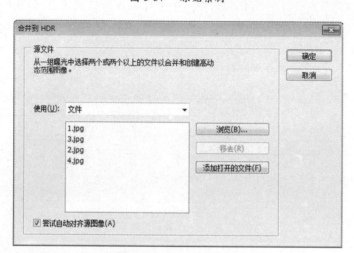

图 5-38　"合并到 HDR"对话框

（3）在对话框中选中"尝试自动对齐源图像"复选框。

（4）单击"添加打开的文件"按钮，将打开的图像设置为 HDR 源图像。

（5）单击"确定"按钮，Photoshop 将自动调整版面并生成如图 5-39 所示图像。

图 5-39　自动合并的图像

（6）在对话框中选择"位深度"为"32 位 / 通道"。

（7）移动直方图下方的滑块可以预览合并的图像。

（8）单击"确定"按钮，得到合并后的 HDR 图像，如图 5-40 所示。

【知识应用补充】：如果要调整 HDR 图像的动态范围，操作方法如下。

（1）选择"视图"→"32 位预览选项"命令，弹出如图 5-41 所示的对话框。

图 5-40　HDR 图像　　　　　　　图 5-41　"32 位预览选项"对话框

（2）如果要调整图像的亮度和对比度，从"方法"下拉列表中选择"曝光度和灰度系数"，然后拖动曝光度和灰度系数滑块。如果要压缩 HDR 图像中的高光值，从"方法"下拉列表中选择"高光压缩"选项。

任务 5.4　修 复 图 像

5.4.1　任务分析

修补图像原理就是从图像的目标区域克隆像素到图像的破损区域，并尽可能地保证图像的外观完整性。修复图像前，应先从图像上取样，取样的像素称为目标像素，而需要修复的像素称为源像素。目标像素一般是图像上离源像素最近的像素，如图 5-42 所示。

5.4.2　任务导向

Photoshop 使用"仿制图章工具"、"修复画笔工具"、"修补工具"、"污点修复画笔工具"、"红眼工具"和"颜色替换工具"可以修复破损的旧照片、带有雀斑、皱纹、眼袋的图像。 这些工具在修复图像时具有以下特征。

（1）"修复画笔工具"与"仿制图章工具"一样，不但使用图像或图案中的目标像素进行绘画，还能将目标像素

图 5-42　修复图像的源和目标

的纹理、光照、透明度和阴影与所修复的像素进行匹配，从而使修复后的像素不留痕迹地融入图像，所以在修复图像时"修复画笔工具"功能更强大。这两种工具在使用前必须对图像进行"取样"。

（2）"修补工具"与"修复画笔工具"一样，将样本像素的纹理、光照和阴影与源像素进行匹配但与"修复画笔工具"不同的是，"修补工具"的目标区域或源区域的形状可以自由定义。"修补工具"对于大面积图像的修复很有用。

（3）"污点修复画笔工具"使用图像或图案中的目标像素绘画，并将目标像素的纹理、光照、透明度和阴影与源像素相匹配，可以快速地消除相片中不理想的污点。

（4）"红眼工具"可以快速去除图像中的红眼。

（5）"颜色替换工具"可以使用指定的颜色替换图像的颜色。

5.4.3　任务案例

案例一：修补旧照片。

1．案例分析

案例使用的素材如图 5-43 所示，案例使用"仿制图章工具"和"修复画笔工具"。

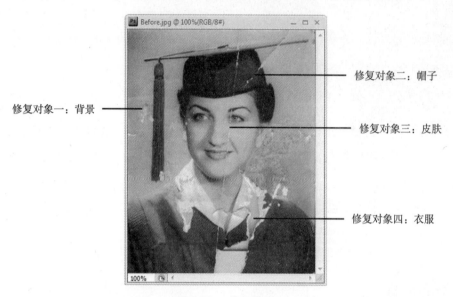

图 5-43　原始图片

2．具体操作步骤

（1）打开需要修复的图像。

（2）因为是旧相片，选择"图像"→"调整"→"去色"命令，去除图像的原始颜色，如图 5-44 所示。

（3）在工具箱中选择"修复画笔工具"（快捷键：J）。

（4）在工具选项栏上设置用于修复的画笔直径、硬度，并设置绘画样式为"取样"，如图 5-45 所示。

（5）按 Ctrl ＋＋组合键放大图像的视图。

（6）按住 Alt 键在图像的目标区域单击进行取样，如图 5-46 所示。

（7）松开鼠标后在需要修复的区域单击或拖动，即可将取样像素克隆到画笔下，如图 5-47 所示。

（8）不断地重复（6）、（7）两步修复图像的背景，得到如图 5-48 所示效果。

（9）对于深度阴影或高光的区域，在工具箱中选择"仿制图章工具"（快捷键：S）。

（10）在工具选项栏上设置用于修复的画笔的直径、硬度和不透明度，如图 5-49 所示。

（11）按住 Alt 键在图像的目标区域单击进行取样，如图 5-50 所示。

（12）松开鼠标后在需要修复的背景单击或拖动鼠标修复背景，如图 5-51 所示。

图 5-44　去色图片

图 5-45　"修复画笔工具"选项栏

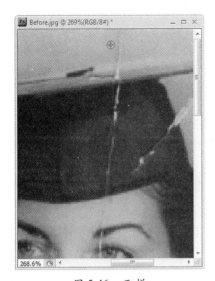
图 5-46　取样

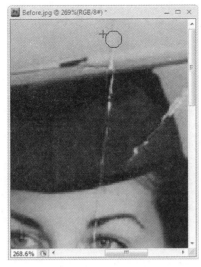
图 5-47　克隆

图 5-48　修复背景

图 5-49　"仿制图章工具"选项栏

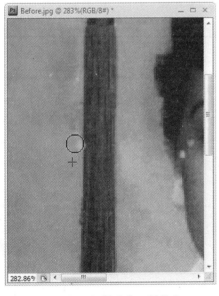
图 5-50　仿制图章取样修复

图 5-51　修复高光区域

（13）按照以上使用"修复画笔工具"和"仿制图章工具"的方法修复图像中的帽子，如图 5-52 所示。

（14）使用同样的方法修复图像中的脸部，如图 5-53 所示。

（15）使用同样的方法修复图像中的衣服，如图 5-54 所示。

（16）最后使用"减淡工具"和"加深工具"修饰图像的细节，最终效果如图 5-55 所示。

【操作技巧提示】：在修图时应注意以下细节。

①取样时画笔直径会影响取样的范围，在图像细节处需要减小画笔直径。

②修图时画笔硬度会影响画笔周围像素的纹理，通常设为 0。

③如果不想取样区域的像素完全覆盖修复区域应降低画笔不透明度。

图 5-52　修复帽子

图 5-53　修复脸部

图 5-54　修复衣服

图 5-55　最终效果

④ 取样时应尽可能地靠近修复区域进行取样。

⑤ 修图时应放大图像的视图以查看图像的细节。

⑥ 修图时应尽量保留原图像的色调和纹理。

案例二：修复人物面容。

1．案例分析

本案例需要消除人物相片上的雀斑、皱纹、眼袋。案例使用素材如图 5-56 所示，案例使用"污点修复画笔工具"、"修补工具"和"修复画笔工具"。

2．具体操作步骤

（1）在工具箱中选择"污点修复画笔工具"（快捷键：J）。

（2）在工具选项栏中设置合适的画笔直径。

（3）在工具选项栏上，如果要用画笔边缘像素覆盖污点区域像素，选中"近似匹配"单选按钮；如果要用画笔下的所有像素创建污点区域的纹理，选中"创建纹理"单选按钮，如图 5-57 所示。

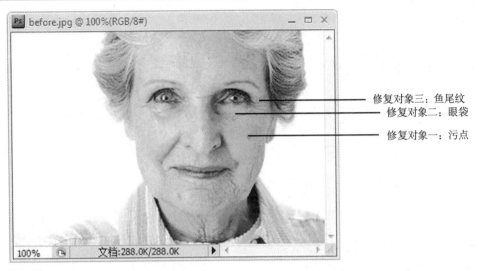

修复对象三：鱼尾纹
修复对象二：眼袋
修复对象一：污点

图 5-56 原始素材

图 5-57 "污点修复画笔工具"选项栏

(4) 在如图 5-58 所示位置单击,消除该污点。

(5) 在工具箱中选择"修补工具"(快捷键：J)。

(6) 使用"修补工具"或其他选择工具选取图像上的取样区域,如图 5-59 所示。

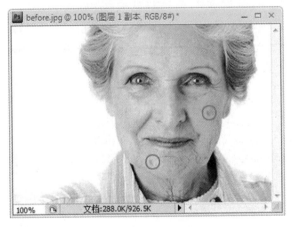

图 5-58 修复污点

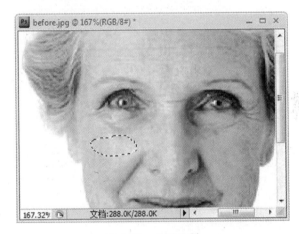

图 5-59 区域取样

(7) 在工具选项栏上设置选择的区域为"目标"。

(8) 用"修补工具"将选择的区域移至需要修复位置,如图 5-60 所示。

(9) 对于图像的细节,使用"修复画笔工具"取样修复,如图 5-61 所示。

(10) 修复的最终效果如图 5-62 所示。

🦐【知识应用补充】：如果要消除带有透视平面内的图像污点,可以使用"消失点"滤镜。具体操作步骤如下。

(1) 选择"滤镜"→"消失点"命令,弹出如图 5-63 所示的对话框。

(2) 在对话框中选择"创建平面工具"📐,在预览窗口

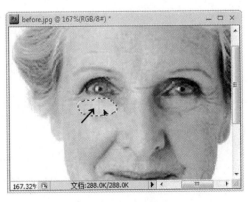

图 5-60 区域修复

中单击定义具有四个角节点的平面作为参考对象，如图5-64所示。如果要调整创建好的平面，可以使用对话框中的"编辑平面工具" 进行修改。

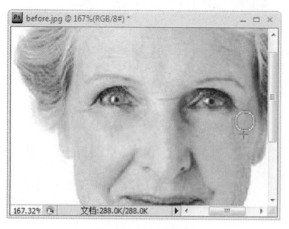

图5-61　细节修复

图5-62　最终效果

图5-63　"消失点"对话框

图5-64　创建参考平面

（3）在对话框中选择"图章工具" ，在对话框的顶部设置合适的画笔直径，打开"修复"选项，按住Alt键在目标区域单击以定义取样点，如图5-65所示。

（4）在要消除污点的图像区域拖动鼠标直至消除污点，如图5-66所示。按住Shift键拖动可保持符合平面透视的直线。

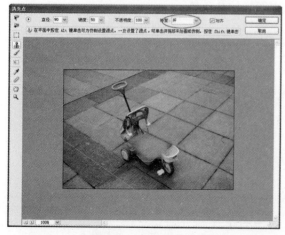

图5-65　定义取样点

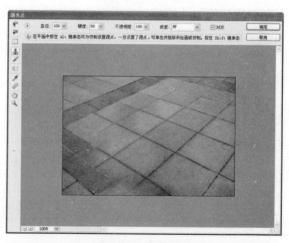

图5-66　最终效果

（5）单击"确定"按钮结束。

案例三：消除图像中的红眼。

1．案例分析

红眼是由于相机闪光灯在主体视网膜上反光引起的。本案例使用"红眼工具" 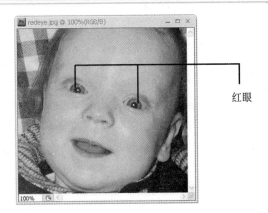 消除图像上的红眼。案例使用的素材如图 5-67 所示。

2．具体操作步骤

（1）打开需要修复的图像。

（2）在工具箱中选择"红眼工具"（快捷键：J）。

（3）在工具选项栏上设置该工具所影响的区域"瞳孔大小"选项以及校正的暗度"变暗量"选项，如图 5-68 所示。

（4）在图像红眼周围拖动创建一个选择范围，如图 5-69 所示。

（5）重复（3）、（4）两步修复其他红眼区域，最终效果如图 5-70 所示。

图 5-67 原始素材

图 5-68 "红眼工具"选项栏

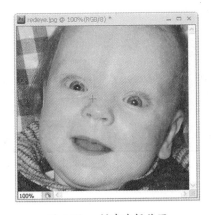

图 5-69 创建选择范围

图 5-70 最终效果

任务 5.5 润 饰 图 像

5.5.1 任务分析

通过润饰图像，如图 5-71 所示，可以对图像的局部进行细节加强或淡化背景突出图像的主体，还可以对拍摄环境不佳的相片做后期处理达到理想效果，如减少图像的杂色等。

图 5-71 润饰图像示例

5.5.2　任务导向

1．液化图像

使用"液化"滤镜可对图像的局部或全部产生艺术化的变形效果。在"液化"对话框中，如图5-72所示，可以使用变形工具组为图像建立变形效果。

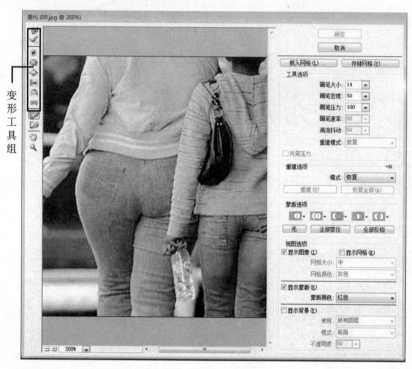

图5-72　"液化"对话框

使用变形工具组对图像液化的操作步骤如下。

（1）在对话框右侧"工具选项"栏中设置合适的画笔大小和画笔压力。

（2）选择"向前变形工具"　，在图像上拖动鼠标可推移画笔下的像素。

（3）选择"顺时针旋转扭曲工具"　，按住或拖动鼠标，可使画笔下的像素顺时针旋转。

（4）选择"褶皱工具"　，按住或拖动鼠标，可使画笔周围的像素向中心挤压。

（5）选择"膨胀工具"　，按住或拖动鼠标，可使画笔中心像素向周围扩张。

（6）选择"左推工具"　，垂直向上拖动鼠标，可使像素向左移动。

（7）选择"镜像工具"　，拖动鼠标，可将像素复制到画笔区域。

（8）选择"湍流工具"　，拖动鼠标，可使像素产生波纹。

如使用"向前变形工具"推移像素和"褶皱工具"收缩像素的效果如图5-73所示。

使用"液化"滤镜前后的图像效果对比如图5-74所示。

2．锐化图像

"锐化"可以增强图像相邻像素的对比度，从

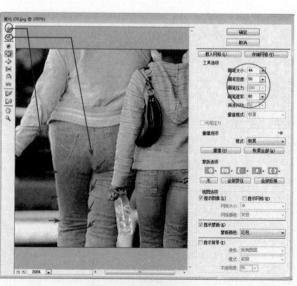

图5-73　推移图像效果

而使图像变清晰。Photoshop 使用 "USM 锐化" 滤镜锐化图像。使用 "USM 锐化" 滤镜锐化图像的操作步骤如下。

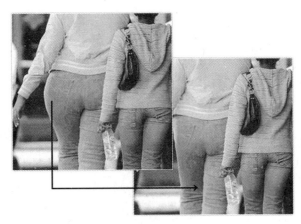

图 5-74　液化前后效果对比

（1）选择 "滤镜"→"锐化"→"USM 锐化" 命令，弹出如图 5-75 所示的对话框。

（2）在对话框中拖动 "数量" 滑块控制锐化量；拖动 "半径" 滑块控制图像边缘像素周围受锐化影响的像素数量；拖动 "阈值" 滑块控制锐化的像素必须与周围区域相差多少才能被锐化。

（3）单击 "确定" 按钮。

使用 "USM 锐化" 前后的图像效果如图 5-76 所示。

图 5-75　"USM 锐化" 对话框

图 5-76　USM 锐化前后的图像

【知识应用补充】：对于严重模糊的图像，无法使用锐化的方法使图像变清晰。

3．模糊图像

为了突出场景中的主体使图像中的对象在焦点内，通常向图像中添加模糊以产生更窄的景深效果。Photoshop 使用 "镜头模糊" 滤镜向图像添加模糊效果，具体操作步骤如下。

（1）在图像中主体对象周围创建一个设定 "羽化" 值的选区。

（2）按 Shift + Ctrl + I 组合键反选对象。

（3）选择 "滤镜"→"模糊"→"镜头模糊" 命令，弹出如图 5-77 所示的对话框。

（4）在对话框中根据光圈形状所包含的叶片的数量确定模糊的显示方式。拖动 "半径" 滑块控制模糊程度。

（5）单击 "确定" 按钮。

使用"镜头模糊"前后的图像效果如图 5-78 所示。

图 5-77 "镜头模糊"对话框

图 5-78 镜头模糊前后的图像

4．减少杂色

"减少杂色"滤镜可以有效地去除由于扫描图像时可能由扫描传感器的影响而导致的图像中的杂点。使用"减少杂色"滤镜的操作步骤如下。

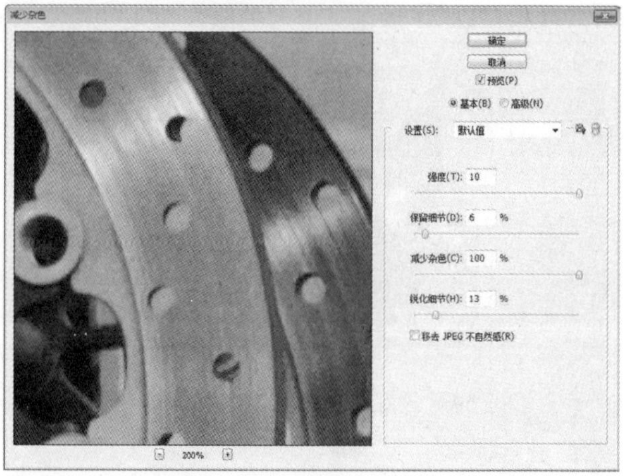

（1）选择"滤镜"→"杂色"→"减少杂色"命令，弹出如图 5-79 所示的对话框。

（2）在对话框中拖动"强度"滑块控制图像减少杂色的量；拖动"保留细节"滑块控制需要保留图像边缘和细节的量；拖动"减少杂色"滑块控制用于移去随机颜色像素的量；拖动"锐化细节"滑块控制对图像进行锐化的程度。

（3）对于 JPEG 格式的图像，选择"移去 JPEG 不自然感"复选框，可以移去由于使用低 JPEG 品质设置存储图像而导致的斑驳的图像伪像和光晕效果。

图 5-79 "减少杂色"对话框

（4）单击"确定"按钮。

使用"减少杂色"滤镜前后的图像如图 5-80 所示。

5.5.3 任务案例

综合案例：人物相片摄影后期处理。

1．案例分析

美白柔肤是一个综合的图像修饰过程。美白就是使人物图像的皮肤变白，柔肤就是使皮肤变得白皙柔嫩。美白柔肤前应去除图像的较明显的斑点，如青春痘等不必要的对象。本案例使用的素材如图 5-81 所示。

2．具体操作步骤

（1）打开需要美白的相片。

图 5-80　减少杂色前后的图像

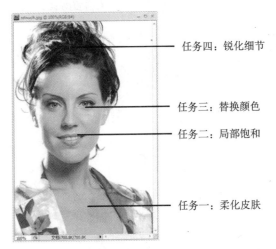

图 5-81　原始素材

（2）使用"修补工具"修复人物图像中的眼袋，如图 5-82 所示。

（3）使用"污点修复画笔工具"消除图像上较明显的污点，如图 5-83 所示。

图 5-82　修复眼袋

图 5-83　修复污点

（4）按 Ctrl + J 组合键复制当前图层，选择"滤镜"→"高斯模糊"命令，柔化皮肤细节，如图 5-84 所示。

（5）在"图层"面板上设置当前图层混合模式为"滤色"来亮化皮肤，如图 5-85 所示。

（6）按 Ctrl + E 组合键合并图层。选择"历史记录画笔工具"，在工具选项栏上设置"不透明度"为50%，在图像中的头发、衣服、眼睛、嘴巴位置涂抹，如图 5-86 所示。

（7）使用"减淡工具"和"加深工具"在图像中高光与阴影位置涂抹加强细节，如图 5-87 所示。

（8）选择"海绵工具"，在工具选项栏"模式"选

图 5-84　柔化皮肤

137

项中选择"饱和"选项，在图像的嘴巴位置涂抹加深饱和度，如图 5-88 所示。

图 5-85　亮化皮肤

图 5-86　局部恢复

图 5-87　局部加强

图 5-88　增加嘴巴饱和度

（9）设置前景色为 #c3d1df，选择"颜色替换工具"在眼珠位置涂抹，更改眼睛颜色，如图 5-89 所示。

（10）选择"滤镜"→"锐化"→"USM 锐化"命令，如图 5-90 所示，单击"确定"按钮得到最终效果。

图 5-89　替换眼睛颜色

图 5-90　USM 锐化效果

本 章 小 结

编辑和修复图像的主要操作有：更改图像的尺寸和分辨率、裁切和纠正歪曲的图像、拼贴图像创建全景图、修复照片以及修饰数码图像。

"图像大小"命令通过更改图像的像素尺寸、打印尺寸和分辨率来更改图像的数字大小,通过"插值"的方法将图像上像素的颜色分配给新像素。任何使用了"插值"的方法更改图像的尺寸都会影响到图像的最终品质。"裁切工具"可以迅速裁剪图像的不必要区域,通过控制裁切框的方法可以纠正扫描或拍摄歪曲的图像。拼贴图像可以通过"扩展画布"和 Photomerge 命令来创建全景图片。在更多的修图工具中,"修复画笔工具"和"仿制图章工具"在修图时更为常用。利用"液化"、"USM 锐化"、"镜头模糊"和"减少杂色"滤镜可以有效地改善图像的后期效果。

本 章 练 习

1. 技能认证考题

(1) Photoshop 中设置图像"插值"的方法有（   ）。

   A. 邻近　　　　B. 两次线性　　　　C. 两次立方　　　　D. 线性立方

(2) 下面对"图像大小"命令描述正确的是（   ）。

   A. "图像大小"命令用来改变图像的尺寸

   B. "图像大小"命令可以将图像放大,而图像的清晰程度不受任何影响

   C. "图像大小"命令不可以改变图像的分辨率

   D. "图像大小"命令当选择"重定图像像素"选项,但不选择"约束比例"选项时,图像的
       宽度、高度和分辨率可以任意修改

(3) 下列关于"图像大小"对话框的描述正确的是（   ）。

   A. 当选择"约束比例"选项时,图像的高度和宽度被锁定,不能被修改

   B. 当选择"重定图像像素"选项,但不选择"约束比例"选项时,图像的宽度、高度和分
       辨率可以任意修改

   C. "图像大小"对话框中可修改图像的高度、宽度和分辨率

   D. "在重定图像像素"选项后面弹出的选项中,其中"两次立方"是最好的运算方式,
       但运算速度最慢

(4) 影响位图文件大小的因素是（   ）。

   A. 像素尺寸　　　　B. 打印尺寸　　　　C. 分辨率　　　　D. 文件的扩展名

(5) 将 1 英寸分辨率为 100PPI 的图像改为 1 英寸、200PPI 的图像,则其文件大小约为原来的（   ）倍。

   A. 1　　　　B. 2　　　　C. 3　　　　D. 4

(6) 下面对"裁切工具"描述正确的是（   ）。

   A. "裁切工具"可将所选区域裁掉,而保留裁切框以外的区域

   B. 裁切后的图像大小改变了,分辨率也会随之改变

   C. 裁切时可随意旋转裁切框

   D. 要取消裁切操作可按 Esc 键

（7）当使用"裁切工具"时，形成的裁切框上共有可控制的节点的数量是（　　）个。

    A．1 　　　　B．4 　　　　C．8 　　　　D．6

（8）使用仿制图章工具在图像上取样的方法是（　　）。

    A．按住 Shift 键的同时单击取样位置来选择多个取样像素

    B．按住 Alt 键的同时单击取样位置

    C．按住 Ctrl 键的同时单击取样位置

    D．按住 Tab 键的同时单击取样位置

（9）在"修复画笔工具"的选项中有很多选项，下列说法正确的是（　　）。

    A．选择"图案"选项，并在"模式"弹出菜单中选择"替换"模式时，该工具和"图案工具"使用效果完全相同

    B．选择"图案"选项，并在"模式"弹出菜单中选择"正常"模式时，该工具和"图案工具"使用效果完全相同

    C．选择"取样"选项时，在图像中必须按住 Alt 键用工具取样

    D．在"模式"弹出菜单中可选择"替换"、"正片叠底"、"屏幕"等模式

    E．选择"对齐的"选项时，对连续修复一个完整的图像非常有帮助。如果不选择此选项，一次取样后，每次松开鼠标键，鼠标都会以取样点为起点重新进行修复

（10）扫描一张照片，人像的头是朝下的。如果要使头朝上，应该使用的菜单命令是（　　）。

    A．选择"编辑"→"变换"→"旋转180°"命令

    B．选择"编辑"→"变换"→"水平翻转"命令

    C．选择"图像"→"旋转画布"→"旋转180°"命令

    D．选择"图像"→"旋转画布"→"垂直翻转"命令

（11）如果扫描的图像不够清晰，可用来弥补的滤镜是（　　）。

    A．噪声 　　　B．风格化 　　　C．锐化 　　　D．扭曲

（12）可以减少图像中的杂点的滤镜是（　　）。

    A．去斑 　　　B．减少杂色 　　　C．中间值 　　　D．蒙尘与划痕

2．实习实训操作

（1）在保持图像品质的前提下将一寸相片（2.5厘米×3.8厘米）更改为两寸（3.5厘米×5.3厘米）进行冲印（300PPI），如图5-91所示。

2.5厘米×3.8厘米

3.5厘米×5.3厘米

图5-91　一寸相片改两寸

(2) 纠正如图 5-92 所示的图像。

图 5-92 纠正素材及效果

(3) 创建如图 5-93 所示的全景图。

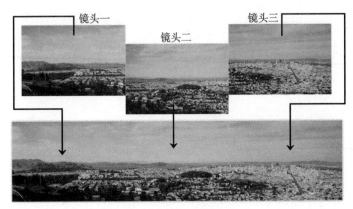

图 5-93 全景图素材及效果

(4) 修复如图 5-94 所示的旧照片。

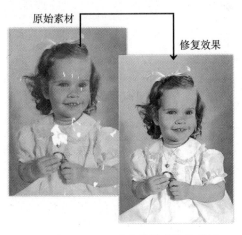

图 5-94 旧照片素材及修复效果

（5）修复如图 5-95 所示的人物图像背景。

图 5-95　人物背景及修复效果

模块6 校正和调整图像

任务目标

学习完本模块，能够根据设计需要，校正或调整图像创建特殊效果。图 6-1 所示为校正和调整图像示例。

任务实现

通过分析图像的直方图分析图像的色调，查看像素在图像中的分布情况，并分析图像的偏色。Photoshop 使用不同的调整命令或调整图层功能来调整和校正图像。

典型任务

➢ 准备图像调整。
➢ 分析图像的颜色和色调。
➢ 调整图像的颜色和色调。
➢ 快速调整图像。
➢ 调整特殊效果。
➢ 案例应用。

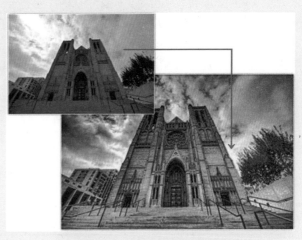

图 6-1   校正和调整图像示例

任务 6.1   准备图像调整

6.1.1   任务分析

颜色和色调是影响图像显示与输出的主要因素。为了更准确地校正图像，在校正前应明白图像校正采用何种颜色模式能够识别图像的高光、暗调和中间调，如何查看图像的颜色信息等。

6.1.2   任务导向

1. 使用正确的颜色模式

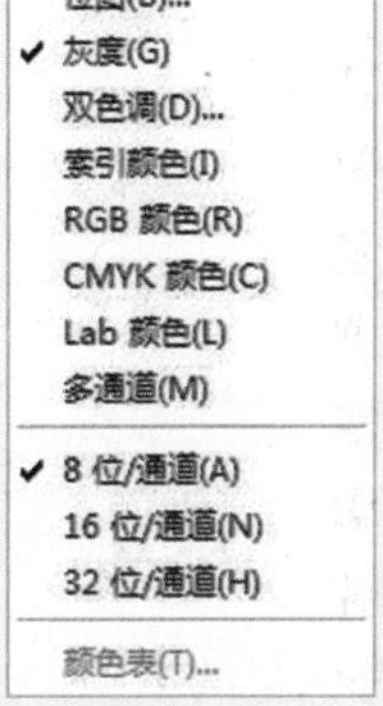

不同颜色模式的图像包含的颜色信息不同，要更改图像的颜色模式，选择"图像"→"模式"命令，然后从子菜单中选择一种颜色模式，如图 6-2 所示。

（1）位图模式。位图模式用黑和白两种颜色表示图像。在宽度、高度和分辨率相同的情况下，位图模式的图像文件最小。在 Photoshop 中若要将图像转换为位图模式，必须先将其转换为灰度模式。

（2）灰度模式。灰度模式使用不同的灰度级表示图像，如在 8 位的图像中可以有 0 （黑色）～ 255 （白色）共 256 级的灰度。

位图(B)...
✓ 灰度(G)
双色调(D)...
索引颜色(I)
RGB 颜色(R)
CMYK 颜色(C)
Lab 颜色(L)
多通道(M)

✓ 8 位/通道(A)
16 位/通道(N)
32 位/通道(H)

颜色表(T)...

图 6-2   颜色的"模式"菜单

（3）双色调模式。双色调模式通过 1～4 种自定义油墨创建单色调、双色调(两种颜色)、三色调(三种颜色)和四色调（四种颜色）的灰度图像。双色调模式下的颜色主要用于增加灰度图像的色调范围，而不是重现不同的颜色。

（4）索引颜色模式。索引颜色模式使用最多 256 种颜色表示图像。

（5）RGB 颜色模式。RGB 颜色模式使用红、绿、蓝三种颜色在屏幕上显示图像。

（6）CMYK 颜色模式。CMYK 颜色模式使用青、洋红、黄、黑色四种颜色打印图像。

（7）Lab 颜色模式。Lab 颜色模式不依赖于设备,是不同颜色模式间转换过渡的一种模式。

（8）多通道模式。原始图像中的颜色通道转换为多通道后,每个通道变为专色通道。

（9）位深度。位深度表示图像的颜色信息量。位深度为 1 的图像有两个可能的值：黑色和白色；位深度为 8 的图像有 2^8 即 256 个可能的值。不同颜色模式图像对应的位深度如表 6-1 所示。

表 6-1 不同颜色模式对应的位深度

颜色模式	位深度及其信息量		
位图	1 位（1 通道 ×1）	/	/
索引	8 位（1 通道 ×8）	/	/
灰度	8 位（1 通道 ×8）	16 位（1 通道 ×16）	32 位（1 通道 ×32）
RGB	24 位（3 通道 ×8）	48 位（3 通道 ×16）	96 位（3 通道 ×32）
CMYK	32 位（4 通道 ×8）	64 位（4 通道 ×8）	/
Lab	24 位（3 通道 ×8）	48 位（3 通道 ×16）	/

【知识应用补充】：调整图像时,通常在 CMYK 或 RGB 两种颜色模式中进行色彩和色调校正。但在调整图像前应注意以下事项：

● 如果 RGB 颜色模式的图像用于显示,则不要将其转换为 CMYK 颜色模式。

● 如果 CMYK 颜色模式的扫描图像用于分色并印刷,不要在 RGB 颜色模式中进行校正。

● 如果以 RGB 颜色模式的扫描图像分色并印刷,则应在 RGB 颜色模式中执行大多数色调和色彩校正,最终将其转换为 CMYK 颜色模式进行微调。图像模式一旦确定之后,应尽可能避免在不同模式之间多次进行转换,因为每次转换颜色值都会因取舍而丢失。

在大多数情况下，RGB 的颜色范围要比 CMYK 的颜色范围更广,图像可能会在调整后保留更多的颜色。另外,RGB 颜色模式的图像要比 CMYK 颜色模式的图像少一个通道,占用的计算机内存小。因此,我们可以在 RGB 颜色模式下校正图像,通过电子校样颜色查看图像在 CMYK 颜色模式下的预览效果,具体操作步骤如下。

（1）打开 RGB 颜色模式的图像。

（2）选择"窗口"→"排列"→"新建窗口"命令,为当前 RGB 颜色模式的图像新建一个窗口用来预览 RGB 转换为 CMYK 的模拟颜色,如图 6-3 所示。

（3）选择"视图"→"校样设置"→"工作中的 CMYK"命令。

（4）选择"视图"→"校样颜色"命令。

【操作技巧提示】：对于 RGB 颜色模式的图像可以在调整前选择"视图"→"色域警告"命令来查看图像上哪些颜色超出 CMYK 的范围,如图 6-4 所示。

2. 查看图像的颜色信息

在校正图像偏色时,往往需要查看图像上特征点的颜色信息值作为判断图像是否偏色的依据。查看图像上像素点的颜色信息步骤如下。

（1）在工具箱中选择"颜色取样器工具" （组合键：Shift + I）。

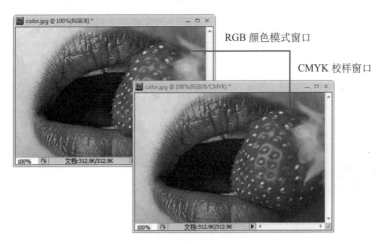

图6-3　电子校样颜色

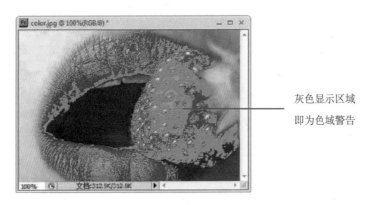

图6-4　查看色域警告

（2）在工具选项栏上设置取样方式为"取样点"。如果选择其他取样选项，则取其区域的平均值。

（3）在图像窗口中需要查看颜色信息处单击，便可以放置颜色取样点，取样点的颜色信息就会显示在"信息"面板上，如图6-5所示。

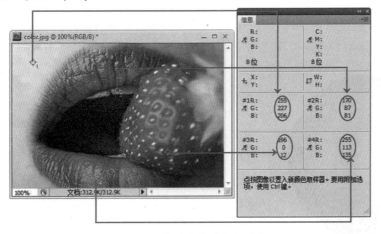

图6-5　查看像素的颜色信息

【操作技巧提示】：为了精确定位取样点位置，按Caps Lock键可以将当前光标更改为精确显示图标。

（4）颜色取样器工具最多在图像上可以设置四个取样点，如果取样点数不够用，可以用鼠标在图像窗口中拖动取样点标记至其他区域。将取样点标记移至图像窗口外即可删除此取样点。单击选项栏上的"清除"按钮，可以清除图像上的所有取样点。

【知识应用补充】：在调整图像时"信息"面板会显示两组颜色信息值，前面的数字是调整前的数值，后面的数字是调整后的数值，如图 6-6 所示。

图 6-6　查看图像的颜色信息

3．识别图像的主色调

一幅原稿图像在正常光照射下都有三种色调：亮调、中间调和暗调。在校正图像前识别图像中的最亮和最暗区域所代表的高光与暗调很重要，否则色调范围可能会不必要地扩展到提供图像细节的极端像素值（如白点和黑点），如图 6-7 所示。

● 白点指的是图像中最白的区域（白色），无任何细微层次，在纸张上不会打印油墨。例如，耀眼的亮点就是反白光，不是可打印的高光。

● 黑点指的是图像中最黑的区域（黑色），无任何细微层次。

● 亮调（也称白场或高光）指的是图像中包含细微层次且最亮可打印的区域。

● 暗调（也称黑场）指的是图像中包含细微层次且最深区域。

● 中间调指的是介于亮调和暗调之间的色调，是视觉最敏感、层次最丰富的区域。

4．掌握基本颜色理论

在颜色系统中，色光的三原色红（R）、绿（G）和蓝（B）色按照颜色的亮度值从 0（黑）～ 255（白色）的值进行混合，能够产生自然界中的 1670 多万种颜色。色料的三原色青（C）、品红（M）、黄（Y）按照油墨不同浓度的百分比混合形成打印或印刷颜色。在色轮上，这 6 种颜色对应的位置如图 6-8 所示。

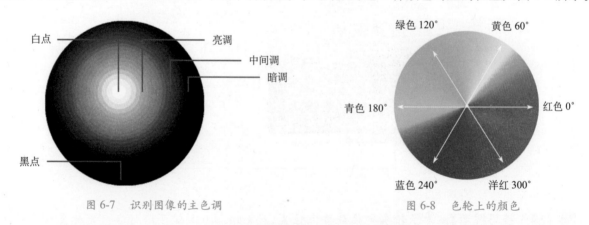

图 6-7　识别图像的主色调　　　　　　　　图 6-8　色轮上的颜色

（1）颜色混合理论。在色轮上每相邻或相间的两种颜色混合得到的是这两种颜色的中间色，如红色（R）加绿色（G）得到的是黄色（Y），如图 6-9 所示。

（2）色彩平衡理论。在色轮上处于同一直径两端位置处的颜色互为补色，如红色（R）的补色是青色（C）。在一个图像颜色中，减少某种颜色就会增加对应的补色。

（3）灰平衡理论。红（R）、绿（G）和蓝（B）按照颜色的亮度值混合产生颜色，在这三种颜色中，当它们的亮度值都相等时，产生灰色；当它们的亮度值都是 255 时，产生白色；而当所有亮度值都是 0 时，产生黑色，如图 6-10 所示。

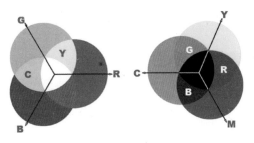

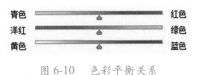

图 6-9 颜色混合理论   图 6-10 色彩平衡关系

5. 明白图像校正的步骤

明确以上注意事项后，然后再校正图像。校正图像一般按以下步骤进行。

（1）分析图像的色调和颜色。

（2）校正和调整图像的颜色。

（3）校正和调整图像的色调。

（4）锐化图像。

任务 6.2 分析图像的颜色和色调

6.2.1 任务分析

图像的"直方图"是以图形的形式表示图像中每个亮度级别的像素数量，展示像素在图像中的分布情况。调整图像前，应查看图像的直方图，评估图像是否有足够的细节产生高品质的输出。选择"窗口"→"直方图"命令，并从"直方图"面板弹出式菜单中选择"全部通道视图"命令，展开每个颜色通道的信息，展开后的"直方图"面板如图 6-11 所示。

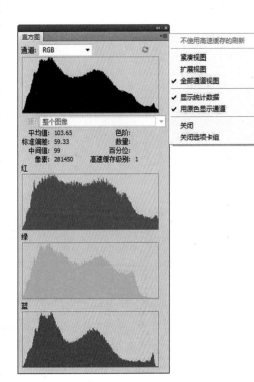

"直方图"的水平轴表示图像上像素的亮度值或色阶，从最左端的最暗值 (0) 到最右端的最亮值 (255)；垂直轴表示给定值的像素总数，把鼠标放在"直方图"上便可显示在某个色阶处图像包含的像素数量。

● "通道"选项：用于查看图像的复合通道、单色通道、明度或颜色信息。

● "平均值"选项：表示图像上像素的平均亮度值。

● "标准偏差"选项：表示图像上所有像素亮度值与平均值的偏离程度。

● "中间值"选项：显示亮度值范围内的中间值。

● "像素"选项：表示用于计算直方图的像素总数。

● "色阶"选项：显示鼠标下面的区域的亮度级别。

● "数量"选项：表示对应于鼠标下面亮度级别处图像包含的像素总数。

● "百分位"选项：显示鼠标所指的级别或该级别以下的像素累计数。该值表示为图像中所有像素的百分数，

图 6-11 展开的"直方图"面板

从最左侧的 0 到最右侧的 100%。

● "高速缓存级别"选项：显示图像高速缓存的设置。缓存级别越高，直方图显示就越快。

6.2.2　任务导向

1. 分析图像的色调

在直方图"扩展视图"中，复合通道显示整个图像的亮度信息，图像暗调处的像素集中显示在直方图的左端，亮调处的像素集中显示在直方图的右端，而中间调的像素则集中显示在直方图的中间位置，如图 6-12 所示。

图 6-12　直方图与图像的色调

如果"直方图"面板上某一色调位置处"山峰"状的图形显示越集中，则可以推断此图像在此位置包含大量的像素，进而说明此位置图像就有更多的细节显示。如图 6-13 和图 6-14 所示分别展示了不同色调细节处的图像的直方图。

图 6-13　细节集中在高光处的图像

图 6-14　细节集中在暗调处的图像

一般情况下,如果不受环境光影响（如夜色、强光或雨、雪、雾等）,一幅正常原稿图像,在"直方图"面板上会均匀地显示图像的高光、暗调和中间调信息。如果此图像在"直方图"面板上某个色调处的像素数量没有或很少时,那么图像在整体上就缺少某个色调；如果在某个色调处的像素过多时,就会产生色调溢出的现象。图 6-15 ～图 6-19 分别展示了不同色调问题的图像及其直方图。

图 6-15　曝光不足的图像及其直方图

图 6-16　曝光过度的图像及其直方图

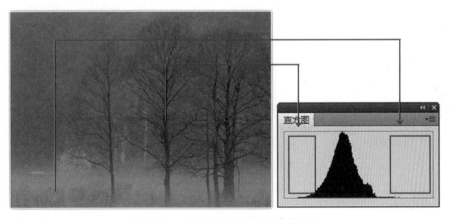

图 6-17　反差过低的图像及其直方图

2. 分析图像的颜色

在直方图"全部通道视图"中,可以根据图像的复合通道和其颜色通道显示的信息观察图像的颜色分布情况。在无偏色光影响的前提下,一幅正常图像,其各颜色通道显示的颜色信息与复合通道显示的颜色信息基本一致,如图 6-20 所示。

对于 RGB 颜色模式的图像,与复合通道相比,如果单个颜色通道的信息过度偏向于亮调,表示

图 6-18　反差过高的图像及其直方图

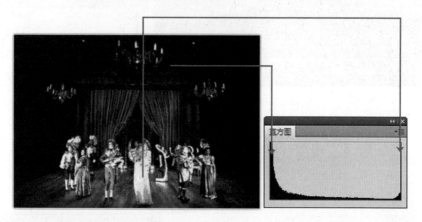

图 6-19　高光和暗调溢出的图像及其直方图

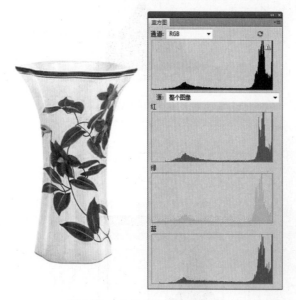

图 6-20　无偏色图像及其直方图

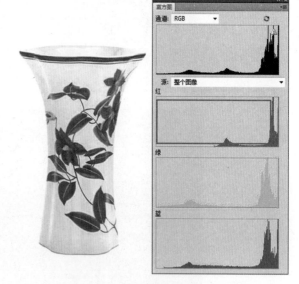

图 6-21　红色过多的图像及其直方图

此图像将偏向此种颜色（图 6-21）；若过度偏向于暗调，表示此图像偏向此颜色的补色（如图 6-22 所示）。

对于 CMYK 颜色模式的图像，与复合通道相比，如果单个颜色通道的信息过度偏向于亮调，表示此图像将偏向此种颜色的补色（图 6-23）；若过度偏向于暗调，表示此图像偏向此颜色（图 6-24）。

　　【知识应用补充】：也可以根据如下"中性灰"理论判别图像的偏色，如图 6-25 所示。

根据颜色理论，等量的红色（R）、绿色（G）和蓝色（B）混合后便会产生灰色（即 R=G=B）。

如在正常光（如日光）照射下，一幅图像上应该为灰色的区域不显示灰色，那么此图像就一定偏色。

如图 6-26 所示图像中取样的灰色点处 R ≠ G ≠ B，由图可以看出此图像一定偏色。

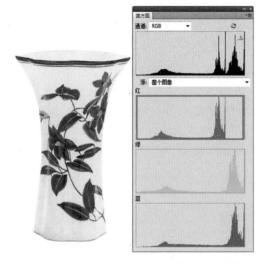

图 6-22　青色过多的图像及其直方图（1）

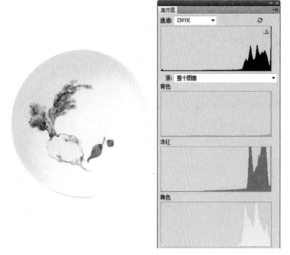

图 6-23　洋红过多的图像及其直方图

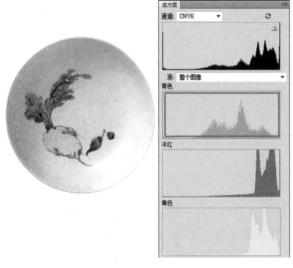

图 6-24　青色过多的图像及其直方图（2）

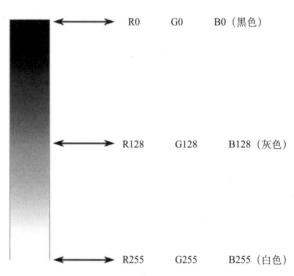

图 6-25　查看中性灰颜色信息（1）

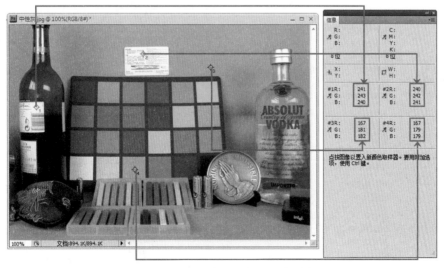

图 6-26　查看中性灰颜色信息（2）

但在 CMYK 颜色模式下情况较为复杂，因为油墨的不纯，等量的 C、M、Y 加在一起，不是中性灰。因为 C、M、Y 的显色能力并不相同，其中 M 的显色力最强，C 的显色力最弱，因此，等量 C、M、Y 油墨是不会产生中性灰色的（会是偏红的灰）。要得到中性灰色，必须增加 C 油墨的比重，具体见表 6-2"组成中性灰的 CMY 油墨百分比组合表"。

表 6-2　组成中性灰的 CMY 油墨百分比组合表（参考值）

青色（C）	品红（M）	黄色（Y）	中性灰
5	3	3	5
10	6	6	10
20	13	13	20
25	16	16	25
30	21	21	30
40	29	29	40
50	37	37	50
60	46	46	69
75	63	63	75
80	71	71	80
90	82	82	90
95	87	87	95

任务 6.3　调整图像的颜色和色调

6.3.1　任务分析

Photoshop 使用调整命令和调整图层校正与调整图像。调整命令显示在"图像"→"调整"命令子菜单中（图 6-27），调整图层功能显示在"图层"→"新建调整图层"命令子菜单中（图 6-28）。

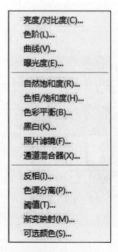

图 6-27　"调整"命令子菜单　　图 6-28　"新建调整图层"子菜单

调整图层是利用图像的调整命令来调节图像并自动创建一个新图层,在调整图像时,调整图层比调整命令有着不可比拟的优越性。调整图层具有以下特征:

● 调整图层调整图像不会影响其下图层上的原始像素。

● 调整图层对图像调整后的结果可以继续修改。在调整图层缩览图上双击,在"调整"面板中可直接修改调整参数。

● 在默认设置下,调整图层的效果会影响其下的所有图层,如果只想影响其下的一个图层,只需为该图层与其下的图层创建剪贴蒙版。

校正图像时,建议使用调整图层。要使用调整图层,可以从"新建调整图层"子菜单中选择一个调整功能,或直接在"调整"面板(图6-29)中单击调整图标。

图 6-29　"调整"面板

6.3.2　任务导向

1. 色阶（Ctrl + L）

"色阶"调整命令或调整图层功能不但可以调整图像的色调,也可以调整图像的颜色。在"色阶"对话框(图6-30)的"通道"选项栏中,选择复合通道可以调整图像的色调,选择单色通道可以调整图像的颜色。

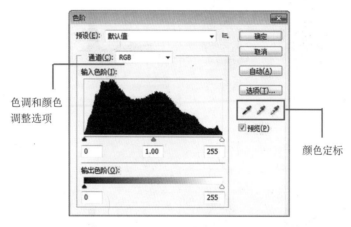

色调和颜色调整选项

颜色定标

图 6-30　"色阶"对话框

（1）调整图像的色调。在"色阶"对话框的"通道"选项栏中选择复合通道,向右拖动"输入色阶"下方左边的黑色滑块将使图像的暗调变深;向左拖动白色滑块将使图像的高光变亮;向右拖动中间的灰色滑块可以使中间调变暗,向左滑动可使中间调变亮,如图6-31所示。

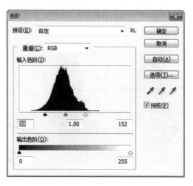

图 6-31　色阶调整原图及效果

153

　　（2）调整图像的颜色。在"色阶"对话框的"通道"选项栏中选择单色通道,可以调整图像的颜色信息。　对于 RGB 颜色模式的图像：向右拖动"输入色阶"下方左边的黑色滑块将会减少图像中暗调处该通道的颜色信息（图 6-32）；向左拖动白色滑块将会增加图像中亮调处该通道的颜色信息（图 6-33）；向右拖动中间的灰色滑块将会减少图像中该通道中间调的颜色信息（图 6-34）,向左滑动将会增加图像中该通道中间调的颜色信息（图 6-35）。

图 6-32　减少暗调处红色信息

图 6-33　增加亮调处红色信息

图 6-34　增加中间调红色信息

图 6-35　减少中间调红色信息

CMYK 颜色模式的图像正好与 RGB 颜色模式相反,效果如图 6-36 ~ 图 6-39 所示。

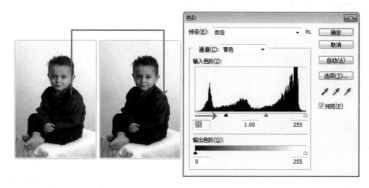

图 6-36　增加暗调处青色信息

图 6-37　减少亮调处青色信息

图 6-38　减少中间调青色信息

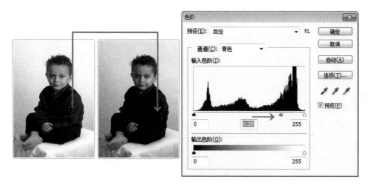

图 6-39　增加中间调青色信息

　　(3) 设置中性灰快速校正图像的偏色。对于一幅偏色的图像,在"色阶"对话框中选择灰色吸管,在图像上应该设为灰色的位置单击,此时该点调整前后的颜色信息显示在"信息"面板上,如图 6-40 所

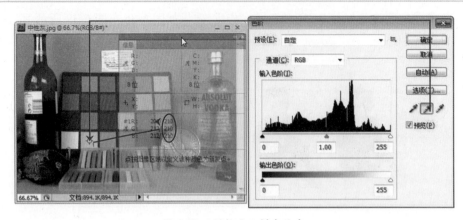

图 6-40　调整后取样点信息

示，调整后图像的 R=G=B。

（4）设置高光和阴影目标值。对于图像中阴影接近黑色区域、高光接近白色区域的细节，由于大多数的印刷机无法使用油墨表现输出，所以需要指定图像的高光和阴影目标值，将重要的阴影和高光细节置于输出设备的色域内进行输出。

在"色阶"对话框中，"输出色阶"滑块可以控制图像中的阴影色阶和高光色阶，并将图像的色调压缩到 0 ～ 255 之间。如图像中像素的色阶值为 245 的高光中有重要的细节输出，而使用的印刷机无法保持小于 5% 的网点，此时需要将高光滑块拖动到色阶值为 242 处（在印刷机上是一个 5% 的网点），即把原来的 245 改为 242，此时高光细节便可安全地在该印刷机上印刷，如图 6-41 所示。

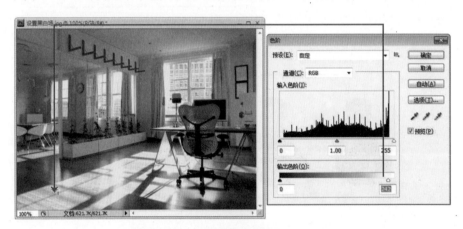

图 6-41　输出色阶可以保留图像的细节

为了适应印刷需求，也可以手动设置高光和阴影目标值以便快速地校正图像。在"色阶"对话框中，分别双击黑色吸管 和白色吸管 标记，在弹出的"选择目标阴影颜色"和"选择目标高光颜色"对话框中设置目标值，如图 6-42 和图 6-43 所示。然后使用黑色吸管在图像中暗调处单击，确定图像的暗调；使用白色吸管在图像高光处单击，确定图像的高光，如图 6-44 所示。

　　【知识应用补充】：视输出设备而定，在白纸上打印时，使用 5、3、3 和 0 的 CMYK 值就可以在平均色调图像中获得较好的高光。（RGB 近似等效值为 244、244、244，灰度近似等效值为一个 4% 网点，在拾色器 HSB 区域下的"B（亮度）"文本框中输入 96，可以快速接近这些目标值。）使用 65、53、51 和 95 的 CMYK 值通常就可以在平均色调图像中获得较好的阴影。（RGB 近似等效值为 10、10、10，灰度近似等效值为一个 96% 的网点，在拾色器 HSB 区域下的"B（亮度）"文本框中输入 4，可以快速接近这些值。）

　　【操作技巧提示】：利用"色阶"对话框中的"阈值"模式可以显示图像的高光及暗调区域（此模式不适用于 CMYK 图像）。在对话框中按住 Alt 键然后拖动白色或黑色"输入色阶"三角形滑块，

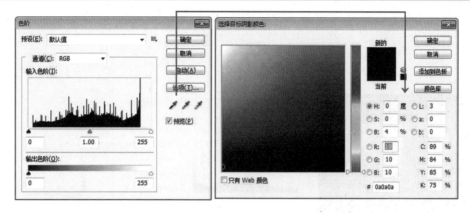

图 6-42 设置阴影目标值

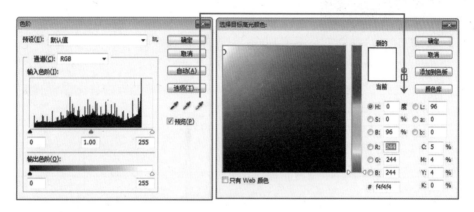

图 6-43 设置高光目标值

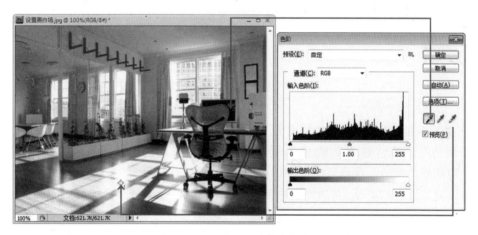

图 6-44 设置图像的高光和暗调

图像将更改为"阈值"模式,出现高对比度的预览图像:向左拖动白色滑块,图像的可视区域指示图像的最亮部分;向右拖动黑色滑块,图像的可视区域指示图像的最暗部分,如图 6-45 所示。

2．曲线（Ctrl + M)

与"色阶"调整一样,"曲线"调整命令或调整图层功能既可以调整图像的色调又可以调整图像的颜色。在"曲线"对话框中,选择复合通道可以调整图像的色调,选择单色通道可以调整图像的颜色。但"曲线"调整的优点是:可以针对图像上最多 14 个点的亮度值进行精确调整,如图 6-46 所示。

在"曲线"对话框中,图像的色调显示为一条 45°的直线,直线下侧的水平轴表示像素输入的色阶值,直线左侧的垂直轴表示输出色阶值。在默认的对角线中,所有像素具有相同的输入和输出值。对于 RGB 模式的图像,曲线显示 0 ~ 255 之间的色阶值,暗调 (0) 位于左下角,高光（255）位于右上角,如

图 6-47 所示；对于 CMYK 图像，曲线显示 0 ～ 100 间的百分数，高光 (0) 位于左下角，暗调（100%）位于右上角，如图 6-48 所示。

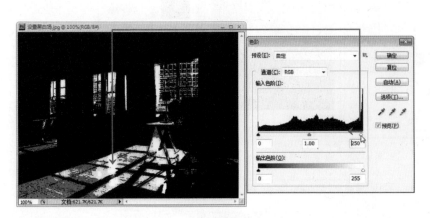

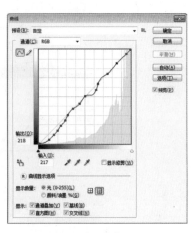

图 6-45　查找图像的高光和暗调　　　　　　　　　　　　　　图 6-46　"曲线"对话框

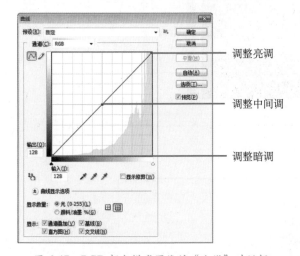

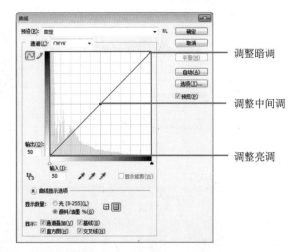

图 6-47　RGB 颜色模式图像的"曲线"对话框　　　　　　图 6-48　CMYK 颜色模式图像的"曲线"对话框

以 RGB 颜色模式的图像为例，使用"曲线"精确调整图像的思路如下。

（1）如果调整图像的色调，在"曲线"对话框"通道"选项区中选择复合通道；如果调整颜色，应在"曲线"对话框"通道"选项区中选择单色通道。

（2）如果只调整图像的亮度，在曲线上中间调位置处单击，确定一个曲线调整点（其输入 / 输出色阶值均为 128），如图 6-49 所示。向上拖动调整点可以使图像变亮，向下拖动调整点将使图像变暗，如图 6-50 所示。

（3）如果要调整图像的对比度，按住 Ctrl 键分别在图像高光和暗调处单击，将图像的高光和暗调信息值反映到曲线上，如图 6-51 所示。向上或向左拖动高光调整点可以使图像高光变亮，向下或向右拖动调整点可以使图像的暗调变暗，这样图像的对比度就有所增强，如图 6-52 所示。

　　【知识应用补充】："曲线"调整图像颜色的原理与"色阶"相同，对于 RGB 颜色模式的图像，增加颜色通道对应色调处的亮度会增加该通道的颜色信息，降低颜色通道对应色调处的亮度会减少该通道的颜色信息，如图 6-53 所示；对于 CMYK 颜色模式的图像，增加颜色通道对应色调处的亮度会减少该通道的颜色信息，降低颜色通道对应色调处的亮度会增加该通道的颜色信息，如图 6-54 所示。也可以使用"吸管工具"设置阴影和高光的目标值以及中性灰。

　　【操作技巧提示】：在"曲线"对话框中调整曲线有以下技巧。

①按住 Ctrl 键在图像窗口中单击，可将图像的信息反映到曲线上。

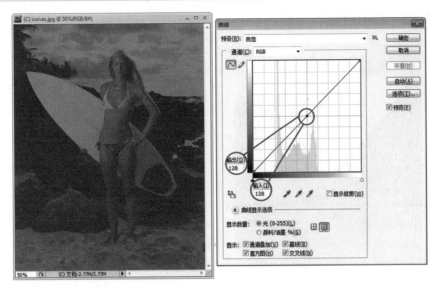

图 6-49 创建中间调的调整点

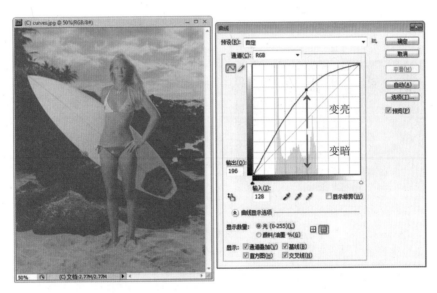

图 6-50 调整亮度

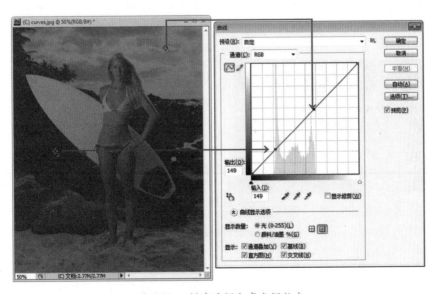

图 6-51 创建暗调和高光调整点

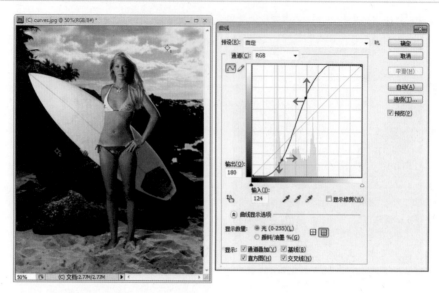

图 6-52　调整对比度

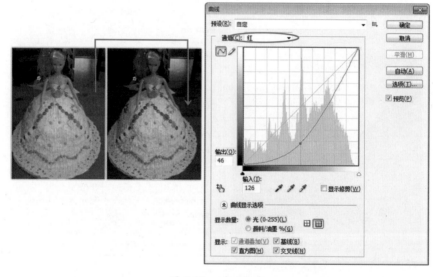

图 6-53　减少红色

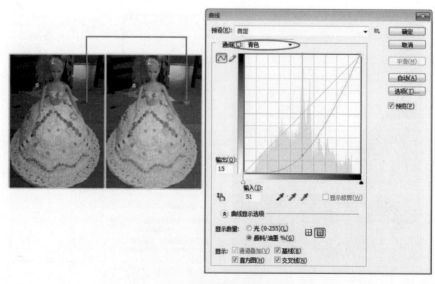

图 6-54　增加红色

② 按住 Alt 键在曲线调整区单击,即可更改网格线的增量。

③ 按住 Ctrl 键单击曲线调整点或直接按 Delete 键,可以删除此调整点。

④ 按 Ctrl + Tab 组合键可以在曲线上循环选择调整点。

⑤ 如果精确移动调整点,可以使用键盘上的方向键。

⑥ 使用曲线调整时,通常 S 形曲线能够使图像得到较好的对比度（图 6-55）,反向形曲线可以得到图像的负片效果（图 6-56）,M 形曲线能够得到高反差效果（图 6-57）。

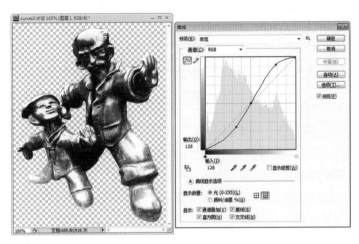

图 6-55　S 形曲线

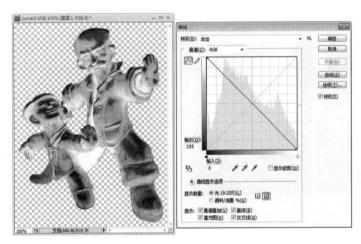

图 6-56　反向形曲线

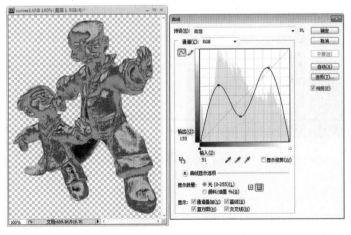

图 6-57　M 形曲线

3. 色彩平衡（Ctrl + B）

"色彩平衡"调整命令或调整图层功能可以快速更改图像颜色的构成。"色彩平衡"调整只能作用于复合颜色通道，不能精确控制单个颜色通道，对于一般不精确的色彩校正可以使用此命令。"色彩平衡"对话框如图6-58所示。

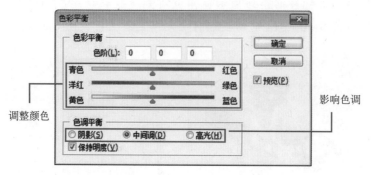

图6-58 "色彩平衡"对话框

使用"色彩平衡"调整图像的思路如下。

（1）为了在调整颜色时不影响图像的整体亮度，在对话框中选择"保持明度"选项。

（2）确定在调整时所要影响的图像中的主导色调："阴影"、"中间调"或"高光"。

（3）在对话框中向某种颜色方向拖动滑块，便可增加图像中的此种颜色信息，与其相对应的补色将会减少。本例调整效果如图6-59和图6-60所示。

图6-59 增加中间调的红色

图6-60 增加暗调中的绿色

4. 色相/饱和度（Ctrl + U）

"色相/饱和度"调整命令或调整图层功能可以调整整个图像或图像中单种颜色的色相、饱和度和明度，也可以对灰度图像着色。"色相/饱和度"对话框如图6-61所示。

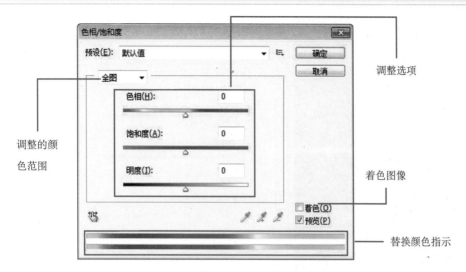

图 6-61　"色相/饱和度"对话框

使用"色相/饱和度"调整图像的思路如下。

（1）调整图像的颜色。在"色相/饱和度"对话框中选择需要调整的颜色范围"全图"或单个颜色，如图 6-62 所示，拖动"色相"滑块（取值范围为 $-180°\sim180°$）更改图像的颜色，拖动"饱和度"滑块更改颜色饱和度，拖动"明度"滑块更改图像的亮度。

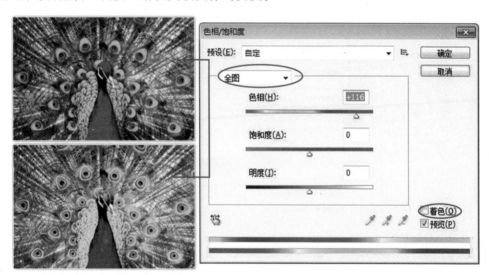

图 6-62　色相/饱和度调整效果

【操作技巧提示】：调整颜色时，观察对话框底部的两个颜色条，它们分别代表颜色在色轮上的位置。图像在调整前的两个颜色条显示的颜色完全相同。调整时上面的颜色条仍然显示调整前的颜色，下面的颜色条将会用调整后的对应位置处的颜色取代原始位置的颜色。观察如图 6-62 所示的"色相/饱和度"对话框，调整后原图像上的绿色被蓝色取代，蓝色被红色取代。

（2）对灰度图像着色。灰度模式的图像在着色前，需要将其颜色模式转换为 RGB 或 CMYK 颜色模式，然后在"色相/饱和度"对话框中选择"着色"选项，拖动"色相"滑块（此时色相的取值范围为 $0°\sim360°$）确定着色的颜色，拖动"饱和度"滑块更改此颜色的饱和度，拖动"明度"滑块更改图像的亮度，如图 6-63 所示。

5. 匹配颜色

"匹配颜色"调整命令只适用于 RGB 颜色模式的图像。此命令可以将一个图像（源图像）的颜色与另一个图像（目标图像）中的颜色相匹配。"匹配颜色"对话框如图 6-64 所示。

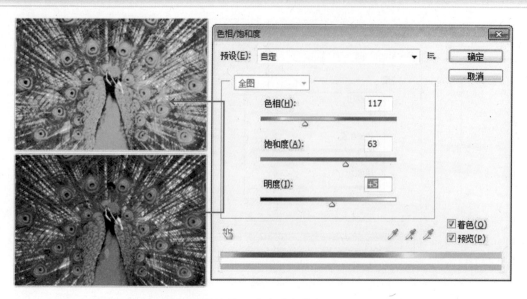

图 6-63　灰度图像着色

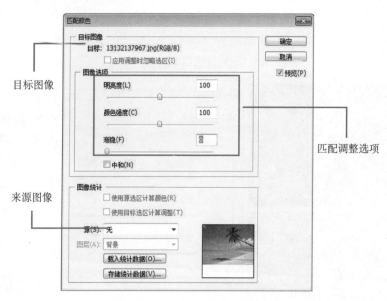

图 6-64　"匹配颜色"对话框

使用"匹配颜色"功能调整图像的思路如下。

（1）打开需要匹配的两幅图像。

（2）确定要匹配的目标图像，然后在对话框"源"选项区中选择作为匹配的来源图像。

（3）在对话框中拖动"明亮度"滑块可以增加或减少图像的亮度；拖动"颜色强度"滑块可以增加或减少图像中像素的颜色值，拖动"渐隐"滑块可以控制图像的调整幅度，选择"中和"选项可中和来源图像与目标图像的颜色信息。本例调整效果如图 6-65 所示。

6. 替换颜色

"替换颜色"调整命令可以将图像中的某种颜色替换为指定的颜色，指定的颜色可以通过色相、饱和度和明度调整得到。"替换颜色"对话框如图 6-66 所示。

使用"替换颜色"功能调整图像的思路如下。

（1）在"替换颜色"对话框中，用"吸管工具"在图像窗口中需要替换颜色的位置单击，选取的图像在"替换颜色"对话框中反白显示，如图 6-67 所示。按住 Shift 键在需要加选的图像位置单击，或拖动"颜色容差"滑块更改选择的"容差"值加选图像，直至将需要替换的区域选中。

图 6-65　匹配颜色调整效果

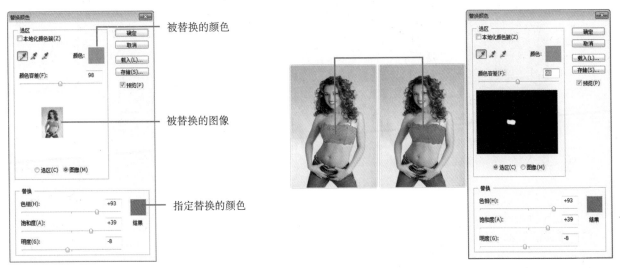

图 6-66　"替换颜色"对话框　　　　　　　　　　　图 6-67　替换颜色的调整效果

（2）在对话框中拖动色相、饱和度和明度滑块来设置替换的颜色；或直接在"结果"颜色框上单击，在弹出的"设置目标颜色"对话框中设置替换的颜色。

7. 可选颜色

"可选颜色"调整命令或调整图层可以在不影响图像中现有颜色（红色、绿色、蓝色、青色、洋红、黄色、白色、中性色和黑色）的前提下，通过增加或减少图像中印刷色的数量来实现图像中的颜色增减。此命令在印前作业中经常使用。"可选颜色"对话框如图 6-68 所示。

使用"可选颜色"调整图像的思路如下。

（1）分析原图中需要更改的图像颜色，然后在"可选颜色"对话框"颜色"选项区中选择需要在图像中更改的颜色。

（2）在对话框中拖动"青色"、"洋红"、"黄色"和"黑色"的滑块，增加或减少该颜色中所包含的对应颜色含量。

（3）在对话框中选择"相对"单选按钮，可按颜色总量的百分比更改颜色；选择"绝对"单选按钮，则使用绝对值更改颜色。本例为增加葡萄中的"红色"，通过减少"青色"含量实现，效果如图 6-69 所示。

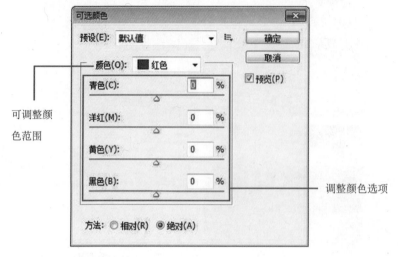

图 6-68　"可选颜色"对话框

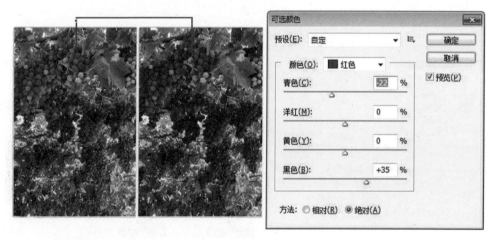

图 6-69　可选颜色调整效果

8．通道混合器

当图像的某些通道缺乏颜色信息时，"通道混合器"调整命令或调整图层功能可以使用图像中某一颜色通道的颜色信息作用于其他颜色通道，通过混合计算从而产生新的颜色信息。这是其他调节工具所不能实现的。"通道混合器"对话框也可以创建高品质的灰度图像。"通道混合器"对话框如图 6-70 所示。

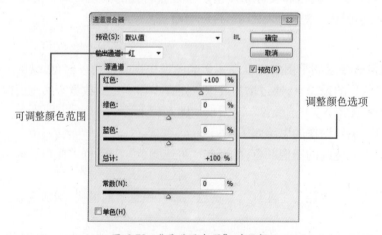

图 6-70　"通道混合器"对话框

使用"通道混合器"对话框调整图像的思路如下。

（1）调整颜色。在"通道混合器"对话框"输出通道"选项区中选择要更改的颜色通道,如图6-71所示,拖动红色、绿色和蓝色的颜色滑块以更改图像中的颜色,使其成为指定颜色通道中的颜色信息输出。输出的结果最终显示在"总计"选项中。

图6-71 通道混合器调整效果

如图6-70所示的图像中取样点的颜色信息如下：R为120、G为148、B为37,经"通道混合器"调整后,变为：R为210、G为148、B为37。图中取样点的颜色信息计算方式为：R=R×（－50）%+G×200%+B×（－70）%,即120×（－50）%+148×200%+37×（－70）%=210；绿色和蓝色通道不变。

（2）创建灰度图像。在对话框中选择"单色"选项,在"源通道"中拖动滑块更改颜色的灰度值,来创建不同色调的图像。也可以在"预设"选项区中选择预设的混合形式创建高品质的灰度图像,如图6-72所示。

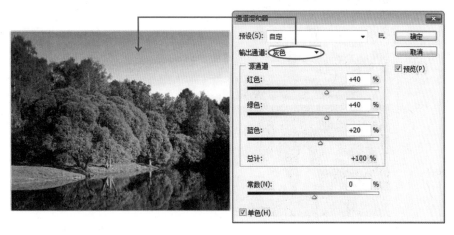

图6-72 通道混合器创建灰度图像

9.阴影/高光

"阴影/高光" 调整命令将图像中阴影或高光中的周围像素或局部相邻像素变亮或变暗,来改善图像中的阴影和高光细节。"阴影/高光"对话框如图6-73所示。

使用"阴影/高光"对话框调整图像的思路如下。

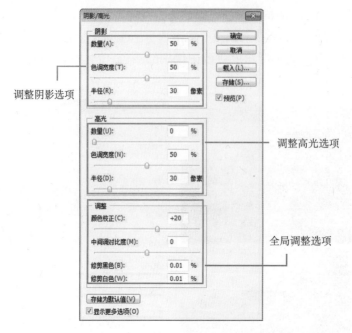

图 6-73　"阴影/高光"对话框

（1）在对话框中拖动"阴影"或"高光"的"数量"滑块，可以更改阴影或高光区的光照量，值越大，阴影的增亮程度或高光的变暗程度越大；拖动"色调宽度"滑块可以更改阴影或高光区的色调范围；拖动"半径"滑块可以控制每个像素周围的局部相邻像素的大小。

（2）拖动"颜色校正"滑块可以微调彩色图像中的颜色信息；拖动"中间调对比度" 滑块可以调整中间调中的对比度。

（3）更改"剪切黑色"或"剪切白色"选项，会指定在图像中将多少阴影和高光剪切到新的极端阴影（色阶为 0）和高光（色阶为 255）颜色。值越大，生成的图像的对比度越大，如图 6-74 所示。

图 6-74　阴影/高光调整效果

10．曝光度

"曝光度"调整命令或调整图层功能主要用于调整 HDR 图像的色调，也可适用于对 8 位和 16 位的图像。"曝光度"对话框如图 6-75 所示。

使用"曝光度"（图6-76）对话框调整图像的思路如下。

（1）在对话框中拖动"曝光度"滑块可以调整图像在高光处的曝光程度，负数减小曝光度，正数增加曝光度。

（2）拖动"位移"滑块可以更改图像的阴影和中间调，负数将使阴影和中间调变暗，正数将使阴影和中间调变亮。

（3）拖动"灰度系数校正"滑块可以调整图像的灰度系数。向左滑动将使灰度系数增加，向右滑动将使灰度系数减小。

（4）也可以使用"吸管工具"快速对图像上的阴影和高光使用黑色与白色定标。

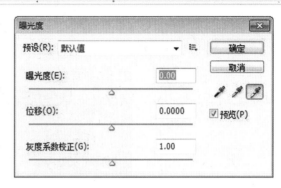

图6-75　"曝光度"对话框

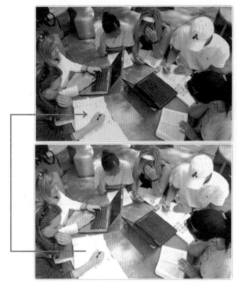

图6-76　曝光度调整效果

任务6.4　快速调整图像

6.4.1　任务分析

Photoshop 使用"自动色调"、"自动对比度"、"自动颜色"、"自然饱和度"、"亮度/对比度"、"变化"和"色调均化"调整命令对图像的颜色和色调进行简单而又快速的整体调整。其中，"自动色调"、"自动对比度"和"自动颜色"调整命令可以在"图像"菜单下找到。

6.4.2　任务导向

1．自动色调（Ctrl + Shift + L）

"自动色调"调整命令自动调整图像的高光和暗调。"自动色调"调整图像的原理是：将每个颜色通道中的最亮和最暗像素定义为白色与黑色，然后按比例重新分布中间像素值。选择"图像"→"自动色调"命令，调整效果如图6-77所示。

2．自动对比度（Ctrl + Shift + Alt + L）

"自动对比度"调整命令自动调整图像的对比度。自动对比度调整图像的原理是：将图像中的最亮和最暗像素映射为白色与黑色,使高光显得更亮而暗调显得更暗。选择"图像"→"自动对比度"命令,调整效果如图 6-78 所示。

图 6-77　自动色调调整效果

图 6-78　自动对比度调整效果

3. 自动颜色（Ctrl + Shift + B）

"自动颜色"调整命令通过搜索图像的阴影、中间调和高光来调整图像的对比度和颜色。"自动颜色"调整图像的原理是：使用 RGB 128 这一目标灰色来中和图像的中间调,并将阴影和高光像素剪切 0.5%（标识图像中的最亮和最暗像素时忽略两个极端像素值的前 0.5%）。选择"图像"→"自动颜色"命令,调整效果如图 6-79 所示。

图 6-79　自动颜色调整效果

4. 自然饱和度

"自然饱和度"调整命令或调整图层可以修剪在颜色接近最大值时的饱和度。"自然饱和度" 也可以防止肤色过度饱和。"自然饱和度"对话框如图 6-80 所示。

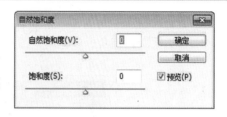

图 6-80　"自然饱和度"对话框

使用"自然饱和度"对话框调整图像的思路如下。

（1）向右拖动"自然饱和度"滑块可以增加不饱和的颜色的饱和度，并在颜色接近完全饱和时进行颜色修剪，向左拖动可以减少饱和度，如图 6-81 所示。

（2）拖动"饱和度"滑块可增加或减少图像颜色的饱和度，此选项可能会比"色相 / 饱和度"对话框中的"饱和度"滑块产生更少的带宽。

图 6-81　自然饱和度调整效果

5. 亮度 / 对比度

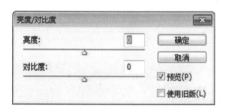

图 6-82　"亮度 / 对比度"对话框

"亮度 / 对比度"调整命令或"亮度 / 对比度"调整图层功能可以快速地调整图像的亮度和对比度。"亮度 / 对比度"对话框如图 6-82 所示。

使用"亮度 / 对比度"对话框调整图像（图 6-83）的思路如下。

（1）在对话框中拖动"亮度"滑块可以调整图像的亮度。正数会提高图像的亮度，负数会降低图像的亮度。

（2）拖动"对比度"滑块可以调整图像的整体对比度。正数会提高图像的对比度，负数会降低图像的对比度。

6. 色调均化

"色调均化"调整命令可以重新分布图像中像素的亮度值，均匀地呈现图像所有范围的亮度级别。"色调均化"调整图像的原理是：重新映射图像中的像素亮度值，使最亮的值呈现为白色，最暗的值呈现为黑色，而中间的值则均匀地分布在整个图像的灰度级别中，如图 6-84 所示。

图 6-83　亮度 / 对比度调整效果

图 6-84　色调均化调整效果

7. 变化

"变化"调整命令可以调整图像的色彩平衡、对比度和饱和度。"变化"对话框如图 6-85 所示。

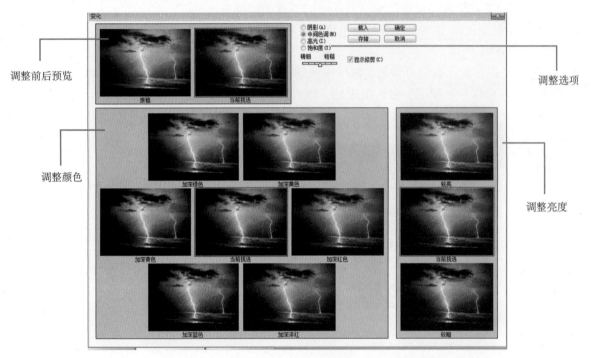

图 6-85　"变化"对话框

使用"变化"对话框调整图像（图6-86）的思路如下。

（1）设定调整图像时所要影响的色调范围：在对话框中选择如"阴影"、"中间调"或"高光"。如果要调整图像的饱和度，则应选择"饱和度"选项。

（2）单击相应的颜色缩略图就可以添加此颜色到图像；若要减去颜色，就单击其相反颜色的缩略图。

（3）若要调整亮度，单击对话框右侧的缩略图即可。

图 6-86　变化调整效果

任务 6.5　调整特殊效果

6.5.1　任务分析

Photoshop 使用"去色"、"黑白"、"阈值"、"反相"、"色调分离"、"渐变映射"和"照片滤镜"调整命令或调整图层更改图像中的颜色或亮度值，用于增强图像的颜色和产生某种特殊效果。这些调整命令不用于校正图像的颜色。

6.5.2　任务导向

1. 去色（Ctrl + Shift + U）

"去色"调整命令可以将彩色图像转换为相同颜色模式下的灰度图像，转换后图像中每个像素的亮度值不改变,如图 6-87 所示。

图 6-87　去色调整效果

2. 黑白

"黑白"调整命令或调整图层可以将彩色图像转换为灰度图像,并可以对各颜色的转换方式进行控制,也可以为灰度图像着色。"黑白"对话框如图 6-88 所示。

使用"黑白"对话框调整图像的思路如下。

(1)创建灰度图像。在对话框中向左拖动或向右拖动滑块,分别可使图像的原色的灰色调变暗或变亮。单击"自动"按钮将图像的颜色的灰度值进行混合,并使灰度值得到最大化分布,此时图像会产生最佳的输出效果,如图 6-89 所示。

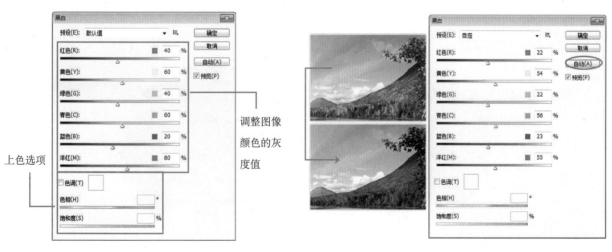

图 6-88　"黑白"对话框　　　　　　　　　图 6-89　创建灰度图像

(2)对图像上色。在对话框中选择"色调"选项,可以依据"色相"和"饱和度"选项对图像进行上色,如图 6-90 所示。

3. 阈值

"阈值"调整命令或调整图层可以将彩色或灰度图像转换为高对比度的黑白图像。"阈值"调整图像的原理是:指定一个色阶作为参考值,执行此命令后比指定值亮的像素将转换为白色,比指定值暗的像素将转换为黑色。"阈值"对话框如图 6-91 所示。

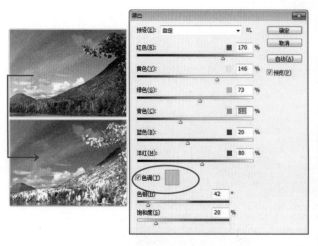

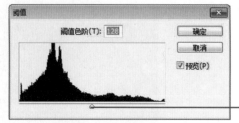

设置色阶
临界值

图 6-90　图像上色效果　　　　　　　　　　图 6-91　"阈值"对话框

在"阈值"对话框中拖动底部的滑块,以确定要更改的像素的色阶值,比指定值亮的像素将转换为白色,比指定值暗的像素将转换为黑色,如图 6-92 所示。

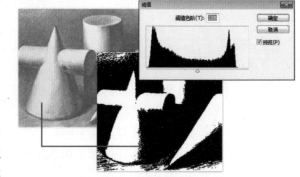

🖎【知识应用补充】:调整图像时,在"阈值"对话框中向左拖动滑块,可以快速查看图像的暗调区域;向右拖动滑块,可以快速查看图像的亮调区域。

4.反相 (Ctrl + I)

"反相"调整命令或调整图层功能将反转图像中的颜色。"反相"调整图像的原理:将通道中每个像素的亮度值转换为 256 级颜色值刻度上相反的值。比如,值为 255 的正片图像中的像素转换为 0,值为 5 的像素转换为 250,如图 6-93 所示。

图 6-92　阈值调整效果

图 6-93　反相调整效果

5.色调分离

"色调分离"调整命令或调整图层功能可以将彩色图像分解成大的单调区域的图像,创建片状效果。"色调分离"调整图像的原理:指定图像每个通道的亮度值的数目,然后将指定亮度的像素映射为最接近的匹配色调。"色调分离"对话框如图 6-94 所示。

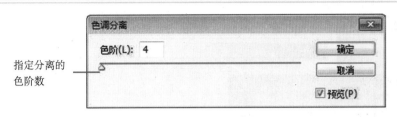

指定分离的
色阶数

图 6-94　"色调分离"对话框

调整图像时,在"色调分离"对话框中拖动"色阶"滑块,只需确定要分解的色阶数即可,如图 6-95
所示。

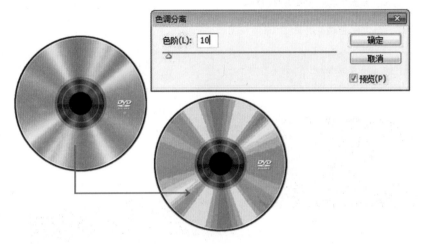

图 6-95　色调分离调整效果

6．渐变映射

"渐变映射"调整命令或"渐变映射"调整图层功能可以将相等的图像灰度范围映射为指定的渐变
颜色。"渐变映射"调整图像原理:根据图像上颜色的灰度值,用渐变方式中相应的颜色去替代原图中
的颜色。"渐变映射"对话框如图 6-96 所示。

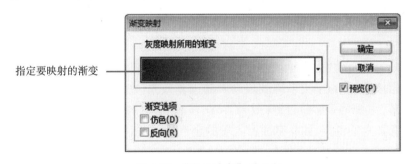

指定要映射的渐变

图 6-96　"渐变映射"对话框

在"渐变映射"对话框中选择或编辑所需的渐变颜色,即可将该颜色应用于图像,如图 6-97 所示。

7．照片滤镜

"照片滤镜"调整命令或调整图层功能可以模仿在相机镜头前面加彩色滤镜片,来调整通过镜头传
输的光的色彩平衡和色温造成的胶片曝光效果。"照片滤镜"对话框如图 6-98 所示,调整图像效果如
图 6-99 所示图像。

使用"照片滤镜"对话框调整图像的思路如下。

(1) 在对话框中选择预设的滤镜片或直接设定颜色。

(2) 拖动"浓度"滑块以确定应用于图像的颜色量。

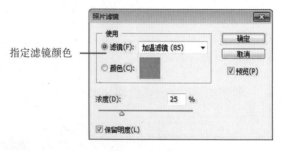

指定滤镜颜色

图 6-97　渐变映射调整效果　　　　　　　　　　图 6-98　"照片滤镜"对话框

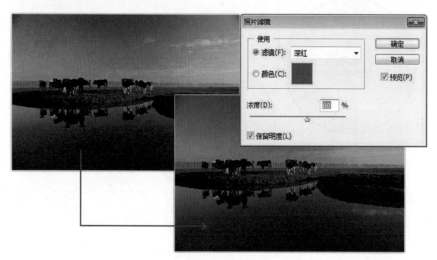

图 6-99　照片滤镜调整效果

任务 6.6　案例应用

6.6.1　任务分析

校正图像主要是为了平衡色调和颜色关系。而调整图像主要是使图像的色调和颜色达到某种效果，如 HDR（高动态范围）图像为了更多地表现画面的逼真效果，在高光和暗调处使用超出普通范围的颜色值呈现更多的细节，主要用于影片、特殊效果、3D 作品及某些高端图片。在数码影楼，有时需要将人物相片调节成某种意义上的色调，如具有高贵气质的金色调、怀旧色彩的淡雅色调、非主流的青色调等。

6.6.2　任务案例

综合案例一：校正偏色的图像

1．案例分析

案例使用素材如图 6-100 所示。由于图像是 RGB 颜色模式，通过分析图像的"直方图"可知：在"红"通道中，图像信息集中在右端，图像整体偏红色。在"绿"和"蓝"通道中，图像信息集中在左端，图像在高光处洋红和黄色过多。

2．具体操作步骤

（1）打开原始素材。

（2）调整红色通道。在"调整"面板上单击"色阶"图标，创建"色阶"调整图层。在对话框中选择"红"通道,向右拖动黑色滑块来调整图像的暗调,如图 6-101 所示。

（3）在对话框中选择"绿"通道,向左拖动白色滑块来调整图像亮调,如图 6-102 所示。

图 6-100　原始图片及其直方图

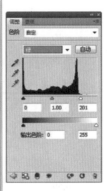

图 6-101　调整红色通道

图 6-102　调整绿色通道

（4）在对话框中选择"蓝"通道,向左拖动白色滑块来调整图像亮调,如图 6-103 所示。

（5）调整整体颜色。在"调整"面板上单击"色彩平衡"图标,创建"色彩平衡"调整图层,在对话框中进行的调整如图 6-104 所示。

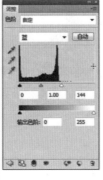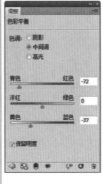

图 6-103　调整蓝色通道

图 6-104　调整整体颜色

（6）在"调整"面板上再单击"色阶"图标创建"色阶"调整图层，在对话框中选择 RGB 复合通道，向左拖动白色滑块调整图像的亮调，如图 6-105 所示。

（7）最终图像的效果及调整图层如图 6-106 所示。

图 6-105　调整整体色调　　　　　　　　　　　　　图 6-106　最终效果

综合案例二：人物相片调色

1. 案例分析

现今在数码影楼非常流行一种外景青色的非主流色调，该色调在暗调处主要偏青绿，亮调处主要偏黄橙，如图 6-107 所示。

2. 具体操作步骤

（1）打开原始素材。

（2）调整红色通道。在"调整"面板上单击"曲线"图标，创建"曲线"调整图层，在对话框中选择"红"通道，调整效果如图 6-108 所示。

图 6-107　非主流图像效果　　　　　　　　　　　　图 6-108　调整红色通道

（3）在"曲线"面板中选择"绿"通道，调整效果如图 6-109 所示。

（4）在"曲线"面板中选择"蓝"通道，调整效果如图 6-110 所示。

（5）在"调整"对话框上单击"色彩平衡"图标，创建"色彩平衡"调整图层，调整"阴影"色调如图 6-111 所示。

（6）在"色彩平衡"面板中调整"中间调"，如图6-112所示。

图 6-109　调整绿色通道

图 6-110　调整蓝色通道

图 6-111　调整阴影色调

图 6-112　调整中间调

（7）在"色彩平衡"面板中调整"高光"，如图6-113所示。

（8）在"调整"对话框上单击"色相／饱和度"图标，创建"色相／饱和度"调整图层，调整效果如图6-114所示。

图 6-113　调整高光

图 6-114　调整色相／饱和度

综合案例三：风景图片调色

1．案例分析

HDR（高动态范围）图像主要在高光和暗调处使用超出普通范围的颜色值呈现更多的细节，按比例表示和存储真实场景中的所有明亮度值，表示现实世界的全部可视动态范围，如图 6-115 所示。

图 6-115 HDR 图像效果

2．具体操作步骤

（1）打开素材图像。

（2）按 Ctrl + J 组合键复制图层，得到"图层 1"。

（3）选择"图层"→"智能对象"→"转换为智能对象"命令，如图 6-116 所示。

图 6-116 创建智能对象图层

（4）选择"图像"→"调整"→"阴影/高光"命令，在弹出的对话框中进行的设置如图 6-117 所示。

（5）选择"滤镜"→"高反差保留"命令，在弹出的对话框中进行的设置如图 6-118 所示。

（6）在"图层"面板上设置混合模式为"强光"，如图 6-119 所示。

（7）在"调整"面板上单击"曲线"图标，创建"曲线"调整图层，调整效果如图 6-120 所示。

（8）设置前景色为黑色，在工具箱中选择"画笔工具"，在工具选项栏设置画笔的硬度为 0，在"曲线"调整图层下部位置绘画，得到如图 6-121 所示效果。

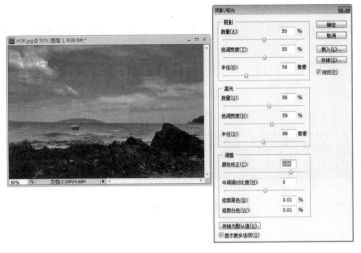

图 6-117　调整阴影和高光

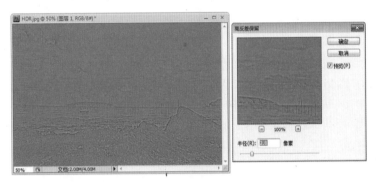

图 6-118　添加高反差保留效果

图 6-119　设置混合模式

图 6-120　曲线调整效果

图 6-121 编辑曲线调整图层

本 章 小 结

颜色和色调是影响图像显示和输出的主要因素。为了更准确地校正图像,在校正前应明白图像校正采用何种颜色模式,如何能够识别图像的高光、暗调和中间调,如何查看图像的颜色信息等问题。图像的"直方图"是以图形的形式表示图像中每个亮度级别的像素数量,展示像素在图像中的分布情况,调整图像前,应查看图像的直方图,评估图像是否有足够的细节产生高品质的输出。Photoshop 使用调整命令和调整图层校正与调整图像,调整图层是利用图像的调整命令来调节图像并自动创建的一个新图层,在调整图像时,调整图层比调整命令有着不可比拟的优越性。在实际应用中,应根据图像的具体要求,使用正确的方法校正和调整图像。

本 章 练 习

1. 技能认证考题

(1) 下列关于直方图的描述正确的是 (　　)。

　A. 直方图的横轴表示图像的阶调

　B. 直方图如果集中在右侧,说明此图像是以暗色调为主的图像

　C. 直方图的纵轴表示图像的色调

　D. 如果直方图出现空隙,就是表示其阶调的像素有不存在的现象

(2) 设定图像的白点 (白场) 的方法是 (　　)。

　A. 选择工具箱中的"吸管工具"并在图像的高光处单击

　B. 选择工具箱中的"颜色取样器工具"并在图像的高光处单击

　C. 在"色阶"对话框中选择"白色吸管工具"并在图像的高光处单击

　D. 在"色彩范围"对话框中选择"白色吸管工具"并在图像的高光处单击

(3) 当图像是以 RGB 颜色模式扫描的,下列叙述正确的是 (　　)。

　A. 应当转换为 CMYK 颜色模式后再进行颜色的调整

　B. 应当转换为 Lab 颜色模式后再进行颜色的调整

　C. 尽可能在 RGB 颜色模式下进行颜色的调整,最后在输出之前转换为 CMYK 颜色模式

　D. 根据需要,可在 RGB 颜色模式和 CMYK 颜色模式之间进行多次转换

(4) 对于"颜色取样器"工具,下列正确的描述是（　　）。

A. 在图像上最多放置四个颜色取样点

B. 颜色取样器可以只读取单个像素的值

C. 颜色取样点在"信息"面板上显示的颜色模式和图像当前的颜色模式可以不一致

D. 颜色取样点可用"移动工具"对其进行位置的改变

(5) 下面对"色彩平衡"命令描述正确的是（　　）。

A. "色彩平衡"命令只能调整图像的中间调

B. "色彩平衡"命令能将图像中的绿色趋于红色

C. "色彩平衡"命令可以校正图像中的偏色

D. "色彩平衡"命令不能用于索引颜色模式的图像

(6) 在"曲线"对话框中,曲线可以增加调整点的个数是（　　）个。

A. 10　　　　　　B. 12　　　　　　C. 14　　　　　　D. 16

(7) 下面对"曲线"命令的描述正确的是（　　）。

A. "曲线"命令只能调节图像的亮调、中间调和暗调

B. "曲线"命令可用来调节图像的色调范围

C. "曲线"对话框中有一个铅笔的图标,可用它在对话框中直接绘制曲线

D. "曲线"命令只能改变图像的亮度和对比度

(8) "曲线"调整命令对话框中,X轴和Y轴分别代表的是（　　）。

A. 输入值、输出值　　　　　　B. 输出值、输入值

C. 高光、暗调　　　　　　　　D. 暗调、高光

(9) 没有对应的调整图层功能的调整命令是（　　）。

A. 变化　　　　　　B. 曲线　　　　　　C. 亮度／对比度　　　　　　D. 色阶

(10) 下面对"阈值"命令描述正确的是（　　）。

A. "阈值"命令中阈值色阶数值的范围在 1～255 之间

B. "阈值"中小于 50% 的灰的地方都将变为白色

C. "阈值"命令能够将一幅灰度或彩色图像转换为高对比度的黑白图像

D. "阈值"命令也可适用于文字图层

(11) 下面对"变化"命令描述不正确的是（　　）。

A. 是模拟 HSB 模式的命令

B. 可视的调整色彩平衡、对比度和亮度

C. 不能用于索引模式

D. 可以精确调整色彩的命令

(12) 在所有调整命令中,调整颜色最精确的是（　　）。

A. 色阶　　　　　　B. 曲线　　　　　　C. 色彩平衡　　　　　　D. 色相／饱和度

(13) 若将图像中所有颜色变成其补色,组合键是（　　）。

A. Ctrl + X　　　　B. Ctrl + T　　　　C. Ctrl + I　　　　D. Ctrl + D

(14) 当图像偏蓝时,使用"变化"命令应当给图像增加的颜色是（　　）。

A. 蓝色　　　　　　B. 绿色　　　　　　C. 黄色　　　　　　D. 洋红

(15) 关于图像调整"去色"命令的使用,下列描述正确的是（　　）。

A. 使用此命令可以在不转换色彩模式的前提下,将彩色图像变成灰阶图像,并保留原来像素的亮度不变

B. 如果当前图像是一个多图层的图像，此命令只对当前选中的图层有效

C. 如果当前图像是一个多图层的图像，此命令会对所有的图层有效

D. 此命令只对像素图层有效，对文字图层无效，对使用图层样式产生的颜色也无效

(16) 下面对"色阶"命令描述正确的是（　　）。

A. 减小"色阶"对话框中"输入色阶"最右侧的数值导致图像变亮

B. 减小"色阶"对话框中"输入色阶"最右侧的数值导致图像变暗

C. 增加"色阶"对话框中"输入色阶"最右侧的数值导致图像变亮

D. 增加"色阶"对话框中"输入色阶"最右侧的数值导致图像变暗

(17) "色阶"调整命令的组合键是（　　）。

A. Ctrl + L　　　　　　B. Ctrl + D

C. Ctrl + M　　　　　　D. Ctrl + B

(18) "曲线"调整命令的组合键是（　　）。

A. Ctrl + L　　　　　　B. Ctrl + D

C. Ctrl + M　　　　　　D. Ctrl + B

2. 实习实训操作

(1) 掌握创建黑白图像的两种方法（图 6-122）。

(2) 掌握创建灰度图像的五种方法（图 6-123）。

(3) 掌握创建单色调图像的三种方法（图 6-124）。

(4) 掌握替换颜色的三种方法（图 6-125）。

(5) 掌握图像上色的两种方法（图 6-126）。

(6) 使用"通道混合器"对话框创建如图 6-127 所示的反季节效果。

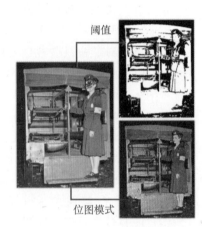

阈值

位图模式

图 6-122　创建黑白图像

原图　　　　　　Lab 颜色模式　　　　　灰度模式

去色调整　　　　　黑白调整　　　　通道混合器调整

图 6-123　创建灰度图像

照片滤镜调整

颜色填充层

色相 / 饱和度调整

图 6-124　创建单色调图像

渐变映射调整

替换颜色调整

素材

色相／饱和度调整

图 6-125 替换颜色

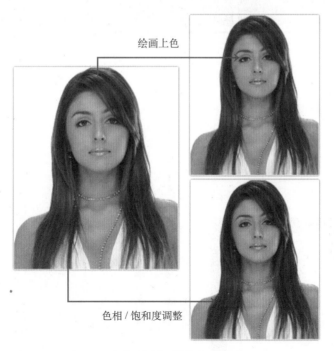

绘画上色

色相／饱和度调整

图 6-126 图像上色

(7) 人物偏色图像校正练习（图 6-128）。

(8) 综合调色练习一（图 6-129）。

(9) 综合调色练习二（图 6-130）。

春季变秋季效果

秋季变春季效果

图 6-127　反季节效果

肤色校正效果

图 6-128　调整偏色图像

背景素材

自然饱和度、可选颜色、色彩平衡

图 6-129　综合调整练习（1）

背景素材

色彩平衡

修图

纠正

饱和度调整

替换颜色

图 6-130　综合调整练习（2）

模块7 合成图像

任务目标

学习完本模块,能够根据现有素材拼合图像,完成需要的主题设计。如图 7-1 所示为合成图像示例。

任务实现

Photoshop 图层混合模式和图层蒙版是合成图像的两大主要途径,利用图层混合模式可以将两幅图像上的像素有效融合,利用图层蒙版、剪贴蒙版和矢量蒙版可以让图层指定位置处的像素显示或隐藏,实现两幅图像的无缝拼贴。文字是合成图像时必要的修饰对象。

典型任务

➤ 创建并使用文字。
➤ 使用混合模式合成图像。
➤ 使用图层蒙版合成图像。
➤ 使用剪贴蒙版合成图像。
➤ 使用矢量蒙版合成图像。

图 7-1 合成图像示例

任务 7.1 创建并使用文字

7.1.1 任务分析

图像与文字是分不开的,特别是对于商业化的设计作品,再美的图像缺少了文字的点缀和说明,它所表达的意义也是不完整的。在 Photoshop 中,可以基于文字轮廓创建多种形状的文字,或通过“栅格化”命令使其转换为可编辑的图像,创建出多种文字效果。应用文字图例如图 7-2 所示。

7.1.2 任务导向

1. 创建文字

Photoshop 使用文字工具创建文字。在工具箱中共有四个文字工具,它们分别是:横排文字工具 **T**、直排文字工具 **IT**、横排文字蒙版工具 **T** 和直排文字蒙版工具 **IT**,如图 7-3 所示。其中,横排文字工具 **T** 或直排文字工具 **IT** 输入文字时将会自动创建文字图层,横排文字蒙版工具 **T** 或直排文字蒙版工具 **IT** 创建的是基于文字形状的选区,如

文字特效

图 7-2 应用文字图例

图 7-4 所示。

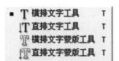

图 7-3　文字工具　　　　　　　　　图 7-4　文字图层

（1）创建点文字。点文字具有不换行的特征。在工具箱中选择"横排文字工具" **T** 或"直排文字工具" **T**，在图像窗口中单击确定输入文字的位置，然后选择一种输入法输入文字。如果要在中间强行换行，只需按 Enter 键。在文字工具选项栏上设置文字属性，如字体、字号等。如果要应用当前操作，单击工具选项栏中的提交按钮 ✔，或直接按数字键盘上的 Enter 键；如果要取消当前操作，单击取消按钮 ◎ 或按 Esc 键。点文字如图 7-5 所示。

（2）创建段落文字。段落文字在文本框的结尾处会自动换行。使用"横排文字工具" **T** 或"直排文字工具" **T** 在图像窗口中拖出一个矩形的文本框，或在现有工作路径内部单击，然后选择一种输入法输入文字，如图 7-6 所示。

图 7-5　创建点文字（1）　　　　　　　图 7-6　创建段落文字

【操作技巧提示】：可以使用以下方法控制文本框。

① 将鼠标放在文本框控制点上拖动可缩放文本框；按住 Ctrl 键拖动可同时缩放文字。

② 将鼠标放在控制框外拖动可旋转文本框。

③ 按住 Ctrl + Shift 组合键在边控制点上拖动可倾斜文本框。

（3）创建路径文字。路径文字可以绕着开放或封闭的路径排列。使用"横排文字工具" **T** 或"直排文字工具" **T** 单击现有的工作路径，然后选择一种输入法输入文字，如图 7-7 所示。

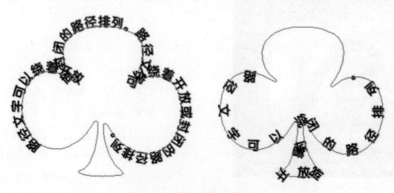

图 7-7　创建路径文字（1）

如果要调整文字与路径的位置,使用直接选择工具▶或路径选择工具▶接近路径,鼠标呈现￪形状,沿着路径方向拖动可以沿着路径移动文字;与路径成垂直方向拖动可以沿路径镜像文字。

2．使用文字图层

使用"横排文字工具"**T**或"直排文字工具"**IT**创建文字后会在"图层"面板上自动创建文字图层。创建文字图层后,可以修改字体、字号、颜色、对齐方式等文字属性。

（1）字符与段落格式化设置。通过"文字工具"选项栏或"字符"与"段落"面板可以对文字或段落进行格式化设定,如图 7-8 和图 7-9 所示。

（2）更改文字的方向。选择"图层"→"文字"→"水平"/"垂直"命令。

（3）在点文字与段落文字之间转换。点文字与段落文字间可相互转换,选择"图层"→"文字"→"转换为段落文本"/"转换为点文本"命令。

（4）应用消除锯齿。从文字选项栏"消除锯齿"下拉列表中 选择一种:"无"不应用消除锯齿;"锐利"使文字显得最为锐化;"犀利"使文字显得稍微锐化;"浑厚"使文字显得较粗重;"平滑"使文字显得更平滑。

（5）应用预设文字变形效果。单击文字工具选项栏上的创建文字变形按钮▲,即可弹出"变形文字"对话框,如图 7-10 所示。

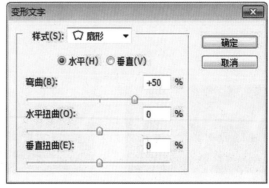

图 7-8　"字符"面板　　　　图 7-9　"段落"面板　　　　图 7-10　"变形文字"对话框

（6）基于文字创建工作路径或形状。可以基于文字轮廓创建工作路径,选择"图层"→"文字"→"创建工作路径"/"转换为形状"命令。

🐟 【知识应用补充】：在 Photoshop 软件中,不是所有的操作都可以针对文字图层,如"编辑"菜单下的"透视"和"扭曲"命令、"滤镜"菜单下的所有命令都不可以直接应用于文字图层。如果要对其操作,必须选择"图层"→"栅格化"→"文字"命令,先将文字层栅格化为普通图层。

7.1.3　任务案例

案例：创建并使用文字设计一张"音乐盛典"的海报。

1．案例分析

案例效果如图 7-11 所示。在本案例中主要使用点文字创建标题与文字效果,使用段落文字创建沿路径内排列的文本,使用路径文字创建 Logo。

2．具体操作步骤

（1）新建一个 600 像素 ×800 像素、文件名为"音乐盛典"的图像文件。打开"bg"图像文件,将其移至背景图像文件中,按 Ctrl + T 组合键变形至如图 7-12 所示效果。

（2）在工具箱中选择"橡皮擦工具",在选项栏设置"硬度"为0,擦除图像上面的部分,如图 7-13 所示。

（3）在"图层"面板上添加如图 7-14 所示的"色相／饱和度"调整图层。

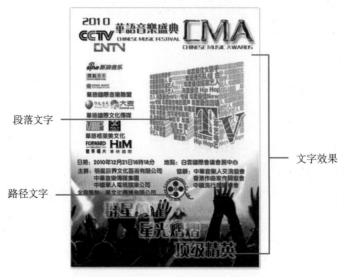

段落文字

路径文字

文字效果

图 7-11　文字效果

图 7-12　移动图像

图 7-13　擦除图像

图 7-14　添加"色相/饱和度"调整图层

（4）在工具箱中选择"横排文字工具"，输入如图 7-15 所示的点文字。

（5）选择"图层"→"文字"→"创建工作路径"命令，如图 7-16 所示。

（6）使用"横排文字工具"在工作路径内单击，输入如图 7-17 所示的段落文字。

图 7-15　创建点文字（2）

图 7-16　创建工作路径（1）

图 7-17　创建段落文字（1）

（7）选择"图层"→"栅格化"→"文字"命令，按 Ctrl + T 组合键变形至如图 7-18 所示效果。

（8）使用"横排文字工具"创建如图 7-19 所示的段落文字。

（9）选择"图层"→"栅格化"→"文字"命令，按 Ctrl + T 组合键变形至如图 7-20 所示效果。

图 7-18　变形文字（1）

图 7-19　创建段落文字（2）

图 7-20　变形文字（2）

（10）使用"钢笔工具"创建如图 7-21 所示的工作路径。

（11）使用"横排文字工具"创建如图 7-22 所示的段落文字，并变形至该图效果。

（12）使用"钢笔工具"创建如图 7-23 所示的工作路径。

图 7-21　创建工作路径（2）

图 7-22　创建并变形段落文字（1）

图 7-23　创建工作路径（3）

（13）使用"横排文字工具"创建如图 7-24 所示的段落文字，并变形至该图效果。

（14）使用"钢笔工具"创建如图 7-25 所示的工作路径。

（15）使用"横排文字工具"创建如图 7-26 所示的段落文字，并变形至该图效果。

（16）按 Ctrl + E 组合键向下合并所有文字图层，再按 Shift + Ctrl + Alt 组合键向下拖动鼠标，复制合并的文字图层，得到如图 7-27 所示效果。

（17）在工具箱中选择"橡皮擦工具"，在选项栏设置"硬度"为 0，不透明度为"50%"，擦除图像下面的部分，如图 7-28 所示。

（18）使用"横排文字工具"创建如图 7-29 所示的"T"和"V"两个点文字图层，并变形至该图所示。

（19）选择"图层"→"文字"→"转换为形状"命令，如图 7-30 所示。

图 7-24　创建并变形段落文字（2）

图 7-25　创建工作路径（4）

图 7-26　创建并变形段落文字（3）

图 7-27　复制文字图层

图 7-28　擦除图像

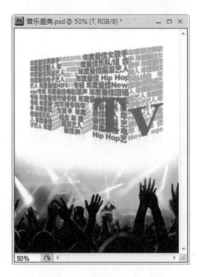

图 7-29　创建点文字（3）

（20）在工具箱中选择"直线工具"，选项栏设置为 ，分别在"T"和"V"两个文字图层上绘制直线，得到如图 7-31 和图 7-32 所示效果。

图 7-30　创建文字形状图层

图 7-31　编辑"T"文字形状图层

图 7-32　编辑"V"文字形状图层

（21）合并"T"和"V"两个文字图层，添加如图7-33所示的"投影"和"描边"图层效果样式。

图7-33　添加图层效果样式

（22）使用"横排文字工具"创建如图7-34所示的点文字。

（23）打开如图7-35所示的Logo素材，并移至如该图所示位置。

 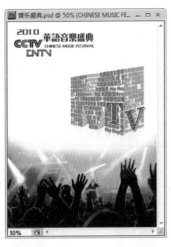

图7-34　创建点文字（4）　　　　　图7-35　添加Logo

（24）使用"横排文字工具"创建如图7-36所示的点文字，添加"投影"、"斜面和浮雕"、"光泽"等效果。

图7-36　创建点文字并添加效果

（25）使用"横排文字工具"创建如图7-37所示的点文字。

（26）打开如图7-38所示的Logo素材，并移至如该图所示位置。

（27）使用"横排文字工具"创建如图7-39所示的点文字。

图 7-37　创建点文字（5）　　　　图 7-38　再次添加 Logo　　　　图 7-39　创建点文字（6）

（28）在工具箱中选择"形状工具"，创建如图 7-40 所示的形状图层。

（29）使用"横排文字工具"在形状图层路径上单击，创建如图 7-41 所示的路径文字。

（30）使用"横排文字工具"创建如图 7-42 所示的点文字。

图 7-40　创建形状图层　　　　图 7-41　创建路径文字（2）　　　　图 7-42　创建点文字（7）

（31）添加如图 7-43 所示的"外发光"效果。

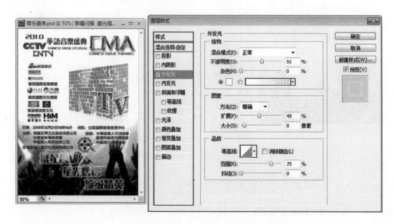

图 7-43　添加文字效果

（32）在"图层"面板上设置图层的"填充"不透明度为0,得到如图7-44所示最终效果。

图7-44 设置图层不透明度

任务7.2 使用混合模式合成图像

7.2.1 任务分析

图层混合模式可以有效地将本图层上的像素与其下的图层内容混合,产生出各种特殊的混合效果。图层混合模式只对其下面的图层起作用,而对其上面的图层不起作用。在使用图层混合模式前,应明白以下三个基本概念（图7-45）。

● 基色：指本图层的颜色。

● 底色：指其下图层颜色。

● 结果色：混合后得到的颜色。

图7-45 基色、底色与结果色

7.2.2 任务导向

要设置当前图层的混合模式,只需在"图层"面板上"模式"下拉列表中选择需要的混合模式即可,如图7-46所示。其中"正常"、"溶解"、"变暗"、"正片叠底"、"变亮"、"线性减淡（加深）"、"差值"、"色相"、"饱和度"、"颜色"、"亮度"、"浅色"和"深色"混合模式可以适用于32位图像。

1. 正常/溶解

"正常"：这是Photoshop默认的模式,在图层上不透明区域基色将遮盖底色。

"溶解"：根据像素位置的透明度随机替换基色和底色。

以上模式效果如图7-47所示。

图 7-46　设置图层混合模式

正常　　　　　　　　　　　　溶解

图 7-47　正常 / 溶解模式

2. 变暗 / 正片叠底 / 颜色加深 / 线性加深 / 深色

"变暗"：查看每个通道中的颜色信息，并选择基色或底色中较暗的颜色作为结果色。

"正片叠底"：查看每个通道中的颜色信息，并将基色与混合色进行正片叠底，结果总是较暗的颜色。即正片叠底模式突出其较深的色调值，而选择中较浅的色调则会消失。

"颜色加深"：查看每个通道中的颜色信息，并通过增加对比度使基色变暗以反映混合色。

"线性加深"：查看每个通道中的颜色信息，并通过减小亮度使基色变暗以反映混合色。

"深色"：比较混合色和基色的所有通道值的总和并显示值较小的颜色。

以上模式效果如图 7-48 所示。

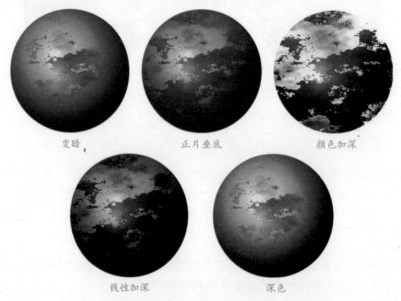

变暗　　　　　　　　正片叠底　　　　　　　　颜色加深

线性加深　　　　　　　　深色

图 7-48　变暗 / 正片叠底 / 颜色加深 / 线性加深 / 深色模式

3. 变亮 / 滤色 / 颜色减淡 / 线性减淡 / 浅色

"变亮"：与"变暗"模式相反，选择基色或底色中较亮的颜色作为结果色。

"滤色"：是"正片叠底"的反模式，结果显示较亮的颜色。

"颜色减淡"：是"颜色加深"的反模式，通过减小对比度使基色变亮以反映混合色。

"线性减淡"：是"线性加深"的反模式，通过减小对比度使基色变亮以反映混合色。

"浅色"：是"深色"模式的反模式，比较混合色和基色的所有通道值的总和并显示值较大的颜色。

以上模式效果如图 7-49 所示。

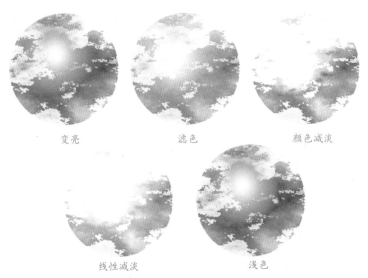

图 7-49 变亮 / 滤色 / 颜色减淡 / 线性减淡 / 浅色模式

4. 叠加 / 柔光 / 强光 / 亮光 / 线性光 / 点光 / 实色混合

"叠加"：是"正片叠底"和"滤色"模式的综合模式，在暗调处执行"正片叠底"，在亮调处执行"滤色"，是一种明暗差别更为强烈的过渡。

"柔光"：使颜色变暗或变亮，具体取决于混合色。如果混合色比 50% 灰色亮，则图像变亮，如果混合色比 50% 灰色暗，则图像变暗。

"强光"：效果要比"柔光"模式更强烈一些。"柔光"效果与发散的聚光灯照在图像上相似，"强光"效果与耀眼的聚光灯照在图像上相似。

"亮光"：通过增加或减小对比度来加深或减淡颜色，是"正片叠底"和"滤色"模式的综合模式，在暗调处执行"颜色加深"，在亮调处执行"颜色减淡"。

"线性光"：通过减小或增加亮度来加深或减淡颜色，是"线性加深"和"线性减淡"模式的综合模式，在暗调处执行"线性加深"，在亮调处执行"线性减淡"。

"点光"：根据混合色替换颜色，是"变暗"和"变亮"模式的综合模式，在暗调处执行"变暗"，在亮调处执行"变亮"。

"实色混合"：将混合颜色的红色、绿色和蓝色通道值添加到基色的 RGB 值，如果通道的结果总和大于或等于 255，则值为 255；如果小于 255，则值为 0。因此，所有混合像素的红色、绿色和蓝色通道值要么是 0，要么是 255。这会将所有像素更改为原色：红色、绿色、蓝色、青色、黄色、洋红色、白色或黑色。

以上模式效果如图 7-50 所示。

5. 差值 / 排除

"差值"：产生一种特殊的反相效果，反相的区域、深度取决于混合颜色的亮度。

"排除"：创建一种与差值模式相似但对比度较低的效果。

以上模式效果如图 7-51 所示。

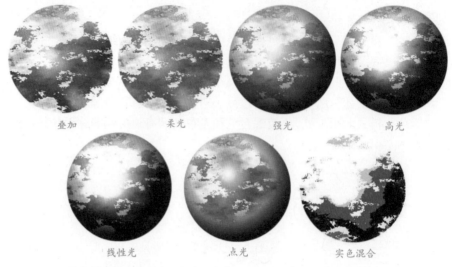

图 7-50　叠加 / 柔光 / 强光 / 亮光 / 线性光 / 点光 / 实色混合模式

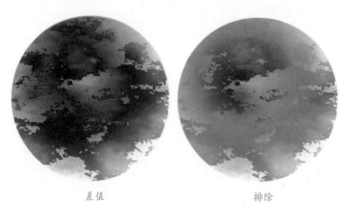

图 7-51　差值 / 排除模式

6. 色相 / 饱和度 / 颜色 / 明度

"色相"：用基色的明度和饱和度以及底色的色相创建结果色。

"饱和度"：用基色的明度和色相以及底色的饱和度创建结果色。

"颜色"：用基色的明度以及底色的色相和饱和度创建结果色，此模式可以保留图像中的灰阶，并且对于给单色图像上色和给彩色图像着色都会非常有用。

"明度"：用基色的色相和饱和度以及底色的明度创建结果色，此模式创建与"颜色"模式有着相反的效果。

以上模式效果如图 7-52 所示。

图 7-52　色相 / 饱和度 / 颜色 / 明度模式

【知识应用补充】：也可以使用"应用图像"命令将同一个图像的指定图层和通道（源）与当

前图层和通道（目标）混合，或者将不同图像的图层和通道（源）与现用图像（目标）的图层和通道混合，混合的两个图像必须具有相同的像素尺寸，如图7-53所示。

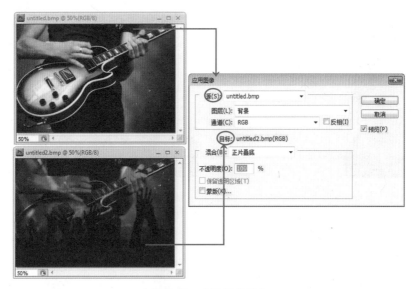

图 7-53 应用图像混合

7.2.3 任务案例

案例：根据所给素材设计一张名为"HORROR 101"的电影海报。

1. 案例分析

案例使用素材及效果图如图7-54所示。在本案例中主要使用图层混合模式实现图像间的"融合"效果。

图 7-54 案例使用素材及效果

2. 具体操作步骤

（1）打开所有素材文件。

（2）使用"移动工具"将"rust"图像移至"source"图像窗口中，如图7-55所示。

（3）在"图层"面板中，设置"图层1"的混合模式为"柔光"模式，效果如图7-56所示。

（4）在工具箱中选择"橡皮擦工具"，在选项栏上设置"硬度"为0，在图像上擦除不必要区域，效果如图 7-57 所示。

（5）使用"移动工具"将"beach"图像移至"source"图像窗口中，如图 7-58 所示。

图 7-55　移动图像（1）

图 7-56　设置混合模式（1）

图 7-57　擦除图像（1）

图 7-58　移动图像（2）

（6）在"图层"面板中，设置"图层 2"的混合模式为"柔光"模式，效果如图 7-59 所示。

（7）使用"橡皮擦工具"在图像上擦除不必要区域，效果如图 7-60 所示。

图 7-59　设置混合模式（2）

图 7-60　擦除图像（2）

（8）在"图层"面板上新建"图层 3"，按 Shift + Backspace 组合键，弹出"填充"对话框，在"内容"弹出式菜单中选择"50% 灰色"填充图像，效果如图 7-61 所示。

（9）在"图层"面板中，设置"图层 3"的混合模式为"叠加"模式，效果如图 7-62 所示。

（10）在工具箱中选择"加深工具"，在如图 7-63 所示位置加深图像效果以添加纹理的背光区域。

（11）在工具箱中选择"减淡工具"，在如图 7-64 所示位置减淡图像效果以添加纹理的反光区域。

（12）在工具箱中选择"文字工具"，在如图 7-65 所示位置添加文字。

（13）在工具箱中选择"裁切工具"，裁切图像得到如图 7-66 所示的最终效果。

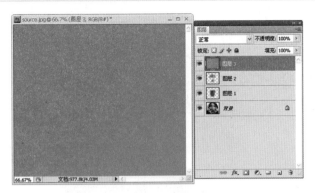

图 7-61 填充图像

图 7-62 设置混合模式（3）

图 7-63 加深修饰图像

图 7-64 减淡修饰图像

图 7-65 添加文字

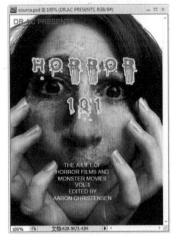

图 7-66 最终效果

任务 7.3 使用图层蒙版合成图像

7.3.1 任务分析

合成图像时，图层蒙版可以在保护图层像素的前提下用来显示或隐藏图层指定位置的像素。图层蒙版具有以下特征：

- 蒙版可以保护本图层像素不被修改。
- 蒙版可以让本图层上指定位置的像素显示或隐藏。
- 蒙版是灰度图像，可以使用所有的绘画和编辑工具对其编辑与修饰。
- 蒙版只对本图层发生作用，而对其他图层不产生任何影响。

7.3.2 任务导向

1. 创建图层蒙版

在 Photoshop 中，为当前图层添加图层蒙版，只需选择"图层"→"图层蒙版"→"显示全部"命令，或单击"图层"面板中底部的添加图层蒙版按钮 ◉ 。

默认设置下，图层蒙版创建后，不显示在图像窗口，但可以通过"图层"面板中的图层蒙版缩览图查看图层上的对应像素状态。在图层蒙版缩览图上显示三种颜色：黑色、白色和灰色。黑色对应区域将会隐藏本图层上的图像，白色对应区域将会显示本图层上的图像，而灰色区域将依据其灰度值透明显示图像。图 7-67 为图层蒙版示意图。

图 7-68 为添加了图层蒙版的图像窗口与图层蒙版缩览图。

图 7-67 图层蒙版示意图

图 7-68 添加了图层蒙版的图像窗口与图层蒙版缩览图

🐦 【知识应用补充】：背景层、索引颜色模式的图像无法创建图层蒙版，使用填充层、调整层和"贴入"命令都将会自动创建图层蒙版。

2. 编辑图层蒙版

（1）更改显示 / 隐藏区域。当图层被添加了图层蒙版后，通过单击图层缩览图或蒙版缩览图可以在图层编辑状态或蒙版编辑状态间切换。在蒙版编辑状态下，使用 Photoshop 的绘画或编辑工具都可以编辑蒙版。在图像窗口中，使用白色绘画将会增加其显示的区域，黑色绘画将会增加其隐藏的区域，灰色绘画将会依据其灰度值产生对应程度的显示或隐藏。

图 7-69 为添加了图层蒙版的图像窗口与图层蒙版缩览图。

图 7-69 添加了图层蒙版的图像窗口与图层蒙版缩览图

（2）取消蒙版与图层间的链接。默认情况下，在图层缩览图与蒙版缩览图之间有一个链接图标，表示图层与其图层蒙版之间链接，使用移动工具移动图像或其蒙版时，它们在图像中一起移动。如果要单独移动图像或蒙版，选择"图层"→"图层蒙版"→"取消链接"命令，或直接单击链接图标取消链接后移动。

（3）将蒙版作为选区载入。在图层蒙版缩览图上右击，在弹出的快捷菜单中选择"设置选区为图层蒙版"，或按住 Ctrl 键单击图层蒙版缩览图。在图像中转换为选区的部分是蒙版缩览图中白色显示的区域。

（4）停用 / 启用图层蒙版。选择"图层"→"图层蒙版"→"停用"/"启用"命令，或在图层蒙版缩览图上右击，在弹出的快捷菜单中选择"停用图层蒙版"命令或"启用图层蒙版"命令。也可以直接按住 Shift 键单击图层蒙版缩览图来停用或启用蒙版效果。通过停用图层蒙版可以暂时隐藏蒙版效果，蒙版停用时，"图层"面板中的蒙版缩览图上会出现一个红色的 ×。

（5）应用图层蒙版。选择"图层"→"图层蒙版"→"应用"命令，或在图层蒙版缩览图上右击，在弹出的快捷菜单中选择"应用图层蒙版"。应用图层蒙版后，图层上的图像隐藏位置处的像素将会被删除。

（6）删除图层蒙版。选择"图层"→"图层蒙版"→"删除"命令，或在图层蒙版缩览图上右击，在弹出的快捷菜单中选择"删除图层蒙版"命令。

7.3.3　任务案例

案例：根据所给素材合成一张"孕育"效果图。

1. 案例分析

案例使用素材及效果如图 7-70 所示。在本案例中主要使用图层混合模式实现图像间的"融合"效果，使用图层蒙版实现图像间的"无缝"拼贴。

图 7-70　案例使用素材及效果

2. 具体操作步骤

（1）打开"background"素材文件，如图 7-71 所示。

（2）使用"快速选择工具"选择图像中的乌云，按 Ctrl + J 组合键 3 次将其复制到"图层 1"、"图层 1 副本"和"图层 1 副本 2"，如图 7-72 所示。

（3）在"图层"面板上隐藏"图层 1 副本"、"图层 1 副本 2"，选择"图层 1"。按 Ctrl + U 组合键调出"色相 / 饱和度"对话框，调整图像如图 7-73 所示。

（4）在"图层"面板上显示并选择"图层 1 副本"。按 Ctrl + U 组合键调出"色相 / 饱和度"对话框，

图 7-71　背景素材

图 7-72　复制图层

图 7-73　调整"图层 1"

图 7-74　调整"图层 1 副本"

调整图像如图 7-74 所示。

（5）按 Ctrl + L 组合键调出"色阶"对话框，调整图像如图 7-75 所示。

（6）在图层副本上添加如图 7-76 所示的图层蒙版。

（7）在"图层"面板上显示并选择"图层 1 副本 2"。按 Ctrl + U 组合键调出"色相 / 饱和度"对话框，调整图像如图 7-77 所示。

（8）在"图层 1 副本 2"上添加如图 7-78 所示的图层蒙版。

（9）在"图层"面板上选择背景层。使用"磁性套索工具"选择如图 7-79 所示的图像。

（10）按 Ctrl + J 组合键将其复制至"图层 2"，再按 Ctrl + Shift +] 组合键将其放置于顶层，如图 7-80 所示。

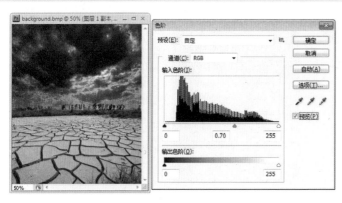

图 7-75　用色阶调整"图层 1 副本"

图 7-76　为"图层 1 副本"添加图层蒙版

图 7-77　调整"图层 1 副本 2"

图 7-78　为"图层 1 副本 2"添加图层蒙版

图 7-79　选择图像（1）

图 7-80　复制图像（1）

（11）在"图层"面板上选择背景层。按住 Ctrl 键单击"图层 1"缩览图将其转换为选区，再按 Ctrl + Shift + I 反选，如图 7-81 所示。

（12）按 Ctrl + J 组合键将其复制至"图层 3"，如图 7-82 所示。

（13）按 Ctrl + L 组合键调出"色阶"对话框，调整图层如图 7-83 所示。

（14）双击"图层 3"缩览图，在弹出的"图层样式"对话框中为图像添加"渐变添加"效果，设置如图 7-84 所示。

（15）使用"磁性套索工具"创建如图 7-85 所示选区，在"图层"面板上单击"创建新图层"图标，创建"图层 4"，再用黑色填充选区。

（16）打开"model"素材，使用"魔棒工具"选择图像中的背景，然后再按 Ctrl + Shift + I 组合键反选，如图 7-86 所示。

（17）将其移到"background"图像文件中，添加如图 7-87 所示的图层蒙版。

图 7-81　选择图像（2）

图 7-82　复制图像（2）

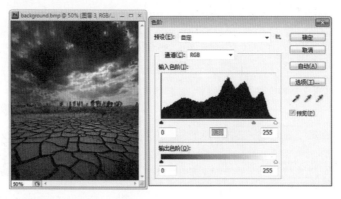

图 7-83　调整图像

图 7-84　添加"渐变叠加"效果

图 7-85　选择填充图像

图 7-86　选择图像（3）

（18）双击"图层5"缩览图,在弹出的"图层样式"对话框中为图像添加"颜色添加",效果设置如图7-88所示。

（19）打开"dry"素材文件,将其移到"background"图像文件中,设置图层混合模式为"叠加",效果如图7-89所示。

（20）添加如图7-90所示的图层蒙版。

（21）在"图层"面板上选择并显示"图层2",添加如图7-91所示的图层蒙版。

（22）添加如图7-92所示的文字,设置混合模式为"叠加"效果。

图7-87　添加图层蒙版

图7-88　添加"颜色叠加"效果

图7-89　设置混合模式

图7-90　添加图层蒙版（1）

图7-91　添加图层蒙版（2）

图7-92　添加文字

任务 7.4　使用剪贴蒙版合成图像

7.4.1　任务分析

剪贴蒙版可以让目标图层的内容只通过其基底层的形状内部显示出来。在剪贴蒙版中可以使用多个目标图层，但它们必须是连续的图层。蒙版中的基底层名称带下画线，目标图层的缩览图是缩进的。叠加图层将显示一个剪贴蒙版图标 ，如图 7-93 所示。

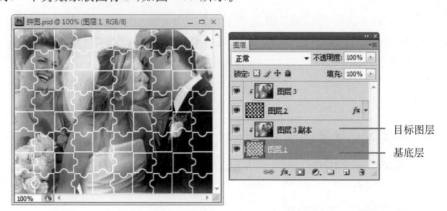

图 7-93　剪贴蒙版示例

7.4.2　任务导向

1. 创建剪贴蒙版

创建图层剪贴蒙版的操作步骤如下。

（1）在"图层"面板中排列图层，使目标图层处于基底层的上方，并且位置连续。

（2）选择目标图层，选择"图层"→"创建剪贴蒙版"命令。

（3）如果还有其他图层，则重复第（2）步操作。

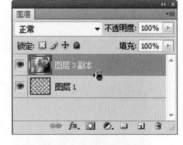

【操作技巧提示】：也可以按住 Alt 键，在"图层"面板上将鼠标放在目标图层和基底层的中间位置，此时鼠标指针显示为两个交叠的圆 ，然后单击，如图 7-94 所示。

图 7-94　创建剪贴蒙版

2. 释放剪贴蒙版

如果要从目标图层中删除剪贴蒙版，选择目标图层后，选择"图层"→"释放剪贴蒙版"命令。也可以按住 Alt 键在"图层"面板目标图层和基底层的中间位置单击。

【知识应用补充】：利用剪贴蒙版可以将调整层的调整效果只限定到到其下的一个图层。

7.4.3　任务案例

案例：根据所给素材合成一张"Space walk"效果图。

1. 案例分析

案例使用素材及效果如图 7-95 所示。在本案例中主要使用剪贴蒙版实现文字对图像及调整图层的遮盖效果。

2. 具体操作步骤

（1）打开"space"背景素材文件，单击"图层"面板底部的"创建新的调整图层"按钮，从弹出式菜单中选择"亮度/对比度"命令,调整效果如图 7-96 所示。

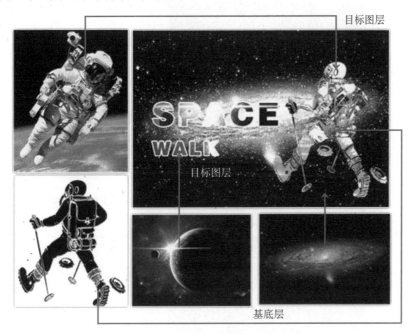

图 7-95　案例使用素材及效果

图 7-96　创建调整图层

(2) 选择"图层"→"创建剪贴蒙版"命令,如图 7-97 所示。

图 7-97　创建剪贴蒙版(1)

(3) 使用"文字工具"在图像窗口中单击,输入"SPACE WALK",设置"描边"图层效果,如图 7-98 所示。

(4) 打开"glare"素材将其移至"space"图像窗口中,如图 7-99 所示。

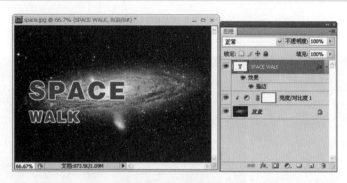

图 7-98　创建文字

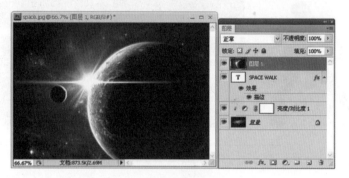

图 7-99　创建图像

（5）选择"图层"→"创建剪贴蒙版"命令，效果如图 7-100 所示。

图 7-100　创建剪贴蒙版（2）

（6）选择"文件"→"置入"命令，置入"walk"素材矢量文件，如图 7-101 所示。

图 7-101　置入图像

（7）打开"walkman"素材，将其移至"space"图像窗口中，按 Ctrl + T 组合键变换图像，如图 7-102 所示。

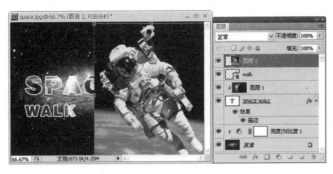

图 7-102　变换图像

（8）选择"图层"→"创建剪贴蒙版"命令，效果如图 7-103 所示。

图 7-103　创建剪贴蒙版（3）

（9）单击"图层"面板底部的"创建新的调整图层"按钮，从弹出式菜单中选择"亮度 / 对比度"命令，调整效果如图 7-104 所示。

图 7-104　调整图像

（10）选择"图层"→"创建剪贴蒙版"，最终效果如图 7-105 所示。

图 7-105　最终效果

任务 7.5　使用矢量蒙版合成图像

7.5.1　任务分析

与图层蒙版一样,矢量蒙版通过精确的矢量形状来显示或隐藏图层指定位置的像素。在"图层"面板上,矢量蒙版的缩览图只显示灰、白色两种颜色以及决定图层形状的路径,路径内部的白色区域图像显示,灰色区域隐藏,如图 7-106 所示。

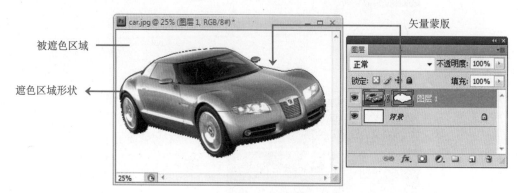

图 7-106　矢量蒙版示例

7.5.2　任务导向

1．创建矢量蒙版

使用形状或使用钢笔工具绘制工作路径后,选择"图层"→"矢量蒙版"→"当前路径"命令。

2．编辑矢量蒙版

（1）编辑矢量蒙版形状。单击"图层"面板中的矢量蒙版缩览图,此时将会在图像窗口中显示形状路径,然后使用形状和钢笔工具更改其形状,如图 7-107 所示。

（2）停用或启用矢量蒙版。在矢量蒙版缩览图上右击,在弹出的快捷菜单中选择"停用矢量蒙版"命令或"启用矢量蒙版"命令。

（3）删除矢量蒙版。在矢量蒙版缩览图上右击,在弹出的快捷菜单中选择"删除矢量蒙版"命令。

图 7-107　编辑矢量蒙版形状

（4）转换矢量蒙版为图层蒙版。在矢量蒙版缩览图上右击,在弹出的快捷菜单中选择"栅格化矢量蒙版"命令。

7.5.3　任务案例

案例：根据所给素材合成一个名为"X-MEN"的电影海报。

1．案例分析

案例使用素材及效果如图 7-108 所示。在本案例中主要使用矢量蒙版实现对图像的精确遮盖效果。

2．具体操作步骤

（1）打开名为"x_men-1"的背景素材图像文件,如图 7-109 所示。

（2）打开名为"x_men-2"的素材图像文件,将其移至背景图像中,添加如图 7-110 所示的图层蒙版。

图 7-108　案例使用素材及效果

图 7-109　打开背景图像

图 7-110　添加图层蒙版

（3）添加如图 7-111 所示的"照片滤镜"调整图层。

（4）打开名为"x_men-3"的素材图像文件，将其移至背景图像中，在"图层"面板上降低图层的不透明度，并移至如图 7-112 所示位置。

（5）在"图层"面板上将图层的不透明度再改为100%，使用钢笔工具勾画如图7-113所示的工作路径。

（6）选择"图层"→"矢量蒙版"→"当前路径"命令，为当前图层创建矢量蒙版，效果如图7-114所示。

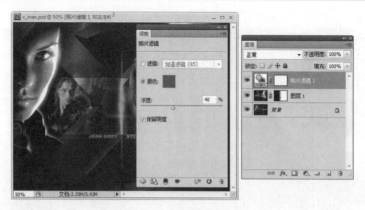

图 7-111　添加调整图层

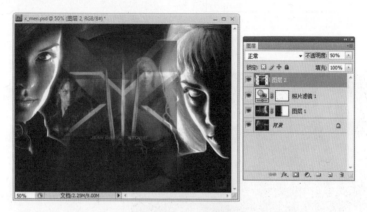

图 7-112　移动图像

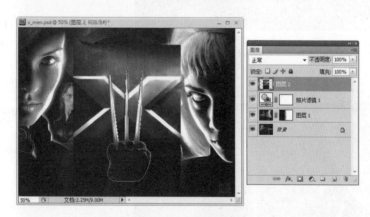

图 7-113　创建工作路径

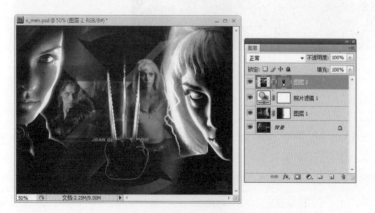

图 7-114　创建矢量蒙版（1）

（7）创建如图 7-115 所示的"曲线"调整图层。

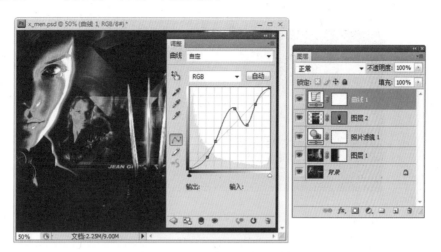

图 7-115　创建矢量蒙版（2）

（8）创建如图 7-116 所示的剪贴蒙版。

图 7-116　创建剪贴蒙版

（9）打开名为"x_men-4"的素材图像文件，将其移至背景图像如图 7-117 所示位置，设置图层混合模式为"滤色"。

图 7-117　设置图层混合模式

（10）添加如图 7-118 所示的图层蒙版，得到最终效果。

图 7-118　添加图层蒙版

7.5.4　综合案例

案例：根据所给素材合成一个名为"遗迹"效果图。

1. 案例分析

案例使用素材及效果如图 7-119 所示。在本案例中主要使用图层混合模式、图层蒙版、剪贴蒙版实现图像间的无缝融合效果。

图 7-119　案例使用素材及效果

2. 具体操作步骤

（1）新建一个 800 像素 ×600 像素、文件名为"遗迹"的图像文件。打开"sky"图像文件，将其移至背景图像文件中，按 Ctrl + T 组合键变形至如图 7-120 所示效果。

（2）打开"desert"图像文件，将其移至背景图像文件中，按 Ctrl + T 组合键变形至如图 7-121 所示效果。

（3）添加如图 7-122 所示的图层蒙版。

（4）打开"desert2"图像文件，将其移至背景图像文件中，添加如图 7-123 所示的图层蒙版。

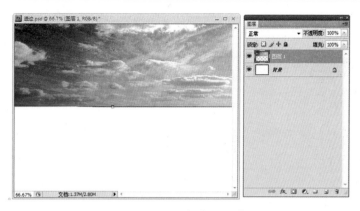

图 7-120　创建"图层 1"

图 7-121　创建"图层 2"

图 7-122　添加图层蒙版

图 7-123　创建"图层 3"

（5）双击"图层3"缩览图,在弹出的"图层样式"对话框中添加如图7-124所示的"渐变叠加"效果。

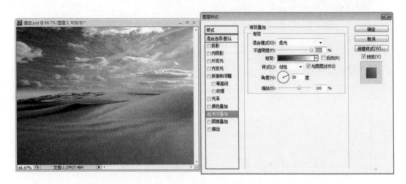

图7-124　添加图层效果

（6）添加如图7-125所示的"曲线"效果调整剪贴蒙版图层。

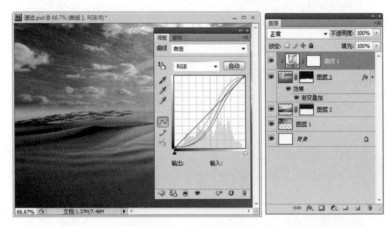

图7-125　添加调整剪贴蒙版图层

（7）添加如图7-126所示的"色相/饱和度"效果调整图层。

图7-126　添加调整图层

（8）打开"desert3"图像文件,将其移至背景图像文件中,设置图层混合模式为"正片叠底",添加如图7-127所示的图层蒙版。

（9）打开"face"图像素材,使用"快速选择工具"选择图像中的脸,将其移至背景图像中,添加如图7-128所示的图层蒙版。

（10）添加如图7-129所示的"渐变叠加"图层效果。

（11）按下Ctrl键并单击"图层5"缩览图,将其转换为选区。再按下Ctrl键单击"创建新图层"

按钮,在"图层5"的下方创建"图层6",将选区填充为黑色。再按 Ctrl + T 组合键变形至如图 7-130 所示位置,选择"滤镜"→"模糊"→"高斯模糊"命令,为倒影添加模糊效果。

图 7-127　创建"图层4"

图 7-128　创建"图层5"

图 7-129　添加图层效果

图 7-130　创建"图层6"

（12）在"图层5"上方创建一个如图7-131所示的"色阶"调整图层。

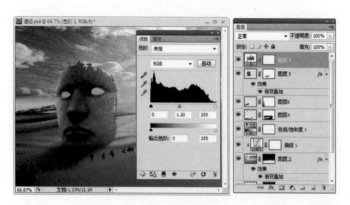

图7-131　创建调整图层

（13）在"图层"面板上创建"图层7"。选择"画笔工具"，在选项栏设置"硬度"为0，前景色为白色，在如图7-132所示额头位置单击，设置图层混合模式为"叠加"。

图7-132　创建"图层7"

（14）打开"logo"图像素材，使用"钢笔工具"选择图像中的Logo，将其变形移至背景图像额头位置，如图7-133所示，设置图层混合模式为"叠加"。

图7-133　创建"图层8"

（15）打开"texture"图像素材，将其变形并移至如图7-134所示背景图像位置，设置图层混合模式为"柔光"，并添加图层蒙版。

（16）按Ctrl＋J组合键复制"图层9"，变形并移至如图7-135所示位置。

（17）在"图层"面板上创建"图层10"。选择"画笔工具"，在选项栏设置"硬度"为0，前景色为白色，在透过眼睛位置处画两条光线，如图7-136所示，设置图层混合模式为"柔光"。

（18）打开"hand"图像素材,使用"快速选择工具"选择图像中的手,将其移至背景图层文件中,添加如图7-137所示的图层蒙版。

图7-134　创建"图层9"

图7-135　创建"图层9副本"

图7-136　创建"图层10"

图7-137　创建"图层11"

（19）按照步骤（11）的方法为"图层11"添加投影效果，如图7-138所示。

图7-138　创建"图层12"

（20）添加如图7-139所示的"曲线"调整剪贴蒙版图层。

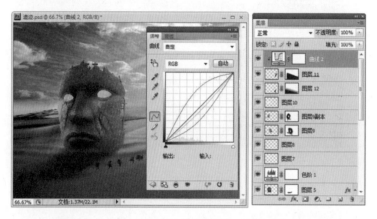

图7-139　创建调整剪贴蒙版图层（1）

（21）再添加如图7-140所示的"色彩平衡"调整剪贴蒙版图层。

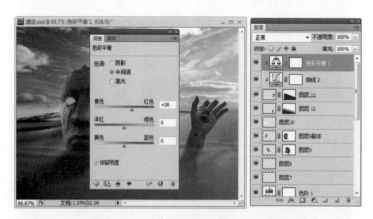

图7-140　创建调整剪贴蒙版图层（2）

（22）再添加如图7-141所示的"曲线"调整剪贴蒙版图层。

（23）再添加如图7-142所示的"色相／饱和度"调整剪贴蒙版图层。

（24）打开"texture2"图像素材，将其移至背景图层文件中，变形并移至如图7-143所示的手上位置，创建剪贴蒙版，设置图层混合模式为"柔光"，不透明度为30%。

（25）按住Ctrl键单击"图层11"缩览图，将其转换为选区，在图层面板上新建"图层14"，填充值为"bb8a4c"的颜色,设置图层混合模式为"柔光",如图 7-144 所示。

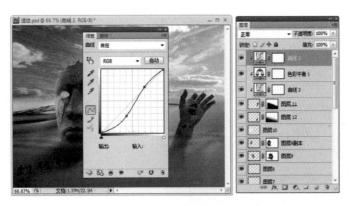

图 7-141　再创建调整剪贴蒙版图层

图 7-142　又创建调整剪贴蒙版图层

图 7-143　创建"图层 13"

图 7-144　创建"图层 14"

（26）打开"clock"图像素材,使用"钢笔工具"选择指针,将其移至背景图像中,变形并移至如图 7-145 所示手指位置,添加如该图所示"斜面和浮雕"和"颜色叠加"图层效果。

图 7-145　创建"图层 15"

（27）打开"clock2"图像素材,将其移至背景图像中,变形并移至如图 7-146 所示手掌位置,添加图层蒙版。

图 7-146　创建"图层 16"

（28）添加如图 7-147 所示"颜色叠加"图层效果。

图 7-147　添加图层效果

（29）打开"birds"图像素材,将其移至背景图像中,变形并移至如图 7-148 所示位置,并添加"渐变叠加"图层效果。

（30）为整个图像添加如图 7-149 所示的"渐变叠加"填充图层，设置图层混合模式为"柔光"。

（31）添加如图 7-150 所示文字，添加"投影"和"描边"图层效果，栅格化文字变形至如该图所示位置。

图 7-148 创建"图层 17"

图 7-149 创建填充图层

图 7-150 最终效果

本 章 小 结

合成图像时，使用文字可以表达图像的主题。在 Photoshop 软件中可以使用点文字创建文字效果，使用段落文字实现排版效果，使用路径文字创建 Logo 形状等。图层混合模式可以实现图像间的融合效果，图层蒙版、图层剪贴蒙版以及图层矢量蒙版能够让图层上指定位置处的像素显示或隐藏，实现图像间的无缝拼贴。图层蒙版通过黑、白、灰显示／隐藏图层指定位置像素,图层剪贴蒙版通过基底层的形状显示／隐藏图层指定位置像素,图层矢量蒙版通过路径形状显示／隐藏图层指定位置像素。在大多数情况下,合成图像时,主要使用图层混合模式和图层蒙版,而图层剪贴蒙版主要将调整层的效果限定在其下的图层,图层矢量蒙版主要在需要确定精确形状时才使用。

但需要提醒的是：合成图像是一个综合的知识应用,除了使用图层混合模式、图层蒙版外,还需要利用图像调整实现混合图像间的颜色融合、图像的编辑操作实现图像间的大小吻合等。

本 章 练 习

1. 技能认证考题

(1) 在文字工具选项栏中,当将"消除锯齿"选项关闭时会出现的结果 (   )。

    A. 文字变为位图

    B. 文字依然保持文字轮廓

    C. 显示的文字边缘会不再光滑

    D. 对从 Adobe Illustrator 中输入 Photoshop 中的文字没有任何影响

(2) 下面对文字图层描述正确的是 (   )。

    A. 文字图层可执行所有的滤镜

    B. 文字图层需转换为普通图层后才可执行各种滤镜效果

    C. 文字图层可直接进行加字、减字等文字编辑工作

    D. 每个图像中只能建立一个文字图层

(3) 文字图层中的文字信息可以进行修改和编辑的是 (   )。

    A. 文字颜色   B. 文字内容,如加字或减字

    C. 文字大小   D. 将文字图层转换为像素图层后可以改变文字的字体

(4) 段落文字框可以进行的操作是 (   )。

    A. 缩放   B. 旋转   C. 裁切   D. 倾斜

(5) 文字一旦被转换为图形,下列不能执行的操作是 (   )。

    A. 旋转   B. 改变字体   C. 镜像   D. 缩放

(6) 下面元素不能改变不透明度是(   )。

    A. 背景层   B. 调节层   C. 一般图层   D. 图层蒙版

(7) "图层"面板中会出现一些图标表明图层的状态,当出现画笔、虚线圆圈和锁链图标时表示 (   )。

    A. 可操作层、蒙版和锁定

    B. 可操作层、蒙版、与当前图层有链接关系

    C. 被锁定、有蒙版和可操作层

    D. 可操作层、蒙版和被置入层

(8) 下列可以将填充图层转化为一般图层的方法是(   )。

    A. 双击"图层"面板中的填充图层缩略图

    B. 执行"图层"→"栅格化"→"填充内容"命令

    C. 按住 Alt 键单击"图层"面板中的填充图层

D．执行"图层"→"改变图层内容"命令

(9) 下面对调整图层的描述正确的是 (　　)。

　A．可以在调整图层中进行各种色彩调节

　B．调整图层的调节效果将对"图层"面板中所有的图层起作用

　C．可以在调整图层和普通图层之间创建剪贴蒙版

　D．调整图层对色彩的调整只能在图像本身上进行,存储后就不能再恢复

(10) 调整图层所具有的特性是 (　　)。

　A．调整图层可对图像进行色彩编辑,却不会改变图像原始的色彩信息,并可随时将其删除

　B．调整图层除了具有调整色彩的功能之外,还可以通过调整不透明度,选择不同的图层混合模式以及修改图层蒙版来达到特殊的效果

　C．调整图层不能创建剪贴蒙版

　D．选择"图像"→"调整"命令弹出菜单中的任何一个色彩调整命令都可以生成一个新的调节图层

(11) 将鼠标移到"图层"面板中的两层之间的细线处后,单击就可使两个图层创建剪贴蒙版的功能键是(　　)。

　A．Alt 键　　　　　　B．Tab 键　　　　　　C．空格键　　　　　　D．Shift 键

(12) 对剪贴蒙版说法正确的是 (　　)。

　A．两个图层创建剪贴蒙版之后,可以一起进行多项的操作

　B．两个图层创建剪贴蒙版之后,可以同时用移动工具进行移动

　C．两个图层创建剪贴蒙版之后,两者之间没有任何影响

　D．两个或多个图层创建剪贴蒙版之后,最下面一个图层将成为上面图层的蒙版

(13) 可利用图层和图层之间的"剪贴蒙版"创建特殊效果的是 (　　)。

　A．需要将多个图层进行移动或编辑时

　B．需要移动链接的图层

　C．使一个图层成为另一个图层的蒙版

　D．需要隐藏某个图层中的透明区域

(14) 在绘图工具的选项面板中,下面对"柔光"模式的描述正确的是 (　　)。

　A．根据绘图色的明暗程度来决定最终色是变亮或变暗

　B．当绘图色比 50% 的灰还要亮时,那么图像变亮

　C．如果使用纯白色绘图时得到的是纯白色

　D．如果使用纯黑色绘图时得到的是纯黑色

(15) 可以在绘图工具中使用而不能在图层间使用的混合模式是 (　　)。

　A．溶解　　　　　　B．清除　　　　　　C．背后　　　　　　D．色相

(16) 关于"颜色减淡"和"颜色加深"模式的描述,正确的是 (　　)。

　A．选择"颜色减淡"模式,当用白色画笔在彩色图像上绘图时,得到白色结果

　B．选择"颜色减淡"模式,当用白色画笔在彩色图像上绘图时,没有任何变化

　C．选择"颜色加深"模式,当用白色画笔在彩色图像上绘图时,没有任何变化

　D．选择"颜色加深"模式,当用白色画笔在彩色图像上绘图时,得到白色结果

(17) 下面对图层蒙版描述正确的是 (　　)。

　A．图层蒙版相当于一个8位灰阶的Alpha通道

　B．当按住 Alt 键单击"图层"面板中的蒙版缩略图时,图像中就会显示蒙版

　　C．某个图层中设定了蒙版后，同时会在"通道"面板中生成一个临时 Alpha 通道

　　D．在图层上建立蒙版只能是白色的

（18）下列关于蒙版的描述正确的是（　　）。

　　A．快速蒙版的作用主要是用来进行选区的修饰

　　B．图层蒙版和图层矢量蒙版是不同类型的蒙版，它们之间无法转换

　　C．图层蒙版可转化为浮动的选择区域

　　D．当创建蒙版时，在"通道"面板中可看到临时的和蒙版相应的 Alpha 通道

（19）可对蒙版虚化的程度进行数字化控制的方式是（　　）。

　　A．使蒙版成为当前被选中的通道，然后用"高斯模糊"滤镜对通道进行虚化

　　B．将快速蒙版转化为选区，通过"羽化"命令对选区进行羽化后再转化为蒙版，从而实现对蒙版的虚化处理

　　C．使用"模糊"或"涂抹工具"对蒙版进行手动涂抹

　　D．蒙版不能进行虚化处理

路径文字　　　　　　　段落文字

（20）想增加一个图层，但在"图层"面板的最下面"创建新图层"的按钮是灰色不可选的，原因是（假设图像是 8 位／通道）（　　）。

　　A．图像是 CMYK 颜色模式

　　B．图像是双色调模式

　　C．图像是灰度模式

　　D．图像是索引颜色模式

图 7-151　文字效果

2．实习实训操作

（1）利用段落文字和路径文字创建如图 7-151 所示文字效果。

（2）利用图层蒙版合成如图 7-152 所示的"NIKE SHOES"海报。

合成效果一　　　　　　　　　　合成效果四

合成效果二

合成效果三　　　　合成效果五

图 7-152　广告素材及效果

（3）利用剪贴蒙版合成如图 7-153 所示的拼图效果。

（4）根据所给素材合成如图 7-154 所示的"LAST HOLIDAY"电影海报。

图 7-153 拼图素材及效果

图 7-154 电影海报素材及效果

（5）根据所给素材合成如图 7-155 所示的"NO WAR"宣传海报。

图 7-155 宣传海报素材及效果

模块8 创建文字与图像特效

任务目标

学习完本模块,能够创建和设计文字与图像的各种效果以加强画面的视觉特效。如图 8-1 所示为文字与图像特效示例。

任务实现

Photoshop 提供的滤镜可以为图像快速建立某种特殊效果。Photoshop 还可以将第三方插件安装到 Photoshop 滤镜菜单中,为图像执行某种任务,如快速建立粒子或烟雾效果。但一般情况下,使用一种途径创作的效果比较单一,因此在实际创作时,应掌握综合使用软件知识创建文字与图像特效的方法。

典型任务

➢ 使用内置滤镜。
➢ 使用外挂滤镜。
➢ 软件综合应用。

图 8-1 文字与图像特效示例

任务 8.1 使用内置滤镜

8.1.1 任务分析

使用滤镜可以对图像建立特殊效果或执行某项任务。在 Photoshop 中,滤镜可分为内置滤镜和外挂滤镜。内置滤镜是基于 Adobe 公司技术开发的,而外挂滤镜是由其他公司开发的,但可以放置在 Photoshop 软件中使用。内置滤镜显示在"滤镜"菜单中,如图 8-2 所示。

使用滤镜一般遵循以下原则:

● 滤镜只能应用于当前可视图层,且可以反复连续应用,每次使用的滤镜出现在菜单顶部。

● 位图模式或索引颜色的图像不能应用滤镜。

● 大多数滤镜只对 RGB 颜色模式的图像起作用,而不适用于 CMYK 颜色模式的图像。

● 有些滤镜完全在内存中处理,所以内存的容量对滤镜的生成速度影响很大。为了提高 Photoshop 对滤镜使用的工作效率,可以选取图像的一小部分试验滤镜效果。如果图像很大,且有内存不足的问题时,可将效果应用于单个通道。

● 如果选择的滤镜名称后面跟有省略号 "...",使用该滤镜时会弹出

图 8-2 内置滤镜菜单

对话框。

滤镜在使用时,配合以下组合键,可以提高工作效率。

● 按 Ctrl + F 组合键可重复上一次使用的滤镜。

● 按 Ctrl + Alt + F 组合键可以在弹出对话框中设置参数来重复上一次使用的滤镜。

● 按 Ctrl + Shift + F 组合键使用"消退"命令可以减弱上一次使用的滤镜效果。

● 按 Esc 键可取消正在使用的滤镜。

8.1.2 任务导向

要使用内置滤镜,只需在"滤镜"菜单中选择一种滤镜即可。

1."风格化"滤镜

"风格化"滤镜通过置换像素与查找并提高图像的对比度,可以强化图像的色彩边界,在选区中生成绘制效果或印象派效果,如图 8-3 所示。

(1)"查找边缘"滤镜。该滤镜用相对于白色背景的深色线条来勾画图像的边缘,得到图像的大致轮廓。

(2)"等高线"滤镜。该滤镜查找主要亮度区域的转换并为每个颜色通道淡淡地勾勒主要亮度区域的转换,以获得与等高线图中的线条类似的效果。

(3)"风"滤镜。该滤镜在图像中色彩相差较大的边界上增加细小的水平线来模拟风吹的效果。

(4)"浮雕效果"滤镜。该滤镜通过将图像的填充色转换为灰色,并用原填充色描画边缘,从而使选区具有凹凸效果。

(5)"扩散"滤镜。该滤镜搅动图像的像素以虚化图像的焦点。

(6)"拼贴"滤镜。该滤镜将图像按指定的值分裂为若干个正方形的拼贴图块,并按设置的位移百分比的值进行随机偏移。

(7)"曝光过度"滤镜。该滤镜混合负片和正片图像,类似于显影过程中将摄影照片短暂曝光后的效果。

(8)"凸出"滤镜。该滤镜使图像呈现三维的纹理效果。

(9)"照亮边缘"滤镜。该滤镜标识颜色的边缘,并向其添加类似霓虹灯的效果。

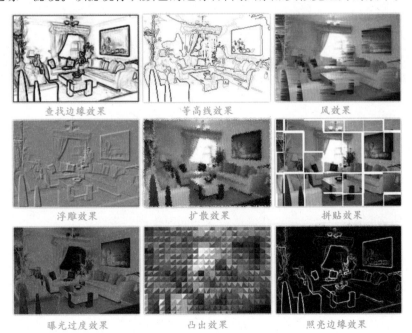

图 8-3 "风格化"滤镜效果示例

2．"画笔描边"滤镜

"画笔描边"滤镜主要模拟使用不同的画笔和油墨进行描边创造出的绘画效果，如图 8-4 所示。

（1）"成角的线条"滤镜。该滤镜使用对角描边重新绘制图像，用相反方向的线条来绘制亮区和暗区。

（2）"油墨轮廓"滤镜。该滤镜用纤细的线条勾画图像的色彩边界，类似钢笔画的风格。

（3）"喷溅"滤镜。该滤镜模拟喷溅喷枪的效果。

（4）"喷色描边"滤镜。该滤镜使用图像的主导色，用成角的、喷溅的颜色线条重新绘画图像。

（5）"强化的边缘"滤镜。该滤镜将图像的色彩边界进行强化处理，设置较高的边缘亮度值将增大边界的亮度，设置较低的边缘亮度值将降低边界的亮度。

（6）"深色线条"滤镜。该滤镜用短的线条绘制图像中接近黑色的暗区，用长的白色线条绘制图像中的亮区。

（7）"烟灰墨"滤镜。该滤镜以日本画的风格绘画图像，看起来像是用蘸满油墨的画笔在宣纸上绘画。

（8）"阴影线"滤镜。该滤镜保留原图像的细节和特征，同时使用模拟的铅笔阴影线添加纹理，并使图像中彩色区域的边缘变粗糙。

| 成角的线条效果 | 油墨轮廓效果 | 喷溅效果 | 喷色描边效果 |
| 强化的边缘效果 | 深色线条效果 | 烟灰墨效果 | 阴影线效果 |

图 8-4 "画笔描边"滤镜效果示例

3．"模糊"滤镜

"模糊"滤镜主要是使选区或图像柔和，淡化图像中不同色彩的边界，以达到掩盖图像的缺陷或创造出特殊效果的作用，如图 8-5 所示。

（1）"表面模糊"滤镜。该滤镜可以在保留边缘的同时模糊图像。

（2）"动感模糊"滤镜。该滤镜可以对图像沿着指定的方向（−360°～360°），以指定的强度（1～999）进行模糊。

（3）"方框模糊"滤镜。该滤镜基于相邻像素的平均颜色值来模糊图像。

（4）"高斯模糊"滤镜。该滤镜按指定的值快速模糊图像，产生一种朦胧的效果。

（5）"模糊"/"进一步模糊"滤镜。"模糊"滤镜可产生轻微模糊效果，可消除图像中的杂色。"进一步模糊"滤镜产生的模糊效果为"模糊"滤镜效果的 3～4 倍。

(6)"径向模糊"滤镜。该滤镜模拟移动或旋转的相机所产生的模糊,产生一种柔化的模糊效果。

(7)"镜头模糊"滤镜。该滤镜可以保持图像中某些像素清晰的同时让其他区域变模糊。

(8)"平均"滤镜。该滤镜可以找出图像或选区范围的平均颜色,然后以该颜色填充图像或选区范围以创建平滑的外观。

(9)"特殊模糊"滤镜。该滤镜可以精确模糊图像,使图像的层次感减弱。

(10)"形状模糊"滤镜。该滤镜使用指定的内核来创建模糊。

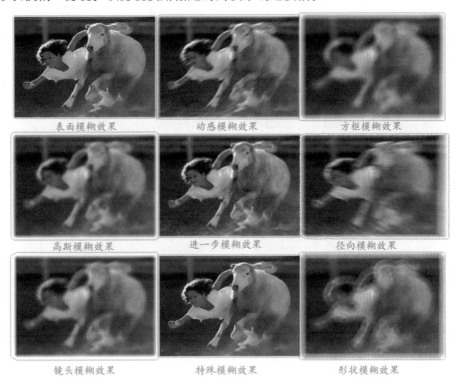

表面模糊效果　　　　　　动感模糊效果　　　　　　方框模糊效果

高斯模糊效果　　　　　　进一步模糊效果　　　　　　径向模糊效果

镜头模糊效果　　　　　　特殊模糊效果　　　　　　形状模糊效果

图 8-5 "模糊"滤镜效果示例

4."扭曲"滤镜

"扭曲"滤镜将图像进行几何扭曲,创建 3D 或其他整形效果,如图 8-6 所示。

(1)"波浪"滤镜。该滤镜用数字控制图像扭曲变形的形状。

(2)"波纹"滤镜。该滤镜在图像上创建波状起伏的图案,像水池表面的波纹。

(3)"玻璃"滤镜。该滤镜使图像看上去如同隔着玻璃观看一样。

(4)"海洋波纹"滤镜。该滤镜将随机分隔的波纹添加到图像表面,使图像看上去像是在水中。

(5)"极坐标"滤镜。该滤镜可将图像的坐标从平面坐标转换为极坐标或从极坐标转换为平面坐标。

(6)"挤压"滤镜。该滤镜使图像的中心产生凹凸的效果。

(7)"镜头校正"滤镜。该滤镜可修复常见的镜头失真。

(8)"扩散亮光"滤镜。该滤镜在图像的亮区添加透明的背景色颗粒并向外进行扩散添加,产生一种类似发光的效果。

(9)"切变"滤镜。该滤镜通过沿一条曲线扭曲图像,用户可以调整曲线上的任何一点。

(10)"球面化"滤镜。该滤镜可以使选区中心的图像产生凸出或凹陷的球体效果。

(11)"水波"滤镜。该滤镜使图像产生同心圆状的波纹效果。

(12)"旋转扭曲"滤镜。该滤镜按指定角度对图像产生旋转扭曲的效果。

(13)"置换"滤镜。该滤镜需要选择一个 PSD 格式的图像文件确定如何扭曲图像,然后根据此图像上的颜色值移动图像像素。

图 8-6 "扭曲"滤镜效果示例

5．"锐化"滤镜

"锐化"滤镜通过增加相邻像素的对比度使模糊图像变清晰，如图 8-7 所示。

（1）"USM 锐化"滤镜。该滤镜按指定的阈值定位不同于周围像素的像素，并按指定的数量增加像素的对比度。

（2）"锐化"/"进一步锐化"滤镜。"锐化"滤镜聚焦选区，提高其清晰度。"进一步锐化"滤镜比"锐化"滤镜应用更强的锐化效果。

（3）"锐化边缘"滤镜。该滤镜只锐化图像的边缘，同时保留总体的平滑度。

（4）"智能锐化"滤镜。该滤镜通过设置锐化算法或控制阴影和高光中的锐化量来锐化图像。

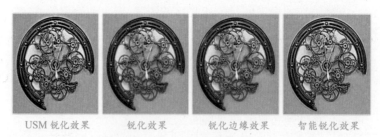

图 8-7 "锐化"滤镜效果示例

6．"视频"滤镜

"视频"滤镜属于 Photoshop 的外部接口程序，用于从摄像机输入图像或将图像输出到录像带上。

（1）"NTSC 颜色"滤镜。该滤镜将色域限制在电视机重现可接收的范围内，以防止过饱和颜色渗到电视扫描行中。

（2）"逐行"滤镜。该滤镜通过去掉视频图像中的奇数或偶数交错行，使在视频上捕捉的运动图像变得平滑。

7. "素描"滤镜

"素描"滤镜将纹理添加到图像上创建美术或手绘的外观效果。许多"素描"滤镜在重绘图像时使用前景色和背景色,如图8-8所示。

图8-8 "素描"滤镜效果示例

(1)"半调图案"滤镜。该滤镜图像的暗部映射为前景色,亮部映射为背景色,在保持连续的色调范围的同时,模拟半调网屏的效果。

(2)"便条纸"滤镜。该滤镜创建像是用手工制作的纸张构建的图像。

(3)"粉笔和炭笔"滤镜。该滤镜重绘高光和中间调,并使用粗糙粉笔绘制纯中间调的灰色背景。阴影区域用黑色对角炭笔线条替换。炭笔用前景色绘制,粉笔用背景色绘制。

(4)"铬黄"滤镜。该滤镜将图像处理成银质的铬黄表面效果。

(5)"绘图笔"滤镜。该滤镜使用细的、线状的油墨描边以捕捉原图像中的细节。对于扫描图像,效果尤其明显。此滤镜使用前景色作为油墨,并使用背景色作为纸张,以替换原图像中的颜色。

(6)"基底凸现"滤镜。该滤镜变换图像,使之呈现浮雕的雕刻状和突出光照下变化各异的表面。图像的暗区呈现前景色,而浅色使用背景色。

(7)"水彩画纸"滤镜。该滤镜利用有污点的、像画在潮湿的纤维纸上的涂抹,使颜色流动并混合。

(8)"撕边"滤镜。该滤镜重建图像,使之由粗糙、撕破的纸片状组成,然后使用前景色与背景色为图像着色。对于文本或高对比度对象,此滤镜尤其有用。

(9)"塑料效果"滤镜。该滤镜模拟塑料浮雕效果,并使用前景色和背景色为结果图像着色。暗区凸起,亮区凹陷。

（10）"炭笔"滤镜。该滤镜重绘图像,产生色调分离的涂抹效果。主要边缘以粗线条绘制,而中间色调用对角描边进行素描。炭笔是前景色,纸张是背景色。

（11）"炭精笔"滤镜。该滤镜在图像上模拟浓黑和纯白的炭精笔纹理。在暗区使用前景色,在亮区使用背景色。

（12）"图章"滤镜。该滤镜将图像的暗部映射为前景色,亮部映射为背景色,简化图像,使之呈现图章盖印的效果。此滤镜用于黑白图像时效果最佳。

（13）"网状"滤镜。该滤镜模拟胶片乳胶的可控收缩和扭曲来创建图像,使之在阴影呈结块状,在高光呈轻微颗粒化。

（14）"影印"滤镜。该滤镜模拟影印图像效果。暗区趋向于边缘的描绘,而中间色调为纯白色或纯黑色。

8."纹理"滤镜

"纹理"滤镜为图像创造各种纹理材质,使图像表面具有深度感或物质感,如图8-9所示。

（1）"龟裂缝"滤镜。该滤镜根据图像的等高线生成精细的网状裂缝。此滤镜可以对包含多种颜色值或灰度值的图像创建浮雕效果。

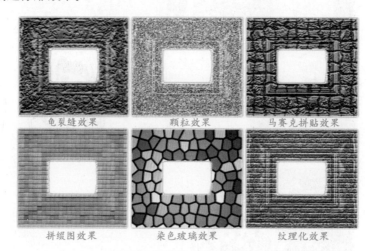

图8-9 "纹理"滤镜效果示例

（2）"颗粒"滤镜。该滤镜使用"常规"、"软化"、"喷洒"、"结块"、"强反差"、"扩大"、"点刻"、"水平"、"垂直"和"斑点"颗粒添加到图像的纹理。

（3）"马赛克拼贴"滤镜。该滤镜使图像看起来由小的碎片或拼贴组成,而且图像呈现出浮雕效果。

（4）"拼缀图"滤镜。该滤镜将图像分解为用图像中该区域的主色填充的正方形。

（5）"染色玻璃"滤镜。该滤镜将图像重新绘制为用前景色勾勒的单色的相邻单元格。

（6）"纹理化"滤镜。该滤镜将选择或创建的纹理应用于图像。

9."像素化"滤镜

"像素化"滤镜通过使单元格中颜色值相近的像素结成块来清晰地定义图像,如图8-10所示。

（1）"彩块化"滤镜。使纯色或相近颜色的像素结成相近颜色的像素块来描绘图像,创建手绘或抽象派效果。

（2）"彩色半调"滤镜。模拟在图像的每个通道上使用半调网屏的效果。

（3）"点状"滤镜。将图像中的颜色分解为随机分布的网点,并使用背景色作为网点之间的画布区域,使图像产生点状效果。

（4）"晶格化"滤镜。使用纯色多边形结块重新绘制图像。

（5）"马赛克"滤镜。使像素结为方形块。

（6）"碎片"滤镜。将图像创建四个相互偏移的副本,产生类似重影的效果。

（7）"铜版雕刻"滤镜。将图像转换为黑白区域的随机图案或彩色图像中完全饱和颜色的随机图案。

彩块化效果　彩色半调效果　点状效果　晶格化效果

马赛克效果　碎片效果　铜版雕刻效果

图 8-10　"像素化"滤镜效果示例

10."渲染"滤镜

"渲染"滤镜将图像映射成三维效果,在图像中创建云彩图案、折射图案和模拟的光反射效果,或者从灰度文件创建纹理填充效果,如图 8-11 所示。

(1)"云彩"滤镜。该滤镜将前景色和背景色随机分布,创建出类似云彩的图案。按住 Alt 键使用此滤镜将会使效果更为强烈。

(2)"分层云彩"滤镜。该滤镜使用随机生成的介于前景色与背景色之间的值,生成云彩图案。该滤镜将云彩数据和现有的像素混合,其方式与"差值"模式混合颜色的方式相同。第一次选取此滤镜时,图像的某些部分被反相为云彩图案,应用此滤镜几次之后,会创建出与大理石的纹理相似的凸缘与叶脉图案。

(3)"光照效果"滤镜。该滤镜使用 17 种光照样式、3 种光照类型、4 套光照属性和 1 个灰度文件的纹理通道,在 RGB 图像上产生无数种光照效果。

(4)"镜头光晕"滤镜。该滤镜模拟亮光照射到相机镜头所产生的光晕效果。

(5)"纤维"滤镜。该滤镜使用前景色和背景色创建编织纤维的外观。

分层云彩效果　光照效果

镜头光晕效果　纤维效果

图 8-11　"渲染"滤镜效果示例

11."艺术效果"滤镜

"艺术效果"滤镜模拟天然或传统的艺术,为美术或商业项目制作绘画效果或特殊效果,如图 8-12 所示。

(1)"壁画"滤镜。该滤镜使用短而圆的、粗略涂抹的小块颜料,以一种粗糙的风格绘制图像。

(2)"彩色铅笔"滤镜。该滤镜使用彩色铅笔在纯色背景上绘制图像。保留重要边缘,外观呈粗糙阴影线;纯色背景色透过比较平滑的区域显示出来。

(3)"粗糙蜡笔"滤镜。该滤镜模拟彩色粉笔在带纹理的背景上描边。在亮色区域,粉笔看上去很厚,几乎看不见纹理;在深色区域,粉笔似乎被擦去了,使纹理显露出来。

(4)"底纹效果"滤镜。该滤镜模拟选择的纹理与图像相互融合在一起的效果。

(5)"干画笔"滤镜。该滤镜使用干画笔绘制图像,形成介于油画和水彩画之间的效果。此滤镜通过将图像的颜色范围降到普通颜色范围来简化图像。

壁画效果　　彩色铅笔效果　　粗糙蜡笔效果　　底纹效果　　干画笔效果

海报边缘效果　　海绵效果　　绘画涂抹效果　　胶片颗粒效果　　木刻效果

霓虹灯光效果　　水彩效果　　塑料包装效果　　调色刀效果　　涂抹棒效果

图 8-12　"艺术效果"滤镜效果示例

（6）"海报边缘"滤镜。该滤镜减少图像中的颜色数量，并查找图像的边缘，在边缘上绘制黑色线条。图像中大而宽的区域有简单的阴影，而细小的深色细节遍布图像。

（7）"海绵"滤镜。该滤镜使用颜色对比强烈、纹理较重的区域创建图像，以模拟海绵绘画的效果。

（8）"绘画涂抹"滤镜。该滤镜使用画笔来创建绘画效果。

（9）"胶片颗粒"滤镜。该滤镜将平滑图案应用于图像的阴影色调和中间色调，将一种更平滑、饱和度更高的图案添加到图像的亮区。

（10）"木刻"滤镜。该滤镜使图像看上去好像是由从彩纸上剪下的边缘粗糙的剪纸片组成的。

（11）"霓虹灯光"滤镜。该滤镜将各种类型的灯光添加到图像中的对象上。

（12）"水彩"滤镜。该滤镜以水彩的风格绘制图像，简化图像细节。

（13）"塑料包装"滤镜。该滤镜给图像涂上一层光亮的塑料，以强化表面细节。

（14）"调色刀"滤镜。该滤镜减少图像中的细节以生成描绘得很淡的画布效果，可以显示出下面的纹理。

（15）"涂抹棒"滤镜。该滤镜使用短的对角线描边涂抹图像的暗区以柔化图像。

12. "杂色"滤镜

"杂色"滤镜向图像中添加或移去杂色或带有随机分布色阶的像素，有助于创建与众不同的纹理或移去有问题的区域，如灰尘和划痕，如图 8-13 所示。

减少杂色效果　　蒙尘与划痕效果　　去斑效果　　添加杂色效果　　中间值效果

图 8-13　"杂色"滤镜效果示例

（1）"减少杂色"滤镜。该滤镜基于影响整个图像或各个通道的用户设置保留边缘的同时减少杂色。

（2）"蒙尘与划痕"滤镜。该滤镜通过捕捉图像或选区中相异的像素，并将其融入周围的图像中减少杂色。

（3）"去斑"滤镜。该滤镜检测图像边缘颜色变化较大的区域，通过模糊除边缘以外的其他部分以起到消除杂色的作用，但不损失图像的细节。

（4）"添加杂色"滤镜。该滤镜将随机像素应用于图像，模拟在高速胶片上拍照的效果。此滤镜可用于减少羽化选区或渐变填充中的条纹，或使经过重大修饰的区域看起来更真实。

（5）"中间值"滤镜。该滤镜通过用规定半径内像素的平均亮度值来取代半径中心像素的亮度值，从而减少图像的杂色。在消除或减少图像的动感效果时非常有用。

13．"其他"滤镜

"其他"滤镜允许用户创建自己的滤镜，如使用滤镜修改蒙版，使选区在图像中发生位移，以及进行快速颜色调整，如图 8-14 所示。

高反差保留效果

位移效果

自定效果

最大值效果

最小值效果

图 8-14　"其他"滤镜效果示例

（1）"高反差保留"滤镜。该滤镜按指定的半径保留图像边缘的细节，并且不显示图像的其余部分。此滤镜移去图像中的低频细节，效果与"高斯模糊"滤镜相反。

（2）"位移"滤镜。该滤镜按照输入的值在水平和垂直的方向上移动图像。

（3）"自定"滤镜。该滤镜根据预定义的数学运算，可以更改图像中每个像素的亮度值。

（4）"最大值"滤镜。该滤镜可以扩大图像的亮区和缩小图像的暗区。

（5）"最小值"滤镜。该滤镜可以扩大图像的暗区和缩小图像的亮区。

14．Digimarc 滤镜

"水印"是作为杂色添加到图像中的数字代码，它可以以数字和打印的形式长期保存，且图像经过普通的编辑和格式转换后水印依然存在。Digimarc 滤镜的功能主要是让用户添加或查看图像中的版权信息。

（1）"嵌入水印"滤镜。该滤镜在图像中产生水印。

（2）"读取水印"滤镜。该滤镜可以查看并阅读该图像的版权信息。

15．使用滤镜库

"滤镜库"为滤镜的使用提供了一个实时预览。在"滤镜库"对话框（图8-15）中可以对同一个图像同时应用多个滤镜效果、可以复位滤镜的选项以及更改应用滤镜的顺序。使用"滤镜库"的操作步骤如下。

图 8-15 "滤镜库"对话框

（1）选择"文件"→"打开"命令，打开图像。

（2）选择"滤镜"→"滤镜库"命令，弹出"滤镜库"对话框，如图8-15所示。

（3）在对话框中选择一个滤镜以添加该滤镜效果。

（4）设定该滤镜的选项。

（5）如果要累积应用滤镜，单击"新建效果图层"图标 ，并选取要应用的另一个滤镜；如果要重新排列应用的滤镜，将滤镜拖动到对话框右下角的已应用滤镜列表中的新位置。

（6）单击"确定"按钮。

8.1.3 任务案例

案例一：设计一则"德芙巧克力"广告。

1．案例分析

案例效果如图8-16所示。本案例主要使用滤镜创建巧克力的浓滑效果。

2．具体操作步骤

（1）新建一个600像素×600像素、分辨率为100PPI、颜色模式为RGB的文件，名称为"Dove"。

（2）设置前景色为黑色，按Alt＋Delete组合键将背景图层填充为黑色。

（3）在"图层"面板上新建"图层1"，按Alt＋Delete组合键将背景图层填充为黑色。

（4）选择"滤镜"→"渲染"→"镜头光晕"命令，在弹出的对话框中设置如图8-17所示。

（5）选择"滤镜"→"画笔描边"→"喷色描边"

巧克力效果

图 8-16 案例效果

命令,在弹出的对话框中的设置如图 8-18 所示。

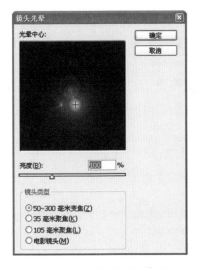

图 8-17 添加"镜头光晕"效果

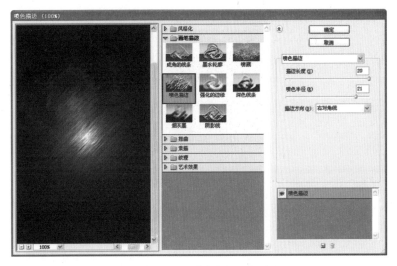

图 8-18 添加"喷色描边"效果

(6)选择"滤镜"→"扭曲"→"波浪"命令,在弹出的对话框中的设置如图 8-19 所示。

(7)选择"滤镜"→"扭曲"→"旋转扭曲"命令,在弹出的对话框中的设置如图 8-20 所示。

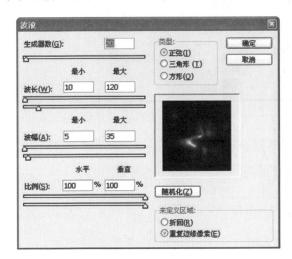

图 8-19 添加"波浪"效果

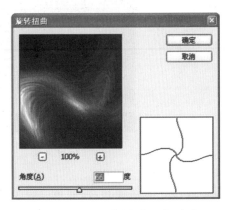

图 8-20 添加"旋转扭曲"效果

(8)选择"滤镜"→"素描"→"铬黄渐变"命令,在弹出的对话框中的设置如图 8-21 所示。

(9)按 Ctrl + B 组合键,在弹出的"色彩平衡"对话框中,设置如图 8-22 所示。

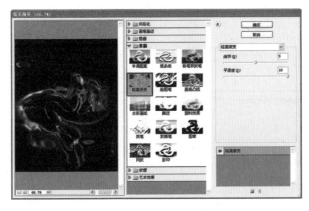

图 8-21 添加"铬黄渐变"效果

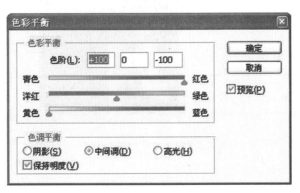

图 8-22 "色彩平衡"对话框

（10）按 Ctrl + T 组合键调整图像，得到如图 8-23 所示效果。

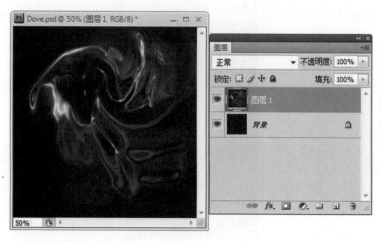

图 8-23　自由变换调整效果

（11）在"图层 1"上添加如图 8-24 所示的图层蒙版。

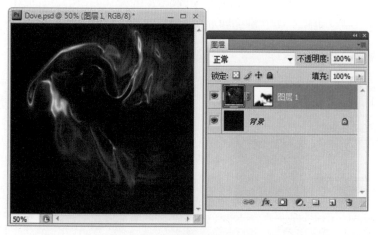

图 8-24　添加图层蒙版（1）

（12）打开"girl"素材，将其移至图像文件中，按 Ctrl + M 组合键调整，如图 8-25 所示。

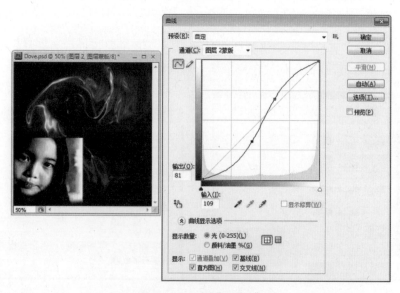

图 8-25　调整"图层 2"

（13）添加如图 8-26 所示的图层蒙版。

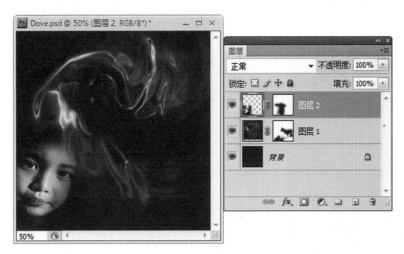

图 8-26 添加图层蒙版（2）

（14）打开"sc"素材,使用"移动工具"将其移至图像文件中,在图像窗口中,使用"移动工具"并按住 Alt 键拖动复制图像,再按 Ctrl + E 组合键合并图层,得到如图 8-27 所示效果。

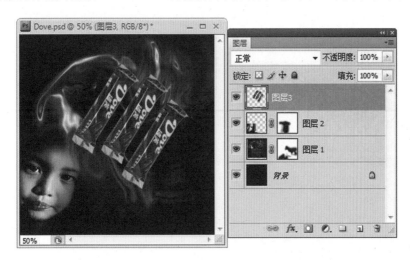

图 8-27 创建"图层 3"

（15）为"图层 3"添加如图 8-28 所示的"外发光"效果。

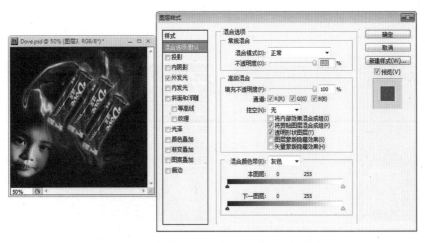

图 8-28 为"图层 3"添加"外发光"效果

（16）打开"package"素材，将其移至图像文件中，添加如图 8-29 所示的"外发光"效果。

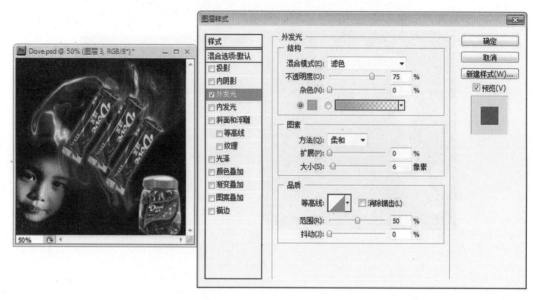

图 8-29　添加"外发光"效果

（17）打开"logo"素材，将其移至图像文件中，如图 8-30 所示。

图 8-30　创建"图层 5"

（18）使用"钢笔工具"创建如图 8-31 所示工作路径。

（19）选择"横排文字工具"在工作路径上单击，输入如图 8-32 所示文字。

图 8-31　创建工作路径

图 8-32　创建路径文字

案例二：创建"2012"文字效果

1．案例分析

案例效果如图 8-33 所示。本案例主要使用滤镜创建文字效果。

2．具体操作步骤

(1) 新建一个 400 像素 ×600 像素、分辨率为 72PPI、颜色模式为 RGB 的文件,名称为"2012"。

(2) 选择"横排文字工具",创建如图 8-34 所示的文字。

图 8-33　案例效果

图 8-34　创建文字

(3) 选择"图层"→"文字"→"创建工作路径"命令,隐藏文字图层,得到如图 8-35 所示效果。

(4) 使用"直接选择工具"将工作路径编辑成如图 8-36 所示效果。

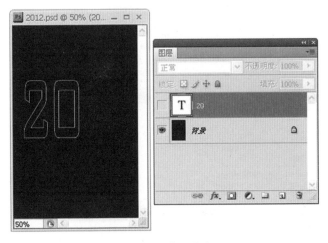

图 8-35　创建工作路径

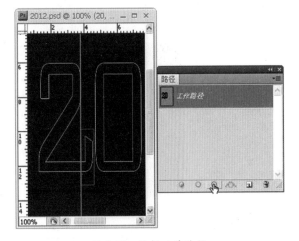

图 8-36　编辑工作路径

(5) 按 Ctrl + Enter 组合键将路径转换为选区,为其填充如图 8-37 所示的灰色。

(6) 使用"矩形选框工具"选择图中的"2",按 Ctrl + J 组合键将其复制至"图层 2",得到如图 8-38 所示效果。

(7) 选择"图层 1",添加如图 8-39 所示的"斜面和浮雕"效果。

(8) 选择"图层 2",添加如图 8-40 所示的"斜面和浮雕"效果。

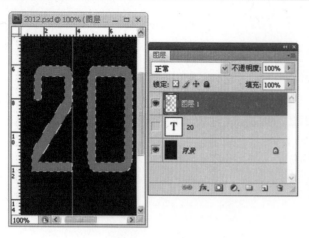

图 8-37　填充选区　　　　　　　　　　　　　　　　　　图 8-38　复制文字

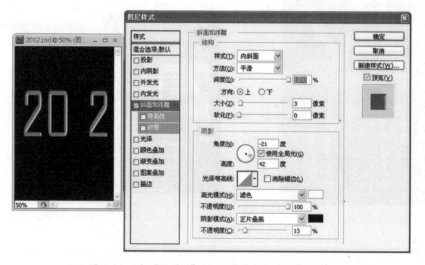

图 8-39　为"图层 1"添加"斜面和浮雕"效果

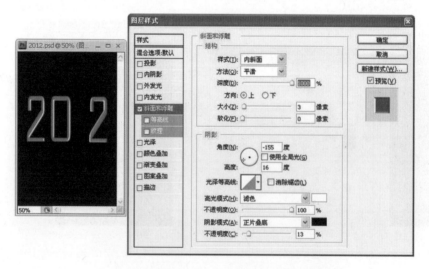

图 8-40　为"图层 2"添加"斜面和浮雕"效果

（9）使用"矩形选框工具"创建如图 8-41 所示选区，将其填充为灰色。

（10）按 Ctrl + D 组合键取消选择。添加如图 8-42 所示的"斜面和浮雕"效果。

（11）为"图层 3"添加如图 8-43 所示的图层蒙版。

（12）打开"bg"素材，移至图像窗口，将其与"图层 3"一起创建剪贴蒙版，效果如图 8-44 所示。

图 8-41　创建"图层 3"

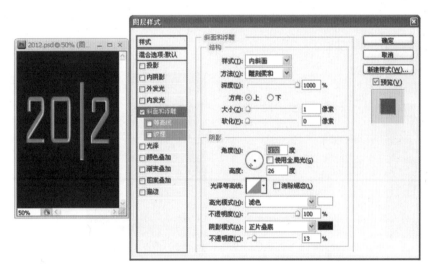

图 8-42　添加"斜面和浮雕"效果

图 8-43　为"图层 3"添加图层蒙版

图 8-44　与"图层 3"一起创建剪贴蒙版

（13）按 Ctrl + J 组合键复制"图层 4"，将其与"图层 2"一起创建剪贴蒙版，效果如图 8-45 所示。

（14）按 Ctrl + J 组合键复制"图层 4 副本"，将其与"图层 1"一起创建剪贴蒙版，效果如图 8-46 所示。

（15）添加如图 8-47 所示的"亮度 / 对比度"调整图层。

（16）新建"图层 5"，填充黑色，选择"滤镜"→"渲染"→"镜头光晕"命令，再按 Ctrl + T 组合键进行变形,得到如图 8-48 所示效果。

图 8-45　与"图层 2"一起创建剪贴蒙版

图 8-46　与"图层 1"一起创建剪贴蒙版

图 8-47　创建"亮度/对比度"调整图层

图 8-48　创建"图层 5"

（17）新建"图层 6",选择"画笔工具",设置前景色为白色,在选项栏上设置"不透明度"为 100%,在如图 8-49 所示位置绘画。

（18）使用"椭圆选框工具"创建如图 8-50 所示选区,选择"滤镜"→"模糊"→"径向模糊"命令,在弹出的对话框中的设置如图所示。

图 8-49　创建"图层 6"

图 8-50　添加"径向模糊"效果

（19）按 Ctrl＋E 组合键向下合并图层。添加如图 8-51 所示的图层蒙版。

（20）使用"横排文字工具"添加如图 8-52 所示文字,得到最终效果。

图 8-51　添加图层蒙版

图 8-52　最终效果

任务 8.2　使用外挂滤镜

8.2.1　任务分析

外挂滤镜是由 Adobe 公司开发的,旨在增强 Photoshop 软件的功能。外挂滤镜安装后出现在 Photoshop 软件"滤镜"菜单的底部（如图 8-53 所示）,运行方式与内置滤镜相同。目前外挂滤镜有很多,如 Metacreations 公司开发的 KPT 系列滤镜,Alien Skin 公司开发的 Eye Candy 滤镜和 Xenofex 滤镜,Corel 公司推出的 Knockout 滤镜,Extensis 公司推出的 Photo Graphic 滤镜和 Photo Tools 滤镜等。正是这些种类繁多、功能齐全的滤镜使 Photoshop 软件功能更加强大。

图 8-53　外挂滤镜

8.2.2　任务导向

以 Eye Candy 滤镜为例,下面讲解安装过程与使用方法。

1. 外挂滤镜安装

Eye Candy 4000 是由 Alien Skin 公司推出的一项功能强大、效果特殊的滤镜。Eye Candy 4000 正式版内置 23 种滤镜,可以在极短的时间内生成无穷尽的各种不同的特殊效果。具体安装过程如下。

（1）外挂滤镜安装前,最好将 Photoshop 程序关闭。

（2）打开安装程序文件夹下的安装文件,一般为"Setup.exe"。

（3）在弹出的对话框中设置安装目录为:"盘符:\Adobe\Adobe Photoshop \ 增效工具 \ Eye Candy 4000",如图 8-54 所示。

🖝【操作技巧提示】:外挂滤镜必须安装在 Photoshop 软件安装文件的"增效工具"目录中,否则安装后不会显示在 Photoshop"滤镜"菜单下。

（4）安装完成后重新启动 Photoshop 软件。

2. Eye Candy 滤镜使用

Eye Candy 滤镜菜单如图 8-55 所示。

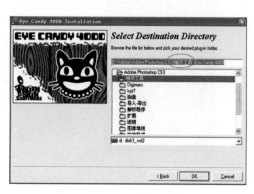

图 8-54　外挂滤镜安装目录　　　　图 8-55　Eye Candy 滤镜菜单

（1）Antimatter（反物质）。此滤镜可以在不影响色度和饱和度的情况下反转选区的亮度,这个滤镜对生成对比效果非常有用。

（2）Bevel Boss（斜面）。此滤镜可生成各种样式的斜面或雕刻外形,可使任何选区产生浮雕凸起效果。本滤镜可用来快速制作各种形状的按钮。

（3）Chrome（铬合金）。此滤镜使用 TIFF 格式的文件作为映射图来生成变化多端、奇妙醒目的真实金属效果。

（4）Corona（光晕）。此滤镜是通过调节大小、色彩、伸展、闪烁等参数来形成光晕、气流云团等天体效果。

（5）Cutout（切块）。此滤镜以施加阴影的方式,在图像中将选区变成类似空洞或凸起的效果。

（6）Drip（滴落）。此滤镜可为文本或图像添加各种滴落效果。

（7）Fire（火焰）。此滤镜可以生成各种不同样式的火焰和类似火苗的效果。

（8）Fur（毛发）。此滤镜可生成不同形状和色彩的毛发类效果。

（9）Glass（玻璃）。此滤镜通过模拟折射、滤光和反射效应在选区上生成一层清晰的或染色的玻璃区域。

（10）Gradient Glow（渐色辉光）。此滤镜可以围绕选区产生各种效果的真实感极强的辉光,甚至能产生相当复杂的渐变色彩效果。

（11）HSB Noise（HSB 噪点）。此滤镜通过调节色度、饱和度及亮度,在选区内添加噪点,从而形成风格各异的噪点效果。

（12）Jiggle（轻舞）。此滤镜在随机流式空间的基础上,产生强烈的扭曲变形效果。

（13）Marble（大理石）。此滤镜通过控制颜色、粒度、岩石的形状和脉纹来生成各种逼真的大理石纹理。

（14）Melt（熔化）。此滤镜可将图像"熔化",生成熔化区域底部选区像素下滴的效果。

（15）Motion Trail（动态拖曳）。此滤镜通过在选区中添加拖尾来形成物体快速移动的效果。

（16）Shadowlab（阴影）。此滤镜用来产生物体的投射阴影、透视阴影以及模糊阴影增强景深感觉。

（17）Smoke（烟雾）。此滤镜可以生成烟、阴霾、雾、烟气等多种同类型的自然烟雾效果。

（18）Squint（斜视）。此滤镜通过扩展围绕环体边缘的选区中的每一个像素来生成逼真的有机模糊效果。

（19）Star（星形）。此滤镜可快速生成各种星形、爆破星形或其他规则多边形。

（20）Swirl（旋涡）。此滤境是通过随机分布的旋涡来涂抹选区,从而生成各种离奇的或者逼真的旋涡效果。

（21）Water Drops（水滴）。此滤境可以生成各种颜色的各种形状的流体或者纹理效果,例如,水珠、溢流、喷射等。

（22）Weave（编织）。此滤境将选区重塑为织物的外观,也可以为织物添加纹理。

（23）Wood（木纹）。此滤境通过控制形变、年轮色彩、木节点及粒度来生成各种逼真的木质效果。

8.2.3　任务案例

案例：设计一张"NIKE"宣传海报。

1. 案例分析

案例效果如图 8-56 所示。本案例主要使用 Eye Candy 滤镜创建火焰效果。

图 8-56　案例效果

2. 具体操作步骤

（1）新建一个 500 像素 ×300 像素、分辨率为 72PPI、颜色模式为 RGB 的文件,名称为"NIKE"。

（2）在工具箱中选择"渐变工具",在工具选项栏设置如图 8-56 所示渐变颜色,使用径向渐变创建如图 8-57 所示渐变填充。

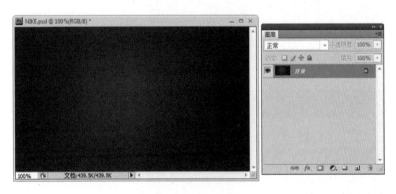

图 8-57　渐变填充

（3）打开"logo"素材,使用"魔棒工具"选择图中的 Logo,将其移至背景图像文件中,并按 Ctrl + T 组合键变形至如图 8-58 所示效果。

（4）选择"滤镜"→ Eye Candy 4000 → Fire 命令,在弹出的对话框中的设置如图 8-59 所示。

（5）使用"魔棒工具"选择图中的 Logo,按 Delete 键删除选区内的图像,效果如图 8-60 所示。

（6）在"图层"面板上新建"图层 2",选择"编辑"→"描边"命令,在弹出的对话框中设置描边颜色为白色，描边宽度为 1 像素，描边位置居中，效果如图 8-61 所示。

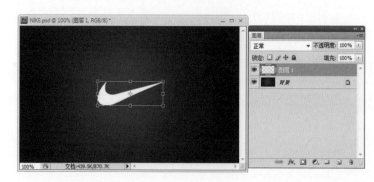

图 8-58　创建"图层 1"

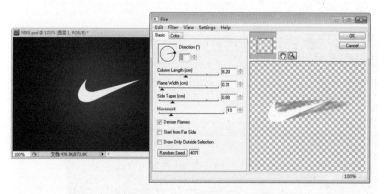

图 8-59　添加 Fire 效果（1）

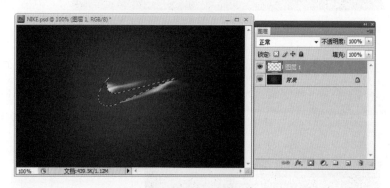

图 8-60　删除图像

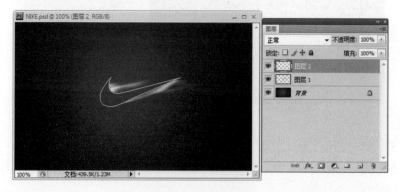

图 8-61　描边图像

（7）选择"图层 1"，按 Ctrl + T 组合键变形图像，如图 8-62 所示。

（8）选择"橡皮擦工具"擦除"图层 1"多余的白色区域，以及"图层 2"的右上角区域，效果如

图 8-63 所示。

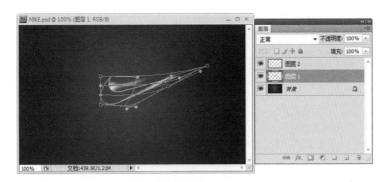

图 8-62　变形图像

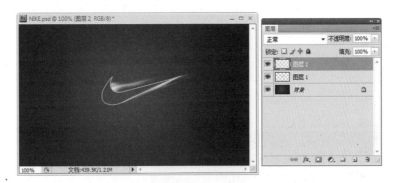

图 8-63　擦除图像

（9）选择"图层 2"，添加如图 8-64 所示的"外发光"效果。

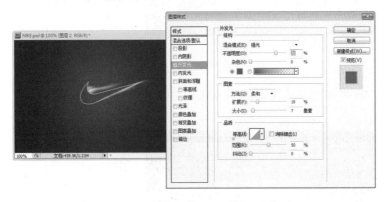

图 8-64　为"图层 2"添加"外发光"效果

（10）添加如图 8-65 所示的文字。

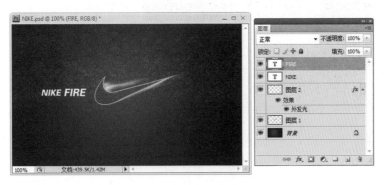

图 8-65　添加文字

（11）选择"图层"→"栅格化"→"文字"命令，将"Fire"图层栅格化。

（12）选择"滤镜"→ Eye Candy 4000 → Fire 命令，在弹出的对话框中的设置如图 8-66 所示。

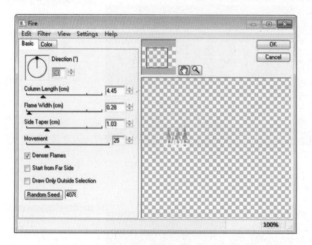

图 8-66　Fire 对话框

（13）单击 OK 按钮，得到如图 8-67 所示效果。

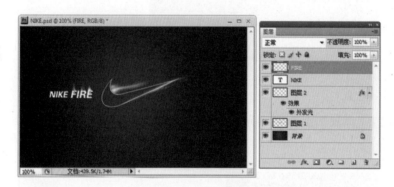

图 8-67　添加 Fire 效果（2）

（14）添加如图 8-68 所示的文字，得到最终效果。

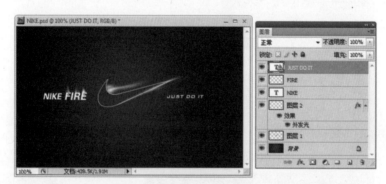

图 8-68　最终效果

任务 8.3　软件综合应用

8.3.1　任务分析

在 Photoshop 软件中创建文字或图像的某种效果，往往不能仅靠滤镜来全部完成，它需要利用软件综合知识，如通过选区建立操作区域，通过图层控制图像的层级关系，通过混合模式创建混合效果，通过蒙版让指定的区域显示或隐藏以及通过图像调整命令调节图像的某种效果。

8.3.2 任务案例

案例一：创建图像特效。

1.案例分析

案例使用素材及效果如图 8-69 所示。本案例主要使用滤镜创建冰冻效果，使用 Alpha 通道创建裂纹形状，使用混合模式创建混合效果，以及使用调整图层调节图像。

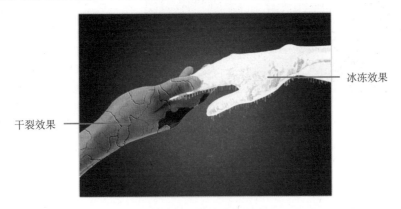

图 8-69 案例使用素材及效果

2.具体操作步骤

（1）打开"hand"素材，使用"魔棒工具"选择图中的手，按 Ctrl + Shift + J 组合键将其剪切并复制到"图层 1"。将背景层填充为蓝色到黑色的径向渐变，如图 8-70 所示。

图 8-70 创建"图层 1"

（2）使用"快速选择工具"选择右边的手，按 Ctrl + Shift + J 组合键剪切到"图层 2"，如图 8-71 所示。

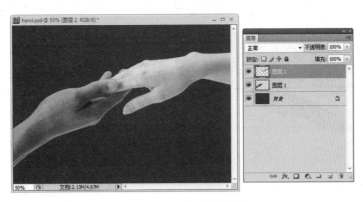

图 8-71 创建"图层 2"

（3）按 Ctrl＋J 组合键剪切 3 次，复制"图层 2"，得到"图层 2 副本"、"图层 2 副本 2"和"图层 2 副本 3"，如图 8-72 所示。

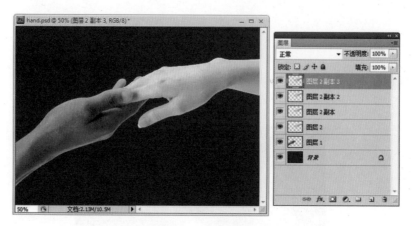

图 8-72　复制图层

（4）在"图层"面板上选择"图层 2"，隐藏"图层 2 副本"、"图层 2 副本 2"和"图层 2 副本 3"图层，添加如图 8-73 所示的"色相／饱和度 1"调整图层。

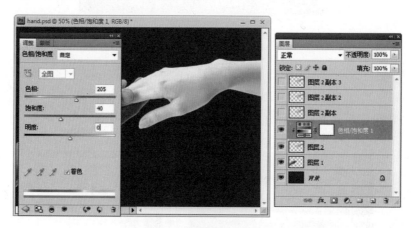

图 8-73　添加"色相／饱和度 1"调整图层

（5）在"图层"面板上选择"图层 2 副本"，选择"滤镜"→"风格化"→"照亮边缘"命令，设置如图 8-74 所示。

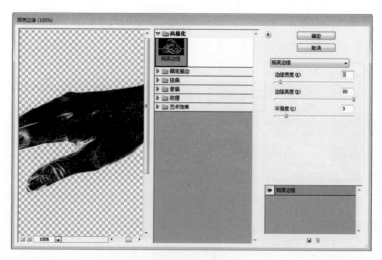

图 8-74　设置"照亮边缘"滤镜

（6）在"图层"面板上设置"图层 2 副本"的图层混合模式为"滤色"，效果如图 8-75 所示。

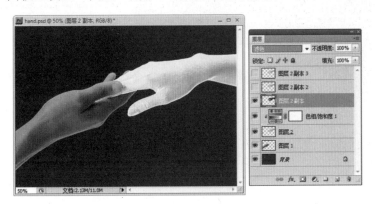

图 8-75　设置混合模式（1）

（7）选择"滤镜"→ Eye Candy 4000 → Drip 命令，设置如图 8-76 所示。

（8）添加如图 8-77 所示的"色相 / 饱和度 1 副本"调整图层。

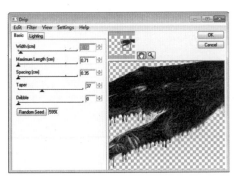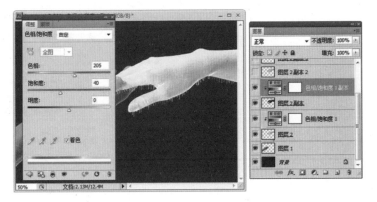

图 8-76　设置 Drip 滤镜　　　　　　　图 8-77　添加"色相 / 饱和度 1 副本"调整图层

（9）在"图层"面板上显示并选择"图层 2 副本 2"，选择"滤镜"→"艺术效果"→"塑料包装"命令，设置如图 8-78 所示。

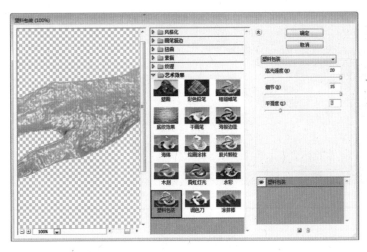

图 8-78　设置"塑料包装"滤镜

（10）设置"图层 2 副本 2"的图层混合模式为"叠加"，效果如图 8-79 所示。

（11）在"图层"面板上显示并选择"图层 2 副本 3"。选择"滤镜"→"素描"→"铬黄"命令，设置如图 8-80 所示。

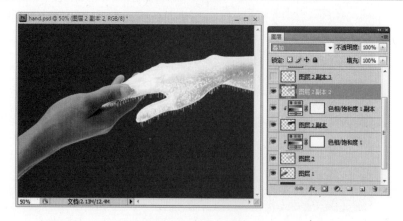

图 8-79　设置混合模式（2）

图 8-80　设置"铬黄渐变"滤镜

（12）设置"图层 2 副本 3"的图层混合模式为"浅色"，效果如图 8-81 所示。

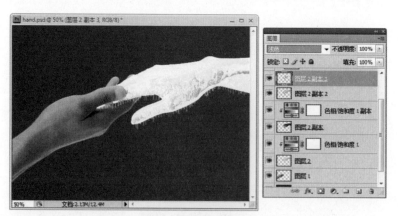

图 8-81　设置混合模式（3）

（13）添加如图 8-82 所示的"色相 / 饱和度 2"调整图层。

（14）在"图层"面板上选择"图层 1"，在"通道"面板上新建 Alpha 1 通道，如图 8-83 所示。

（15）选择"滤镜"→"渲染"→"云彩"命令，得到如图 8-84 所示效果。

（16）按住 Alt 键选择"滤镜"→"渲染"→"分层云彩"命令，得到如图 8-85 所示效果。

（17）使用"反相"、"色阶"、"自由变换"等命令得到如图 8-86 所示效果。

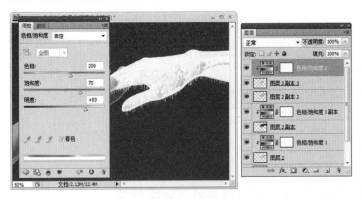

图 8-82 添加"色相/饱和度 2"调整图层

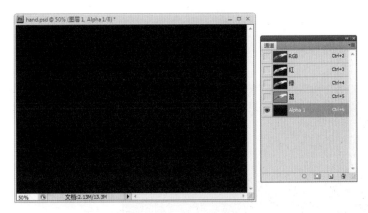

图 8-83 创建 Alpha1 通道

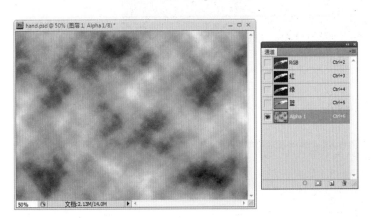

图 8-84 添加"云彩"效果

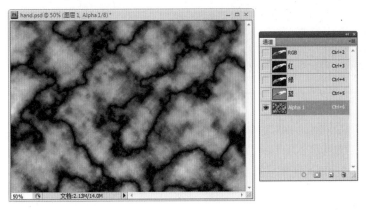

图 8-85 添加"分层云彩"效果

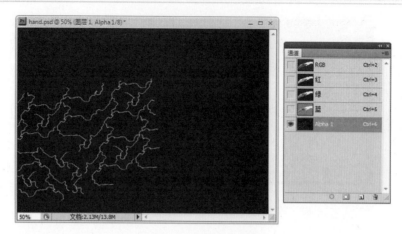

图 8-86　编辑 Alpha1 通道

（18）使用同样的方法创建如图 8-87 所示的 Alpha 2 通道。

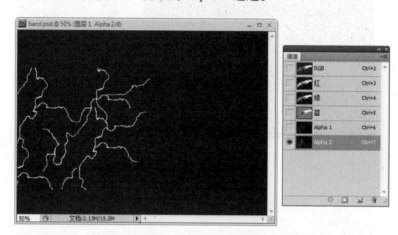

图 8-87　创建 Alpha 2 通道

（19）载入 Alpha 1 通道选区，添加如图 8-88 所示的"曲线 1"调整图层。

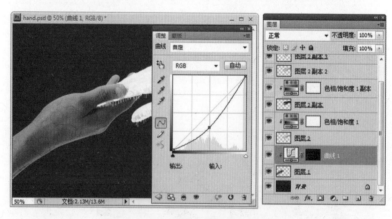

图 8-88　添加"曲线 1"调整图层

（20）载入 Alpha 2 通道选区，添加如图 8-89 所示的"曲线 2"调整图层。

（21）载入 Alpha 2 通道选区，选择"矩形选框工具"，按向上、向右的方向键各一次，偏移选区位置，添加如图 8-90 所示的"曲线 3"调整图层。

（22）选择"图层 1"，使用"磁性套索工具"选择如图 8-90 所示图像，添加如图 8-91 所示的"曲线 4"调整图层，得到最终效果。

图 8-89　添加"曲线 2"调整图层

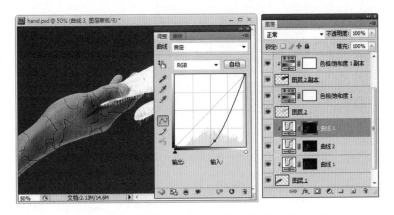

图 8-90　添加"曲线 3"调整图层

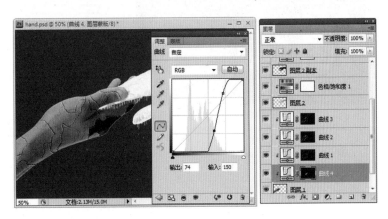

图 8-91　添加"曲线 4"调整图层

案例二： 创建文字特效。

1. 案例分析

本案例效果如图 8-92 所示。本案例主要使用"光照效果"滤镜与 Alpha 通道创建立体文字效果。

2. 具体操作步骤

（1）新建一个 600 像素 ×300 像素、分辨率为 72PPI、黑色背景、颜色模式为 RGB 的文件,名称为"镏金字"。

（2）在工具箱中选择"横排文字工具",输入如图 8-93 所示的文字。

（3）按住 Ctrl 键单击文字图层缩览图,载入文字选区。

（4）选择"选择"→"存储选区"命令,在弹出的对话框中单击"确定"按钮,将文字选区存储为

Alpha 1 通道，如图 8-94 所示。

图 8-92　文字效果

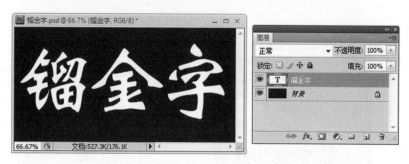

图 8-93　创建文字

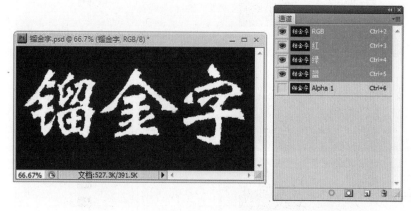

图 8-94　创建 Alpha 1 通道

（5）按 Ctrl + D 组合键取消选择，在"通道"面板中选择 Alpha 1 通道。

（6）选择"滤镜"→"模糊"→"高斯模糊"命令，打开"高斯模糊"对话框，设置模糊"半径"为 5.0，如图 9-95 所示。

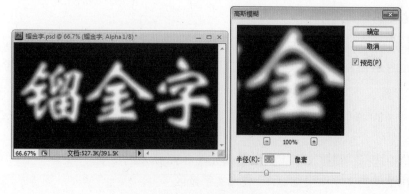

图 8-95　设置高斯模糊

（7）回到"图层"面板，选择文字图层，选择"图层"→"栅格化"→"文字"命令。

（8）选择"滤镜"→"渲染"→"光照效果"命令，打开"光照效果"对话框，选择纹理通道为"Alpha 1"，拖动凸起滑块的值为85，设置如图 8-96 所示。

（9）为了增强反差，添加如图 8-97 所示的曲线调整图层。

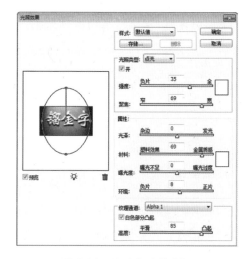 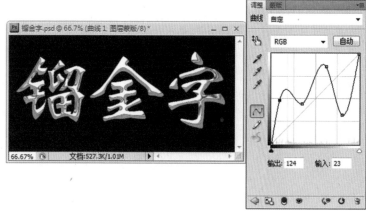

图 8-96　设置光照效果框　　　　　　　　图 8-97　添加"曲线"调整图层

（10）添加如图 8-98 所示的"色相/饱和度"调整图层，对文字上色。

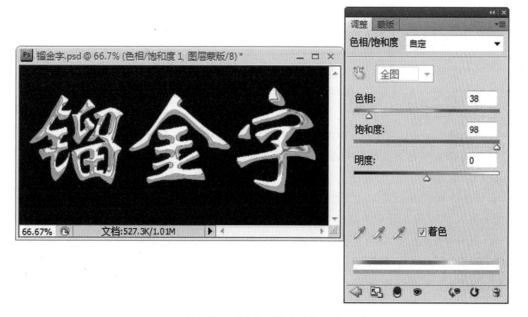

图 8-98　添加"色相/饱和度"调整图层

<h2 style="text-align:center">本 章 小 结</h2>

　　使用滤镜可以对图像建立特殊效果或执行某项任务。滤镜可分为内置滤镜和外挂滤镜。本章要求掌握滤镜使用技巧、原则及提高滤镜使用性能，并了解每种滤镜的适用范围、产生的不同效果及其选项的设置。需要了解和掌握使用常用外挂滤镜的安装、使用方法等操作。

　　需要提醒的是：做出文字或图像的某些效果，不是靠 Photoshop 软件的单个知识来完成，它往往需要综合利用软件的所有知识，如选区、图层、蒙版、通道、图像调整等很多操作共同完成。

本章练习

1．技能认证考题

（1）有些滤镜效果可能占用大量内存，特别是应用于高分辨率的图像时，以下可提高工作效率的方法是（　　）。

　　A．先在一小部分图像上试验滤镜和设置

　　B．如果图像很大，且有内存不足的问题时，可将效果应用于单个通道

　　C．在运行滤镜之前先使用"清除"命令释放内存

　　D．将更多的内存分配给 Photoshop

　　E．尽可能多地使用暂存盘和虚拟内存

（2）Photoshop 中要重复使用上一次用过的滤镜，应按（　　）组合键。

　　A．Ctrl + F　　　　　　　　B．Alt + F

　　C．Ctrl + Shift + F　　　　D．Alt + Shift + F

（3）Photoshop 中要重复使用上一次用过的滤镜并弹出对话框，应按（　　）组合键。

　　A．Ctrl + F　　　　　　　　B．Ctrl + Alt + F

　　C．Ctrl + Shift + F　　　　D．Alt + Shift + F

（4）Photoshop 中要减弱上一次用过的滤镜效果，应按（　　）组合键。

　　A．Ctrl + F　　　　　　　　B．Ctrl + Alt + F

　　C．Ctrl + Shift + F　　　　D．Alt + Shift + F

（5）"网状"效果属于（　　）滤镜。

　　A．"画笔描边"　　B．"素描"　　　　C．"风格化"　　　　D．"渲染"

（6）使用"云彩"滤镜时，在按住（　　）的同时选取"滤镜／渲染／云彩"命令，可生成对比度更明显的云彩图案。

　　A．Alt 键　　　　　B．Ctrl 键　　　　C．Ctrl + Alt 组合键　　D．Shift 键

（7）下面的滤镜只对 RGB 图像起作用的是（　　）。

　　A．"马赛克"　　　B．"光照效果"　　C．"波纹"　　　　　D．"浮雕效果"

（8）如果有一些滤镜功能不在"滤镜"菜单下，要恢复其在菜单中的显示应执行的操作是（　　）。

　　A．关闭虚拟内存后重新启动 Photoshop

　　B．使用 Photoshop 安装光盘重新安装滤镜功能

　　C．删除 Photoshop 的预置文件，然后重新启动 Photoshop

　　D．将 Plug-in 文件放在 Plug-in（增效工具）文件夹中，然后重新启动 Photoshop

（9）下列属于"纹理"滤镜的有（　　）。

　　A．"颗粒"　　　　B．"马赛克"　　　C．"纹理化"　　　　D．"进一步纹理化"

（10）所有的滤镜都不可以使用的图像模式是（　　）。

　　A．CMYK　　　　B．灰度　　　　　C．多通道　　　　D．索引颜色

（11）可使图像产生"柔化"效果的滤镜是（　　）。

　　A．"蒙尘与划痕"　B．"添加杂色"　　C．"中间值"　　　　D．"扩散"

（12）"光照效果"命令不可选的原因是（　　）。

　　A．该图像不是 RGB 颜色模式

　　B．该图像不是 CMYK 颜色模式

C．该图像所占硬盘空间过大

D．该图像所占硬盘空间过小

（13）可以减少渐变中的色带的滤镜是（　　）。

A．"杂色"　　　　B．"扩散"　　　　C．"置换"　　　　D．"USM 锐化"

（14）关于滤镜的操作原则正确的是（　　）。

A．滤镜不仅可用于当前可视图层，对隐藏的图层也有效

B．不能将滤镜应用于位图模式或索引颜色模式的图像

C．有些滤镜只对 RGB 图像起作用

D．只有极少数的滤镜可用于 16 位／通道图像

（15）如果扫描的图像不够清晰，可以弥补的滤镜是（　　）。

A．"风格化"　　　　B．"锐化"　　　　C．"扭曲"　　　　D．"锐化"

2．实习实训操作

（1）利用效果样式创建如图 8-99 所示文字效果。

图 8-99　效果文字一（1）

（2）利用滤镜等综合知识创建如图 8-100 所示文字效果。

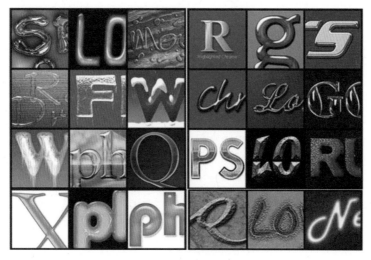

图 8-100　效果文字（2）

（3）使用 KPT 滤镜创建如图 8-101 所示的闪电和炫彩光线效果。

（4）使用 Eye Candy 5 Nature 滤镜创建如图 8-102 所示的积雪和烟雾效果。

闪电效果

炫彩光线效果

图 8-101　KPT 滤镜效果

积雪效果

烟雾效果

图 8-102　Eye Candy 5 Nature 滤镜效果

模块9　创建三维对象与视频、动画效果

任务目标

能够在 Photoshop 软件中创建三维对象,并能够创建视频与动画效果。如图 9-1 所示为三维对象与动画示例。

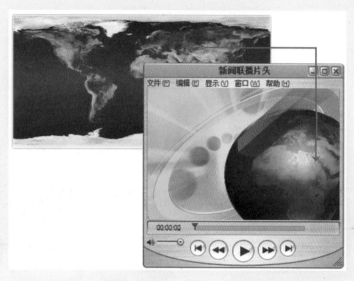

图 9-1　三维对象与动画示例

任务实现

通过 Photoshop 3D 功能,可以基于二维对象创建三维对象,并在 3D 面板上设置三维对象的场景、网格、材料以及灯光属性。根据时间轴和帧编辑视频素材,可以创建动画效果。

典型任务

➢ 创建三维对象。

➢ 编辑视频。

➢ 创建时间轴动画。

➢ 创建逐帧动画。

➢ 创建关键帧动画。

任务 9.1　创建三维对象

9.1.1　任务分析

三维对象通常放置在一个场景中,一个三维对象一般由网格、材料和光源三部分构成,如图 9-2 所示。

● 网格:多边形框架结构组成的线框,提供 3D 模型的底层结构。3D 模型通常至少包含一个网格,也可以包含多个网格。

● 材料：材料控制整个网格的外观。材料依次构建于称为纹理映射（2D 图像文件）的子组件，它们的积累效果可创建材料的外观，如颜色、图案、反光度或崎岖度。

● 光源：光源的颜色和强度控制 3D 场景效果。光源类型包括：无限光、聚光灯和点光。

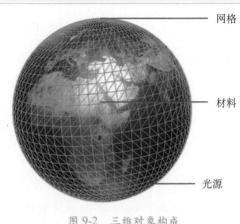

图 9-2　三维对象构成

9.1.2　任务导向

1. 创建三维对象

Photoshop 可以基于二维对象通过以下三种方式创建三维对象。

（1）从 2D 图层创建 3D 平面。选择"3D"→"从图层新建 3D 明信片"命令，可以将 2D 对象所在的图层创建具有 3D 属性的平面，如图 9-3 所示。

（2）从 2D 图层创建 3D 形状。选择"3D"→"从图层新建形状"命令，可以直接创建几何体形状，或者将 2D 对象贴在几何体形状的表面，如图 9-4 所示。

图 9-3　创建 3D 明信片

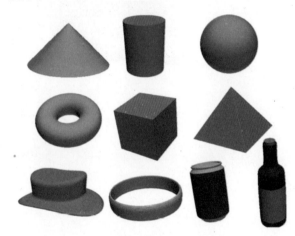

图 9-4　创建几何体形状

（3）从 2D 图像创建 3D 网格。选择"3D"→"从灰度新建网格"命令，可以从 2D 图像的灰度信息创建凸出的 3D 网格，如图 9-5 所示。

图 9-5　创建 3D 网格

2. 使用 3D 轴

3D 轴显示 3D 空间中 3D 模型当前 X、Y 和 Z 轴的方向。使用 3D 轴可以在空间中移动、旋转或调整 3D 模型的大小,如图 9-6 所示。

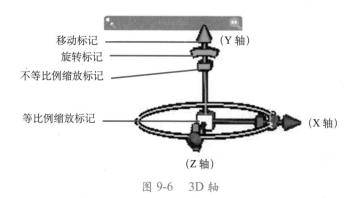

移动标记 —————　(Y 轴)
旋转标记 —————
不等比例缩放标记 —————
等比例缩放标记 —————　(X 轴)
(Z 轴)

图 9-6　3D 轴

如果要沿着 X、Y 或 Z 轴移动模型,将鼠标靠近移动标记,当其高亮显示时沿轴拖动。

如果要旋转模型,将鼠标靠近旋转标记,将会出现显示旋转平面的黄色圆环,此时可以围绕 3D 轴中心沿顺时针或逆时针方向拖动圆环。

如果要沿轴压缩或拉长模型,将鼠标靠近不等比例缩放标记,当其高亮显示时朝中心立方体拖动,或远离中心立方体拖动。

如果要等比例缩放模型,将鼠标靠近等比例缩放标记,当其高亮显示时向上或向下拖动 3D 轴中的中心立方体。

如果要将移动限制在某个对象平面,将鼠标移动到两个轴交叉（靠近中心立方体）的区域,在两个轴之间出现一个黄色的"平面"图标时向任意方向拖动。

3．使用 3D 工具

使用 3D 工具可以移动、旋转、缩放模型。3D 工具组在工具箱中如图 9-7 所示。

● 旋转：上下拖动可将模型围绕其 X 轴旋转；两侧拖动可将模型围绕其 Y 轴旋转。按住 Alt 键的同时进行拖动,可滚动模型。

● 滚动：两侧拖动可使模型绕 Z 轴旋转。

● 平移：两侧拖动可沿水平方向移动模型；上下拖动可沿垂直方向移动模型。按住 Alt 键的同时进行拖动,可沿 X/Z 方向移动。

● 滑动：两侧拖动可沿水平方向移动模型；上下拖动可将模型移近或移远。按住 Alt 键的同时进行拖动,可沿 X/Y 方向移动。

● 比例：上下拖动可将模型放大或缩小。按住 Alt 键的同时进行拖动,可沿 Z 方向缩放。

4．使用 3D 相机

使用 3D 相机可以控制模型的视图。3D 相机在工具箱中如图 9-8 所示。

3D 旋转工具	K
3D 滚动工具	K
3D 平移工具	K
3D 滑动工具	K
3D 比例工具	K

图 9-7　3D 工具　　　　图 9-8　3D 相机

● 环绕：拖动以将相机沿 X 或 Y 方向环绕移动。按住 Ctrl 键拖动可滚动相机。

● 滚动：拖动以滚动相机。

● 平移：拖动以将相机沿 X 或 Y 方向平移。按住 Ctrl 键拖动可沿 X 或 Z 方向平移。

● 移动：拖动以移动相机（Z 转换和 Y 旋转）。按住 Ctrl 键拖动可沿 Z/X 方向移动。

● 缩放：拖动以更改 3D 相机的视角。最大视角为 180°。

5. 使用 3D 面板

选择 3D 图层后，3D 面板会显示有关的 3D 文件的组件，在面板顶部列出文件中的网格、材料和光源，面板的底部显示 3D 组件的设置和选项，如图 9-9 所示。

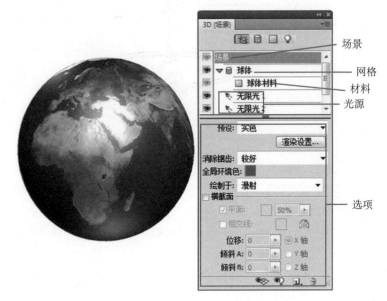

图 9-9　3D 面板

（1）设置场景。单击面板顶部的"场景"条目，以便在面板底部显示关于"场景"选项，如图 9-10 所示。

● 预设：指定模型的渲染预设。

● 消除锯齿：选择该设置，可在保证优良性能的同时，呈现最佳的显示品质。使用"最佳"设置可获得最高显示品质；使用"草稿"设置可获得最佳性能。

● 全局环境色：设置在反射表面上可见的全局环境光的颜色。该颜色与用于特定材料的环境色相互作用。

● 绘制于：直接在 3D 模型上绘画时，使用该菜单选择要在其上绘制的纹理映射。

● 横截面：通过将 3D 模型与一个不可见的平面相交，可以查看该模型的横截面，该平面以任意角度切入模型并仅显示其中一个侧面上的内容。

（2）设置网格。单击面板顶部的"网格"条目以便在面板底部显示关于"网格"选项，如图 9-11 所示。

● 捕捉阴影：在"光线跟踪"渲染模式下，控制选定的网格是否在其表面显示来自其他网格的阴影。

● 投影：在"光线跟踪"渲染模式下，控制选定的网格是否在其他网格表面产生投影。

● 不可见：隐藏网格，但显示其表面的所有阴影。

（3）设置材料：单击面板顶部的"材料"条目以便在面板底部显示关于"材料"选项，如图 9-12 所示。

● 环境：设置在反射表面上可见的环境光的颜色。该颜色与用于整个场景的全局环境色相互作用。

● 折射：设置折射率。

● 镜像：为镜面属性显示的颜色。

● 漫射：材料的颜色。漫射映射可以是实色或任意 2D 图像。

● 自发光：定义不依赖于光照即可显示的颜色，即从内部照亮 3D 对象的效果。

● 凹凸强度：在材料表面创建凹凸的强度。

- 光泽度：定义来自光源的光线经表面反射，折回到人眼中的光线数量。
- 反光度：定义"光泽度"设置所产生的反射光的散射。
- 不透明度：增加或减少材料的不透明度（在 0 ～ 100% 范围内）。
- 反射：增加 3D 场景、环境映射和材料表面上其他对象的反射。
- 环境：储存 3D 模型周围环境的图像。
- 正常：像凹凸映射纹理一样，正常映射会增加表面细节。

（4）设置光源：单击面板顶部的"光源"条目以便在面板底部显示关于"光源"选项，如图 9-13 所示。光源分为：点光、聚光和无限光。点光像灯泡一样，向各个方向照射。 聚光照射出可调整的锥形光线。无限光像太阳光，从一个方向平面照射。

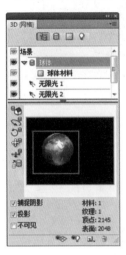

图 9-10　场景选项　　　　图 9-11　网格选项　　　　图 9-12　材料选项　　　　图 9-13　光源选项

- 强度：调整亮度。
- 颜色：定义光源的颜色。
- 创建阴影：从前景表面到背景表面、从单一网格到其自身或从一个网格到另一个网格的投影。禁用此选项可稍微改善性能。
- 柔和度：模糊阴影边缘，产生逐渐的衰减。

6. 使用 3D 图层

打开或创建三维对象后，便在"图层"面板上显示 3D 图层，如图 9-14 所示。

（1）创建和编辑用于 3D 模型的纹理。在 3D 图层中的纹理上双击，即可在弹出的窗口中创建或编辑需要的纹理。

（2）将 3D 图层转换为 2D 图层。选择 3D →"栅格化"命令。

（3）将 3D 图层转换为智能对象。选择"图层"→"转换为智能对象"命令。

图 9-14　3D 图层

7. 存储和导出 3D 文件

选择 3D →"导出 3D 图层"命令，可以将 3D 文件导出为其他 3D 格式。

如果要保留 3D 模型的位置、光源、渲染模式和横截面，需要将包含 3D 图层的文件以 PSD、PSB、TIFF 或 PDF 格式储存。

9.1.3　任务案例

案例：使用 3D 创建易拉罐和冰块效果。

1．案例分析

案例效果如图 9-15 所示。本案例主要使用 3D 功能创建易拉罐和冰块的形状。

图 9-15　案例效果

2．具体操作步骤

（1）打开如图 9-16 所示的素材。

图 9-16　素材

（2）选择"3D"→"从图层新建形状"→"易拉罐"命令，得到如图 9-17 所示的 3D 图层。

图 9-17　创建易拉罐

（3）使用 3D 工具调整易拉罐的位置和大小，得到如图 9-18 所示效果。

（4）在 3D 面板中选择"场景"，在"消除锯齿"选项栏中选择"最佳"，如图 9-19 所示。

（5）在 3D 面板的下端单击"新建点光"按钮，设置光源"强度"为 0.8，位置在易拉罐左下角，如图 9-20 所示。

图 9-18 调整易拉罐

图 9-19 改变显示效果

图 9-20 创建点光源

（6）添加如图 9-21 所示的"曲线"调整图层，以增强效果。

（7）在"图层"面板上新建"图层 1"，放置在最下方，并用蓝色填充，如图 9-22 所示。

（8）按住 Ctrl + Shift + E 组合键合并所有可见图层。在"图层"面板上新建"图层 1"，选择"3D"→"从图层新建形状"→"正方体"命令，得到如图 9-23 所示的 3D 图层。

（9）选择"3D"→"栅格化"命令，将 3D 图层栅格化，如图 9-24 所示。

图 9-21　添加"曲线"调整图层

图 9-22　创建"图层 1"

图 9-23　创建正方体

图 9-24　栅格化 3D 图层

（10）使用"魔棒工具"选择正方体的顶面，新建"图层2"，选择"编辑"→"描边"命令，在弹出的对话框中设置描边"宽度"为5，颜色为白色，如图9-25所示。

图9-25　描边正方体顶面

（11）选择"图层1"，使用"魔棒工具"选择正方体的左面。返回"图层2"，选择"编辑"→"描边"命令，在弹出的对话框中设置描边"宽度"为5，颜色为白色，如图9-26所示。

图9-26　描边正方体左面

（12）选择"图层1"，使用"魔棒工具"选择正方体的右面。返回"图层2"，选择"编辑"→"描边"命令，在弹出的对话框中设置描边"宽度"为5，颜色为白色，如图9-27所示。

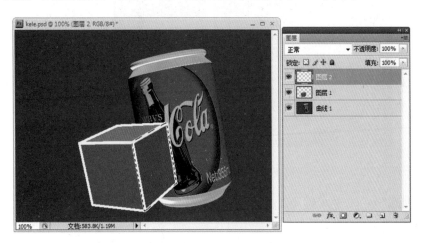

图9-27　描边正方体右面

（13）选择"图层 1"，设置图层的"不透明度"为 20%，如图 9-28 所示。

（14）合并"图层 1"和"图层 2"。选择"曲线 1"背景层，选择"滤镜"→"模糊"→"高斯模糊"命令，在弹出的对话框中的设置如图 9-29 所示。

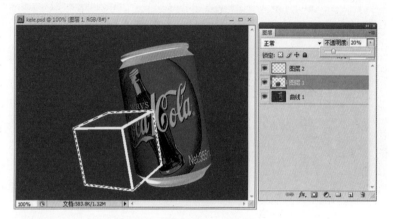

图 9-28　设置图层"不透明度"

图 9-29　添加"高斯模糊"滤镜（1）

（15）选择"滤镜"→"扭曲"→"旋转扭曲"命令，在弹出的对话框中的设置如图 9-30 所示。

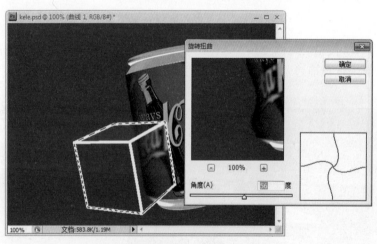

图 9-30　添加"旋转扭曲"滤镜

（16）选择"滤镜"→"艺术效果"→"海绵"命令，在弹出的对话框中的设置如图 9-31 所示。

（17）选择"滤镜"→"艺术效果"→"塑料包装"命令，在弹出的对话框中的设置如图 9-32 所示。

（18）选择"滤镜"→"扭曲"→"海洋波纹"命令，在弹出的对话框中的设置如图 9-33 所示。

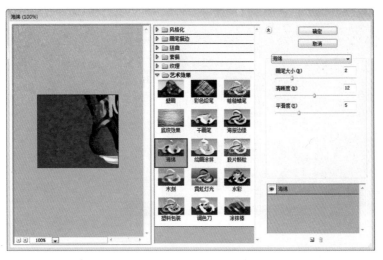

图 9-31 添加"海绵"滤镜

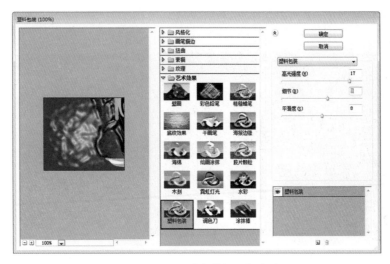

图 9-32 添加"塑料包装"滤镜

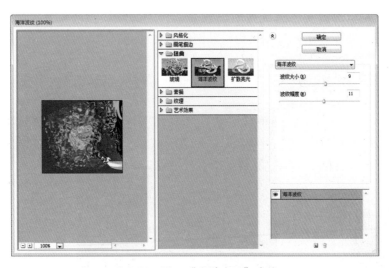

图 9-33 添加"海洋波纹"滤镜

　　(19) 选择"图层 2",选择"滤镜"→"模糊"→"高斯模糊"命令,在弹出的对话框中的设置如图 9-34 所示。

　　(20) 选择"选择"→"修改"→"平滑"命令,在弹出的对话框中设置为 10,单击"确定"按钮。

图 9-34　添加"高斯模糊"滤镜（2）

（21）按 Ctrl + Shift + I 组合键反选，按 Delete 键删除。按 Ctrl + Shift + I 组合键反选，再按 Ctrl + E 组合键向下合并图层，得到如图 9-35 所示效果。

图 9-35　合并图层

（22）按 Ctrl + C 组合键复制选区内的图像。选择"文件"→"新建"命令，在弹出的对话框中单击"确定"按钮。再按 Ctrl + V 组合键粘贴图像，得到如图 9-36 所示效果。

（23）将文件保存为 PSD 格式。

（24）选择"滤镜"→"模糊"→"径向模糊"命令，在弹出的对话框中的设置如图 9-37 所示。

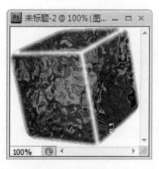

图 9-36　创建新文件

图 9-37　添加"径向模糊"滤镜

（25）选择"滤镜"→"扭曲"→"玻璃"命令,在弹出的对话框中的 "纹理"选项栏中选择"载入纹理",并选择以上存储的 PSD 文件,其他设置如图 9-38 所示。

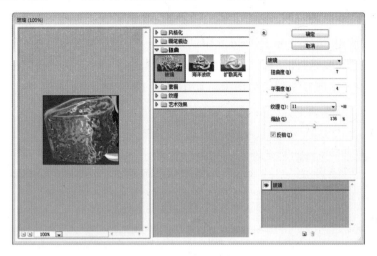

图 9-38　添加"玻璃"滤镜

（26）选择"图像"→"调整"→"亮度/对比度"命令,设置如图 9-39 所示。

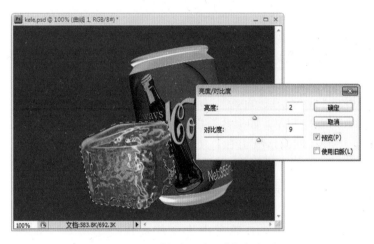

图 9-39　添加"亮度/对比度"调整效果

（27）选择"编辑"→"描边"命令,在弹出的对话框中的设置如图 9-40 所示。

（28）单击"确定"按钮,再按 Ctrl+D 组合键取消选择,得到最终效果。

图 9-40　添加"描边"效果

任务9.2　编　辑　视　频

9.2.1　任务分析

利用时间轴,除了使用 Photoshop Extended 中的任何一个工具编辑视频的各个帧和图像序列文件之外,还可以应用滤镜、蒙版、变换、图层样式和混合模式,编辑之后可以将视频存储为 PSD 文件,也可以将文档作为 QuickTime 影片或图像序列进行渲染。如图 9-41 所示为编辑视频示例。

图 9-41　编辑视频示例

在 Photoshop Extended 中处理视频要注意以下几个问题。

(1) 必须在计算机上安装 QuickTime 7.1 或以上版本。

(2) Photoshop Extended 支持以下格式的视频文件和图像序列。

● 视频格式:MPEG-1 (mpg 或 mpeg)、MPEG-4 (.mp4 或 .m4v)、MOV、AVI。如果已安装 Adobe Flash Professional,则支持 FLV;如果计算机上已安装 MPEG-2 编码器,则支持 MPEG-2 格式。

● 图像序列格式:BMP、DICOM、JPEG、OpenEXR、PNG、PSD、Targa、TIFF。如果已安装相应的增效工具,则支持 Cineon 和 JPEG 2000。

(3) 视频长宽比:视频图像宽度与高度的比例,如 DV NTSC 的帧长宽比为 4 : 3,宽银幕帧的帧长宽比为 16 : 9。

(4) 帧速率:即每秒的帧数 (fps),通常由生成的输出类型决定。如 NTSC 视频的帧速率为 29.97fps;PAL 视频的帧速率为 25fps;电影胶片的帧速率为 24fps。但一般根据广播系统的不同,DVD 视频的帧速率可以与 NTSC 视频或 PAL 视频的帧速率相同,也可以为 23.976fps。通常用于 CD-ROM 或 Web 的视频的帧速率介于 10～15fps 之间。

9.2.2　任务导向

1. 创建视频图像

选择“文件”→“新建”命令,在弹出的“新建”对话框中,在“预设”菜单中选择“胶片和视频”选项,指定视频大小以适合动画输出,确保像素长宽比为方形像素,颜色模式应为 RGB 颜色,分辨率为 72 像素 / 英寸、位深度为 8 位,如图 9-42 所示。

新建的视频文档将会创建带有非打印参考线的文档,参考线可画出图像的动作安全区域和标题安全区域的轮廓,如图 9-43 所示。当对广播和录像带进行编辑时,安全区域很有用。要确保所有内容都适合于大多

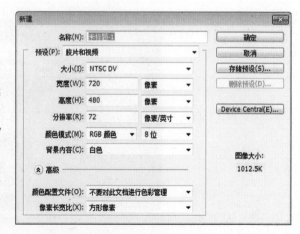

图 9-42　“新建”对话框

数电视机显示的区域,应将文本保留在标题安全边距内,并将所有其他重要元素保留在动作安全边距内。

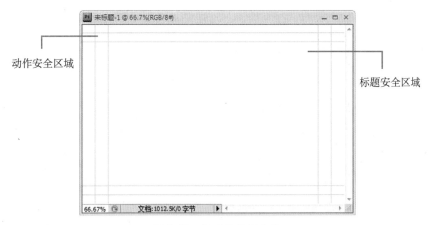

图 9-43　新建的视频文档

2. 导入视频文件

如果要直接打开视频文件,选择"文件"→"打开"命令。如果要将视频导入打开的文档中,选择"图层"→"视频图层"→"从文件新建视频图层"命令。如果要在将视频或图像序列导入文档时进行变换,可以使用"置入"命令。在"图层"面板中,用连环缩览幻灯胶片图标█标识视频图层(图 9-44)。

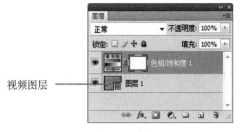

图 9-44　视频图层

3. 编辑视频

选择"视图"→"动画"命令,显示"动画(时间轴)"面板。如果面板处于帧动画模式,单击"动画"面板右下端的"转换为时间轴动画"按钮,如图 9-45 所示。

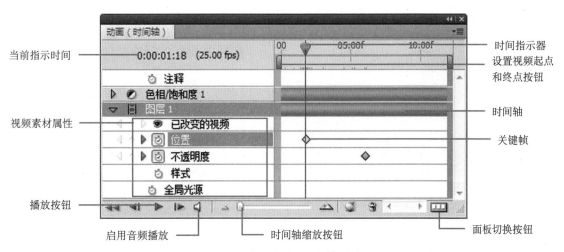

图 9-45　"动画(时间轴)"面板

(1)播放视频与动画。单击"动画(时间轴)"面板上的"播放"按钮,或直接拖动时间指示器。如果在播放时包含声音,单击"启用音频播放"按钮。

(2)设置视频与动画的起点和终点。拖动"动画(时间轴)"面板上的"设置视频起点"和"设置视频终点"按钮。

(3)设置视频素材的起点和终点。直接在时间轴的起点和终点处拖动。

(4)设置视频与动画的持续时间和帧速率。在面板菜单中选择"文档设置",在弹出的对话框中设置持续时间和帧速率,如图 9-46 所示。

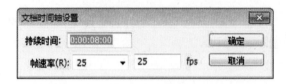

图 9-46 "文档时间轴设置"对话框

（5）设置关键帧。先拖动时间指示器确定第一个关键帧位置，然后单击图层名称旁边的三角形，再单击秒表，即可添加第一个关键帧。然后再拖动时间指示器更改位置，再更改图层属性，便可自动添加关键帧。

（6）插入、删除或复制空白视频帧。选择"图层"→"视频图层"命令，然后从子菜单中选择选项。

（7）创建空白视频图层。选择"图层"→"视频图层"→"新建空白视频图层"命令，可以创建手绘动画。

4．存储和导出视频

选择"文件"→"存储为 Web 和设备所用格式"命令，可以将文件存储为 GIF 动画；或者选择"文件"→"导出"→"渲染视频"命令，将动画存储为图像序列或视频文件。也可以用 PSD 格式存储动画，此格式的动画可导入 Adobe After Effects 或 Premiere Pro 中使用。

9.2.3　任务案例

案例：合成视频素材。

1．案例分析

案例使用素材及效果如图 9-47 所示。本案例主要对视频素材进行了颜色校正，并使用了一个下雨的视频素材进行合成。

2．具体操作步骤

（1）选择"文件"→"新建"命令，在弹出的对话框中的设置如图 9-48 所示。

图 9-47　案例使用素材及效果

图 9-48　新建视频文档

（2）选择"图层"→"视频图层"→"从文件新建视频图层"命令，在弹出的对话框中选择"football"视频素材，如图 9-49 所示。

（3）在"图层"面板上添加一个"色彩平衡"调整图层，如图 9-50 所示。

（4）选择"图层"→"视频图层"→"从文件新建视频图层"命令，在弹出的对话框中选择"rain"视频素材，在"图层"面板上设置混合模式为"滤色"，效果如图 9-51 所示。

（5）选择"裁切工具"裁切视频素材，如图 9-52 所示。

（6）在"图层"面板上设置不透明度为 60%，效果如图 9-53 所示。

图 9-49　创建视频图层

图 9-50　添加"色彩平衡"调整图层

图 9-51　设置混合模式

图 9-52　裁切素材

图 9-53　设置不透明度

（7）选择"视图"→"动画"命令，显示"动画（时间轴）"面板，如图 9-54 所示。

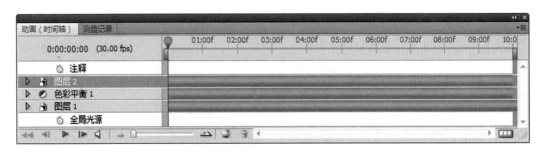

图 9-54　"动画（时间轴）"面板

（8）在"动画"面板菜单中选择"文档设置"，在弹出的对话框中设置"持续时间"为 10s，"帧速率"为 30fps。

（9）单击"动画（时间轴）"面板上的播放按钮，预览视频素材。

（10）选择"文件"→"导出"→"渲染视频"命令，将视频渲染为 QuickTime 影片，设置如图 9-55 所示。

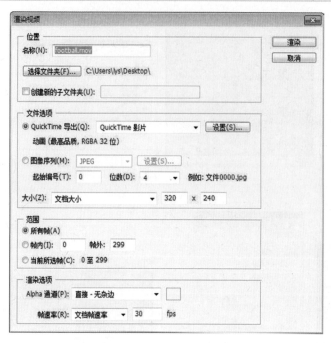

图 9-55 "渲染视频"对话框

任务 9.3 创 建 动 画

9.3.1 任务分析

Photoshop Extended 可以创建基于时间轴或帧的动画，并可以将文档存储为 PSD 文件或导出为 QuickTime 影片、动画 GIF 或图像序列进行渲染。

（1）时间轴也称时间线，是把一段时间以一条或多条线表达的方式用于动画制作播放。Photoshop 通过更改图层属性，如位置、不透明度、样式、图层蒙版或 3D 对象位置、相机位置等以创建运动或变换按时间显示的效果，如图 9-56 所示。

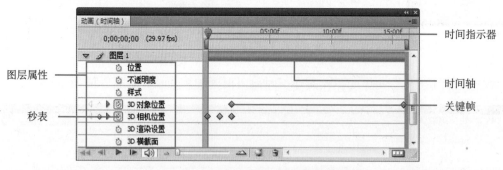

图 9-56 "动画（时间轴）"面板

（2）帧是构成动画的基本单位，动画中每幅画面称为一个帧，许多帧按时间顺序组合在一起便形成动画，如图 9-57 所示。Photoshop 通过更改图层属性，如位置、不透明度和样式创建和编辑帧。

图 9-57 "动画（帧）"面板

9.3.2　任务导向

1．创建时间轴动画

创建时间轴动画一般按以下步骤进行。

（1）创建一个新文档。

（2）在"动画（时间轴）"面板菜单中指定文档时间轴设置，指定持续时间和帧速率。

（3）创建新图层，并添加内容。

（4）将当前时间指示器移动到要设置第一个关键帧的时间或帧。

（5）添加第一个关键帧。单击图层名称旁边的三角形。向下的三角形将显示图层的属性。然后，单击秒表以设置要进行动画处理的图层属性的第一个关键帧。

（6）移动当前时间指示器并更改图层属性，如更改图层位置、不透明度或图层蒙版。

（7）根据需要编辑其他图层属性。

（8）移动或裁切图层持续时间栏以指定图层在动画中出现的时间。

（9）预览动画。使用"动画帧"面板中的控件播放动画。

（10）存储动画。可以将文件存储为 GIF 动画，或者存储为图像序列或视频文件，也可以用 PSD 格式存储动画。

2．创建逐帧动画

创建逐帧动画一般按以下步骤进行。

（1）创建或打开一个新文档。单击"动画（帧）"面板中的"转换为帧动画"按钮，使"动画（帧）"面板处于帧动画模式。

（2）添加或编辑图层内容。

（3）单击"动画（帧）"面板中的"复制选定的帧"按钮，将帧添加到"动画（帧）"面板。

（4）编辑选定帧的图层属性：如可见性、位置、不透明度、混合模式或样式。

（5）根据需要，添加更多帧并编辑图层。

（6）设置帧延迟时间和循环选项。

（7）预览动画。使用"动画（帧）"面板中的控件播放动画。

（8）优化动画以便快速进行下载。

（9）存储动画。可以存储为 GIF 动画、图像序列、QuickTime 影片或单独的 PSD 文件。

3．创建关键帧动画

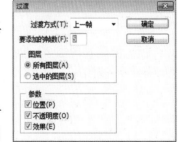

更多情况下，使用关键帧可以快速在两帧之间创建过渡动画效果。具体步骤如下。

（1）在"动画（帧）"面板上添加或编辑图层内容创建第一帧。

（2）单击"动画（帧）"面板中的"复制选定的帧"按钮。

（3）单击"动画（帧）"面板中的"过渡动画帧"按钮，在弹出的对话框中设置"过渡方式"为"上一帧"或"第一帧"，过渡帧个数以及图层相关属性如图 9-58 所示。

图 9-58　"过渡"对话框

（4）单击"确定"按钮。

9.3.3　任务案例

案例一：使用时间轴创作片头动画。

1．案例分析

案例使用素材及效果如图 9-59 所示。本案例主要利用现有视频素材做背景，创建 3D 动画效果。

2. 具体操作步骤

（1）选择"文件"→"新建"命令，在弹出的对话框中的设置如图 9-60 所示。

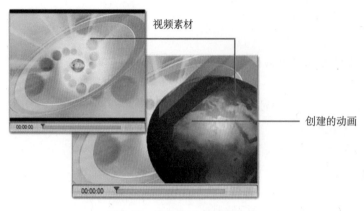

图 9-59　案例使用素材及效果　　　　　　　　　　图 9-60　新建视频图像文件

（2）打开"earth"图片素材将其移至视频文件中，选择"3D"→"从图层新建形状"→"球体"命令，得到如图 9-61 所示的 3D 球体。

（3）在 3D 面板上选择"场景"项目，设置"消除锯齿"方式为"最佳"，如图 9-62 所示。

（4）在 3D 面板上选择"网格"项目，设置"光泽度"为"100%"，如图 9-63 所示。

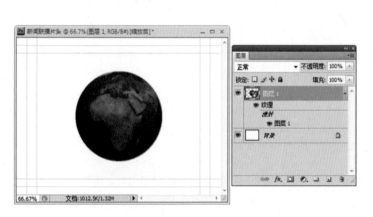

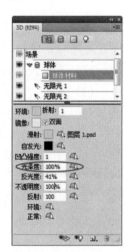

图 9-61　创建 3D 球体　　　　　图 9-62　设置场景　　　图 9-63　设置网格

（5）新建"图层 2"，选择"3D"→"从图层新建形状"→"正方体"命令，使用 3D 工具缩放至如图 9-64 所示效果。

图 9-64　创建正方体（1）

（6）选择"3D"→"栅格化"命令,栅格化当前3D图层。使用"魔棒工具"选择正方体的顶面和右面,分别填充浅绿色和深绿色,然后添加如图9-65所示的图层蒙版。

图9-65　栅格化3D图层（1）

（7）新建"图层3",选择"3D"→"从图层新建形状"→"正方体"命令,使用3D工具缩放至如图9-66所示效果。

图9-66　创建正方体（2）

（8）选择"3D"→"栅格化"命令,栅格化当前3D图层。使用"魔棒工具"选择正方体的顶面和右面,分别填充浅蓝色和深蓝色,然后添加如图9-67所示的图层蒙版。

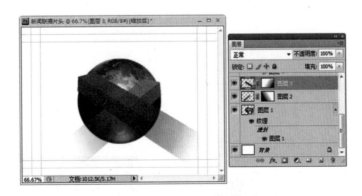

图9-67　栅格化3D图层（2）

（9）新建"图层4",选择"3D"→"从图层新建形状"→"正方体"命令,使用3D工具缩放至如图9-68所示效果。

（10）选择"3D"→"栅格化"命令,栅格化当前3D图层。使用"魔棒工具"选择正方体的顶面和右面,分别填充浅红色和深红色,然后添加如图9-69所示的图层蒙版。

（11）使用"横排文字工具"输入"中国中央电视台"文字,添加"内斜面"效果。选择"3D"→

"从图层新建 3D 明信片"命令，如图 9-70 所示。

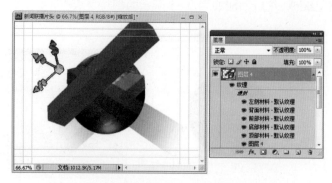

图 9-68　创建正方体（3）

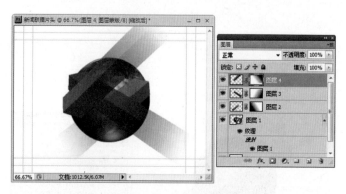

图 9-69　栅格化 3D 图层（3）

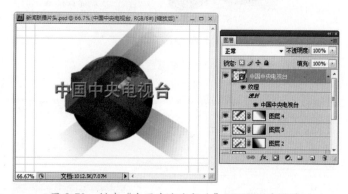

图 9-70　创建"中国中央电视台"3D 明信片图层

（12）使用"横排文字工具"输入"CCTV"文字，添加"内斜面"效果。选择"3D"→"从图层新建 3D 明信片"命令，如图 9-71 所示。

图 9-71　创建 CCTV 3D 明信片图层

（13）使用"横排文字工具"输入"新闻联播"文字，添加"内斜面"效果。选择"3D"→"从图层新建3D明信片"命令，如图9-72所示。

图 9-72　创建"新闻联播"3D明信片图层

（14）使用"横排文字工具"输入文字"XINWEN LIANBO"，添加"斜面和浮雕"效果，如图9-73所示。

图 9-73　创建文字图层

（15）选择"图层"→"视频图层"→"从文件新建视频图层"命令，打开所给的"声音"素材文件，创建"图层5"，按 Ctrl + Shift + [组合键将其移至底层，如图9-74所示。

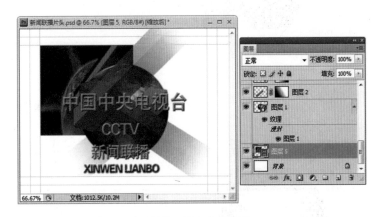

图 9-74　创建声音图层

（16）选择"图层"→"视频图层"→"从文件新建视频图层"命令，打开所给的"动态背景"素材文件，创建"图层6"，将其移至"图层5"上方，如图9-75所示。

（17）打开"动画（时间轴）"面板，从"动画（时间轴）"面板菜单中选取"文档设置"，在弹出的对话框中设置"持续时间"为16s，"帧速率"为29.97fps，单击"确定"按钮，如图9-76所示。

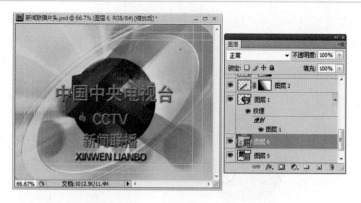

图 9-75　创建动态背景图层

（18）在"图层"面板上隐藏"图层 2"、"图层 3"和所有文字图层。

（19）在"动画（时间轴）"面板上，将当前时间指示器移动到 0s 位置。

（20）选择"图层 1"，使用 3D 相机工具将球体切换至如图 9-77 所示位置，然后单击图层名称旁边的三角形，再单击秒表，设置要进行动画处理的图层属性的第一个关键帧。选择"图层 4"，在"动画（时间轴）"面板上"位置"属性单击秒表，也添加第一个关键帧。

图 9-76　设置动画持续时间和帧速率

（21）拖动时间指示器至 01s 位置，选择"图层 1"，使用 3D 相机工具将球体切换至如图 9-78 所示位置。选择"图层 4"，使用"移动工具"移动长方体至如图 9-78 所示位置。

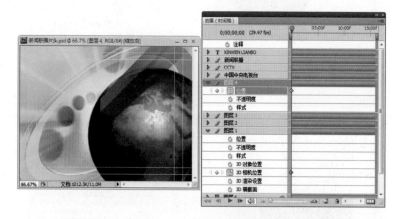

图 9-77　为"图层 1"和"图层 4"添加第一个关键帧

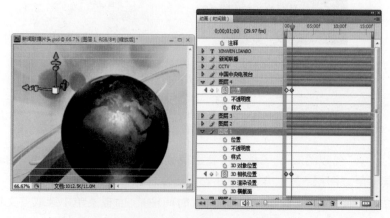

图 9-78　为"图层 1"和"图层 4"添加第二个关键帧

（22）拖动时间指示器至 02s 位置，选择"图层 1"，使用 3D 工具将球体切换至如图 9-79 所示位置。选择"图层 4"，使用"移动工具"移动长方体至图像外。在"图层"面板上显示"图层 3"，添加"位置"第一个关键帧，拖动时间轴起点至关键帧位置。

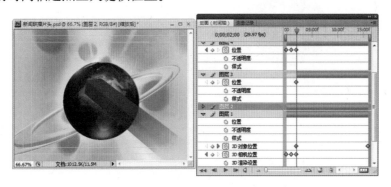

图 9-79　为"图层 3"设置第一个关键帧

（23）拖动时间指示器至 03s 位置，选择"图层 3"，使用"移动工具"移动长方体至图像外。在"图层"面板上显示"图层 2"，添加"位置"第一个关键帧，拖动时间轴起点至关键帧位置，如图 9-80 所示。

图 9-80　为"图层 2"设置第一个关键帧

（24）将时间指示器移至 04s 位置，选择"图层 2"，使用"移动工具"移动长方体至图像外，如图 9-81 所示。

图 9-81　为"图层 2"设置第二个关键帧

（25）将时间指示器移至 05s 位置，选择"中国中央电视台"图层，使用 3D 相机工具将文字切换至如图 9-82 所示位置，拖动时间轴起点至关键帧位置。

（26）将时间指示器移至 06s 位置，选择"中国中央电视台"图层，使用 3D 相机工具将文字切换至如图 9-83 所示位置。

（27）将时间指示器移至 07s 位置，选择"中国中央电视台"图层，使用 3D 相机工具旋转文字，切换至如图 9-84 所示位置，拖动时间轴终点至关键帧位置。选择 CCTV 图层，使用 3D 相机工具旋转文字，切换至如图 9-84 所示位置，拖动时间轴起点至关键帧位置。

图 9-82　为"中国中央电视台"图层设置第一个关键帧

图 9-83　为"中国中央电视台"图层设置第二个关键帧

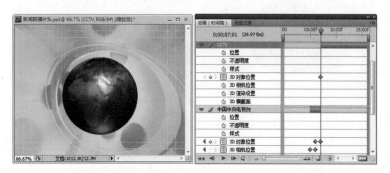

图 9-84　为 CCTV 图层设置第一个关键帧

（28）将时间指示器移至 08s 位置，选择 CCTV 图层，使用 3D 工具和 3D 相机工具旋转文字，切换至如图 9-85 所示位置。

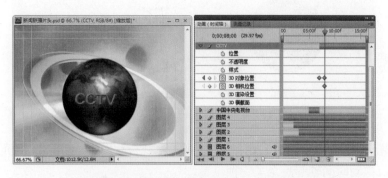

图 9-85　为 CCTV 图层设置第二个关键帧

（29）将时间指示器移至 09s 位置，选择 CCTV 图层，使用 3D 相机工具旋转文字，切换至如图 9-86 所示位置。

（30）将时间指示器移至 10s 位置，选择 CCTV 图层，使用 3D 相机工具缩放文字至图像外，拖动时间轴终点至关键帧位置。选择"新闻联播"图层，使用 3D 相机工具将文字切换至如图 9-87 所示位置。

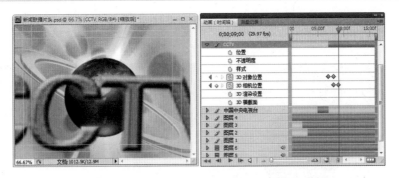

图 9-86　为 CCTV 图层设置第三个关键帧

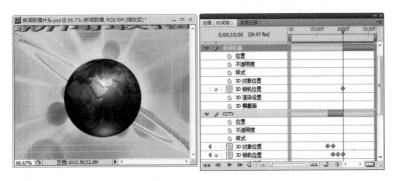

图 9-87　为"新闻联播"图层设置第一个关键帧

（31）将时间指示器移至 13s 位置，选择"新闻联播"图层，使用 3D 相机工具将文字切换至如图 9-88 所示位置。选择 XINWEN LIANBO 图层，添加图层蒙版，使用黑色填充图层蒙版完全隐藏图层，添加第一个关键帧。

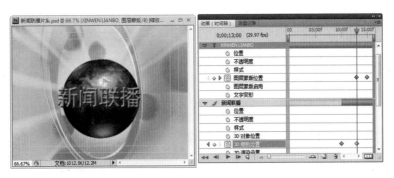

图 9-88　为 XINWEN LIANBO 图层设置第一个关键帧

（32）将时间指示器移至 15s 位置，选择 XINWEN LIANBO 图层，在"图层"面板上取消蒙版和图层间的链接，使用"移动工具"向右移动蒙版至文字完全显示，添加第二个关键帧，如图 9-89 所示。

图 9-89　为 XINWEN LIANBO 图层设置第二个关键帧

（33）将时间指示器移至文档结束位置，选择"图层1"，使用3D工具旋转球体，添加第四个关键帧，如图9-90所示。

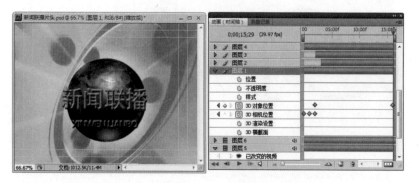

图9-90　为"图层1"设置第四个关键帧

（34）单击"动画（时间轴）"面板上的播放按钮，预览视频素材。

（35）选择"文件"→"导出"→"渲染视频"命令，将视频渲染为QuickTime影片，如图9-91所示。

（36）在对话框中单击"设置"按钮，在弹出的"影片设置"对话框中再单击"设置"按钮，弹出如图9-92所示对话框，设置视频压缩选项，最后渲染视频。

图9-91　渲染视频

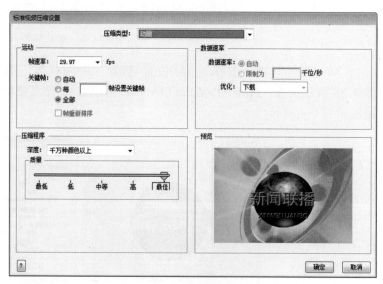

图9-92　渲染压缩设置

案例二：创建逐帧动画。

1. 案例分析

案例视频动画效果如图9-93所示。本案例主要使用"液化"滤镜修改图像创建逐帧动画效果。

2. 具体操作步骤

（1）打开"monalisa"素材，按Ctrl + J组合键复制图层，如图9-94所示。

（2）选择"滤镜"→"液化"命令，在弹出的对话框中选择"冻结蒙版工具"在眼睛周围绘画以保护该区域，再选择"向前变形工具"向下拖动上眼皮，如图9-95所示。

（3）选择背景层，隐藏"图层1"。打开"动画（帧）"面板，设置第1帧的持续时间为0.2秒，动画循环方式为"永远"，如图9-96所示。

（4）在"动画（帧）"面板上单击"复制选定的帧"按钮，创建第2帧。在"图层"面板上显示"图层1"，如图9-97所示。

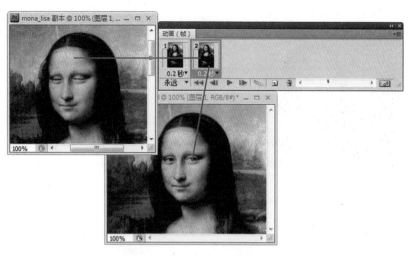

图 9-93　案例视频动画效果

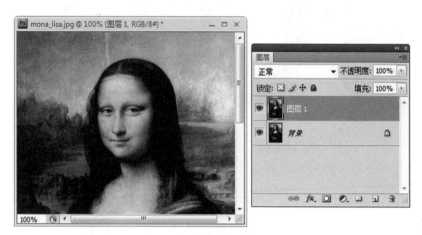

图 9-94　复制图层

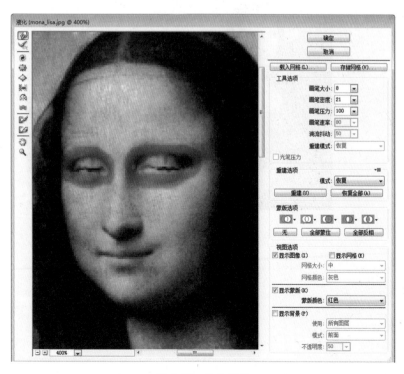

图 9-95　液化图像

图 9-96　设置第 1 帧

图 9-97　设置第 2 帧

（5）选择"文件"→"存储为 Web 和设备所用格式"命令，在弹出的对话框中选择 GIF 格式，设置选项如图 9-98 所示。

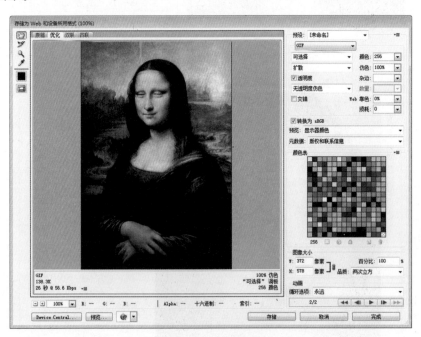

图 9-98　存储动画

案例三：创建关键帧动画。

1．案例分析

案例视频动画效果如图 9-99 所示。本案例主要使用文字变形创建过渡帧动画效果。

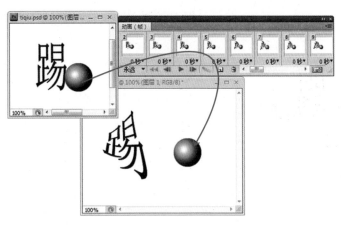

图 9-99　案例视频动画效果

2．具体操作步骤

（1）新建一个 320 像素 ×240 像素大小的文件。

（2）使用"横排文字工具"创建如图 9-100 所示文字。

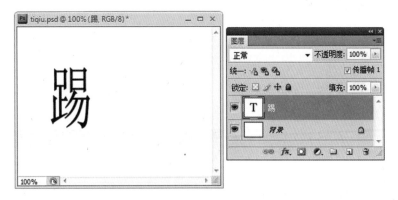

图 9-100　创建文字

（3）新建"图层 1"，使用"椭圆选框工具"并按住 Shift 键创建一个圆形选区，使用由白到黑的渐变填充，如图 9-101 所示。

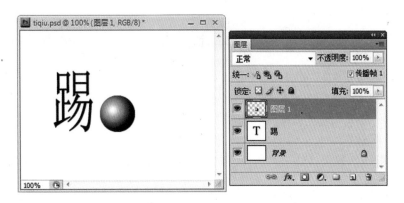

图 9-101　创建球体

（4）打开"动画（帧）"面板，设置第 1 帧的过渡时间为 0 秒，循环方式为"永远"，如图 9-102 所示。

（5）单击"动画（帧）"面板上的"复制帧"按钮，得到第 2 帧。选择文字图层，添加如图 9-103 所示的文字变形效果。

（6）单击"动画（帧）"面板上的"复制帧"按钮，得到第 3 帧。选择文字图层，添加如图 9-104 所

图 9-102　设置第 1 帧

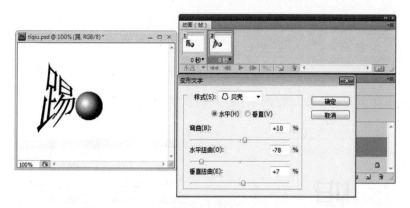

图 9-103　设置第 2 帧

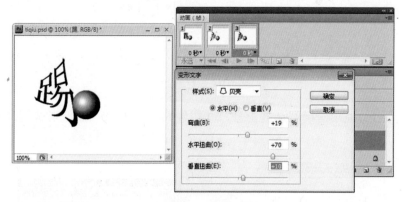

图 9-104　设置第 3 帧

示的文字变形效果。

（7）单击"动画（帧）"面板上的"复制帧"按钮，得到第 4 帧。选择球图层，使用移动工具将其移至如图 9-105 所示位置。

（8）在"动画（帧）"面板上选择第 2 帧，单击"过渡动画帧"按钮，在弹出的对话框中设置如图 9-106 所示。

（9）单击"确定"按钮，得到如图 9-107 所示的"动画（帧）"面板。

（10）选择第 8 帧，单击"过渡动画帧"按钮，在弹出的对话框中的设置如图 9-105 所示，单击"确定"按钮，得到如图 9-108 所示的"动画（帧）"面板。

（11）选择第 14 帧，单击"过渡动画帧"按钮，在弹出的对话框中的设置如图 9-105 所示，单击"确定"按钮，得到如图 9-109 所示的"动画（帧）"面板。

（12）选择第 19 帧，单击"过渡动画帧"按钮，在弹出的对话框中的设置如图 9-110 所示。

（13）单击"确定"按钮,得到如图 9-111 所示的"动画（帧）"面板。

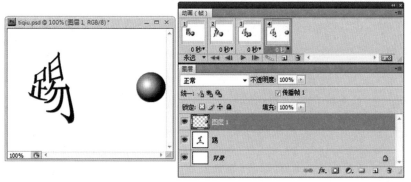

图 9-105　设置第 4 帧 　　　　　　　　　图 9-106　设置过渡帧（1）

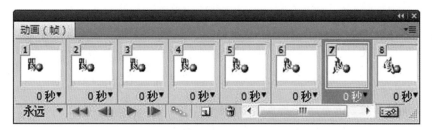

图 9-107　第一次创建过渡帧

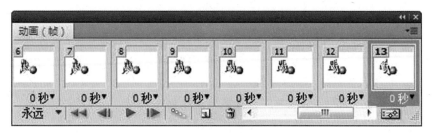

图 9-108　第二次创建过渡帧

图 9-109　第三次创建过渡帧

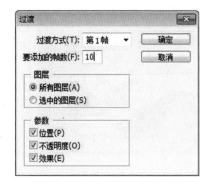

图 9-110　设置过渡帧（2）　　　　　　　　图 9-111　最终的"动画（帧）"面板

（14）单击"动画（帧）"面板播放按钮，预览动画效果。

（15）选择"文件"→"存储为 Web 和设备所用格式"命令，在弹出的对话框中选择 GIF 格式，然后设置优化选项后保存文件。

本 章 小 结

Photoshop 可以基于 2D 对象创建 3D 对象明信片、3D 几何体以及灰度网格，也可以对三维对象的场景、网格、材料和灯光设置相关属性。并且根据图层的相关属性编辑或合成视频素材。根据时间轴或帧动画面板创建 2D 或 3D 动画效果。

本章要求能够在 Photoshop 软件中创建与编辑三维对象，并能够创建或编辑视频与动画。

本 章 练 习

1．技能认证考题

（1）一个三维对象被放置在一个场景中，通常由（　　）构成。

　　A．场景　　　　　　B．网格　　　　　　C．材料　　　　　　D．光源

（2）视频图像常见的长宽比为（　　）。

　　A．4∶3　　　　　　B．8∶6　　　　　　C．16∶9　　　　　　D．32∶183

（3）NTSC 视频的帧速率通常为（　　）fps。

　　A．30　　　　　　　B．29.97　　　　　　C．15　　　　　　　D．20

（4）在粘贴帧中可以使用的粘贴方式是（　　）。

　　A．替换帧　　　　　　　　　B．在选区之上粘贴

　　C．在选区前粘贴　　　　　　D．替换链接帧

（5）在使用过渡功能制作动画时，（　　）。

　　A．可以实现层中图像的大小变化

　　B．可以实现层透明程度的变化

　　C．可以实现层效果的过渡变化

　　D．可以实现层中图像位置的变化

（6）Photoshop Extended 支持的视频文件格式为（　　）。

　　A．MPEG-1　　　　　　B．MPEG-4

　　C．AVI　　　　　　　　D．MP3

2．实习实训操作

（1）根据所给素材编辑如图 9-112 所示的视频效果。

（2）根据所给素材创建如图 9-113 所示的下雪动画效果。

（3）创建如图 9-114 所示的蚂蚁沿路迹爬行动画效果。

（4）创建如图 9-115 所示的光束文字动画效果。

图 9-112　编辑视频素材及效果

视频素材

合成效果

图 9-113　下雪动画效果

图 9-114　蚂蚁沿路迹爬行动画效果

图 9-115　光束文字动画效果

模块10 输出数字图像

任务目标

能够将设计制作好的图像或作品输出到打印机、商业印刷机或其他程序。如图 10-1 所示为输出数字图像示例。

任务实现

在 Photoshop 中创作的图像可以直接打印,也可以设置相关选项到指定的印刷机。在其他程序中使用 Photoshop 创作的图像,首先要看其所支持的图像文件格式;其次在 Photoshop 中按其指定的选项保存输出。

典型任务

➢ 批处理文件。
➢ 添加图片信息。
➢ 导出图像。
➢ 打印图像。
➢ 准备图像用于商业印刷。

图 10-1 输出数字图像示例

任务 10.1 批处理文件

10.1.1 任务分析

在实际工作中,对于执行相同操作的多个文件,如将一组相片更改为统一的颜色模式或指定的尺寸,使用 Photoshop 批处理可以自动完成所有的操作,这样可以极大地提高工作效率。批处理是对一批文件播放一个动作,而动作是对一个文件播放一系列操作命令。所以,使用批处理的前提是先要建立一个动作。

如图 10-2 所示为批处理文件示例。

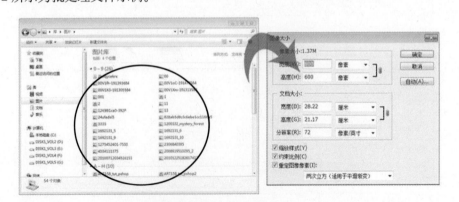

图 10-2 批处理文件示例

10.1.2 任务导向

1. 创建与播放动作

Photoshop 使用"动作"面板创建和播放动作，"动作"面板如图 10-3 所示。

在"动作"面板中，"动作组"用来管理动作，在每个动作名称的下方显示的是记录的操作命令。如果在播放动作过程中不执行某个命令，只需在此记录命令前将已包含的命令删除即可。"模态控制"是用来设置在动作播放过程中是否显示操作的对话框。

图 10-3 "动作"面板

创建动作的操作步骤如下。

（1）单击"动作"面板底部的创建新组按钮，在弹出的"新建组"对话框中输入组的名称后单击"确定"按钮。

（2）单击"动作"面板底部的创建新动作按钮，在弹出的"新建动作"对话框中输入动作的名称。

（3）单击"记录"按钮开始记录对图像操作过程，此时"动作"面板中的开始记录按钮变为红色。

（4）对图像执行要记录的操作和命令。

（5）操作完成后，单击"动作"面板底部的停止记录按钮结束记录。

对某个文件播放动作的操作步骤如下。

（1）在"动作"面板中选择一个要播放的动作。

（2）单击"动作"名称左侧的模态控制按钮，设置播放时是否显示操作命令对话框。

（3）单击记录命令名称最左侧的排除命令按钮，设置播放时是否执行此命令。

（4）单击"动作"面板底部的播放按钮。

【知识应用补充】：并非所有的操作都可以记录在动作中，如绘画和色调工具、工具选项、"视图"命令和"窗口"命令等无法记录。对于不可记录的许多菜单命令，在记录动作时，从"动作"面板弹出式菜单中选择"插入菜单项目"命令，可以将其插入动作中。对于操作过程中的路径，可以使用"插入路径"命令，将其记录在动作中。

2. 批处理

批处理是对一批文件播放一个动作。Photoshop 使用"批处理"对话框（图 10-4）完成批处理操作，具体操作步骤如下。

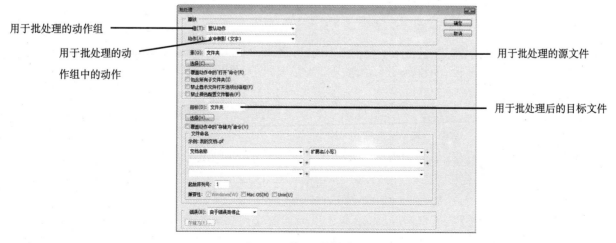

图 10-4 "批处理"对话框

（1）选择"文件"→"自动"→"批处理"命令。

（2）在"批处理"对话框"播放"选项栏中确定用于批处理的"动作组"和"动作"名称。

（3）在"源"选项栏中，单击"选择"按钮，确定用于批处理的原始文件夹。

（4）在"目标"选项栏中，单击"选择"按钮，确定用于批处理的目标文件夹。如果要想处理后的目标文件直接存储在源文件目录中，应选择"存储并关闭"选项。

（5）单击"确定"按钮后，Photoshop 将进行批处理操作。

10.1.3　任务案例

案例：使用批处理将一组相片统一更改为"800像素×600像素"的尺寸并保存为 GIF 格式。

1．案例分析

本案例需要执行操作的是一组相片，而且对于每张相片需要执行相同的操作：一是更改相同的尺寸；二是保存 GIF 格式（分辨率为 72PPI）。所以在本案例中先可以对一张相片创建一个动作，然后再使用批处理完成其他相片的操作。

2．具体操作步骤

（1）从需要编辑的相片组中打开一张相片。

（2）单击"动作"面板底部的创建新组按钮 ，在弹出的"新建组"对话框中输入组的名称后单击"确定"按钮，如图 10-5 所示。

（3）单击"动作"面板底部的创建新动作按钮 ，在弹出的"新建动作"对话框中输入动作的名称，如图 10-6 所示。

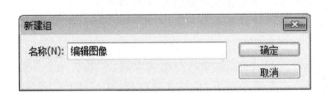

图 10-5　"新建组"对话框

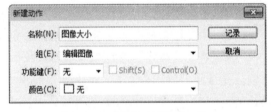

图 10-6　"新建动作"对话框

（4）在"新建动作"对话框中确定此动作存放在动作组中的名称，或播放此动作的快捷功能键后单击"记录"按钮，开始记录对图像操作过程。此时"动作"面板中的开始记录按钮变为红色 ，如图 10-7 所示。

（5）选择"图像"→"图像大小"命令，在弹出的对话框中设置图像的尺寸和分辨率，如图 10-8 所示。

（6）单击"确定"按钮，选择"文件"→"另存为"命令，在弹出的对话框中确定文件保存位置和文件类型（GIF），单击"确定"按钮。

（7）单击"动作"面板底部的停止记录按钮 来结束记录，此时"动作"面板的显示如图 10-9 所示。

图 10-7　记录动作

（8）选择"文件"→"自动"→"批处理"命令，在"批处理"对话框"播放"选项栏中确定用于批处理的"动作组"和"动作"名称，如图 10-10 所示。

（9）在"源"选项栏中，单击"选择"按钮确定用于批处理的原始文件夹。

（10）在"目标"选项栏中，选择"存储并关闭"选项使批处理后的目标文件直接存储在源文件目录中。

（11）单击"确定"按钮后，Photoshop 将执行批处理操作。

【知识应用补充】：使用 Photoshop 脚本中的"图像处理器"命令除了可以按批处理方式同时执行动作组中的某个动作外，还可以在不需要创建动作的前提下同时将多个图像文件存储为 JPEG、

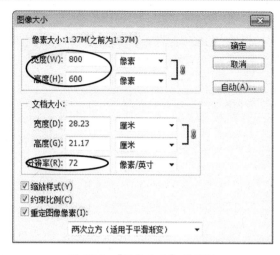

图 10-8　"图像大小"对话框

图 10-9　创建的动作

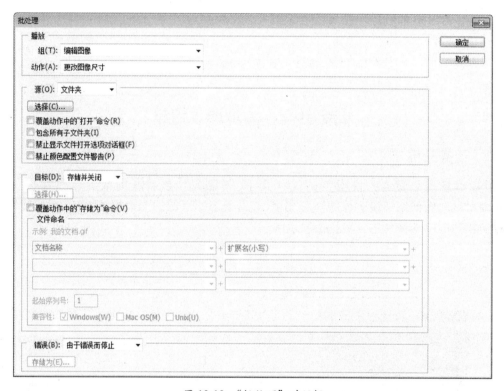

图 10-10　"批处理"对话框

PSD 或 TIFF 格式,使用图像处理器转换和处理图像的操作步骤如下。

（1）选择"文件"→"脚本"→"图像处理器"命令,弹出如图 10-11 所示的"图像处理器"对话框。

（2）单击"选择文件夹"按钮,确定用于图像处理的源文件,或直接选择"使用打开的图像"选项。

（3）单击"选择文件夹"按钮,确定用于图像处理后的目标文件位置,或直接选择"在相同位置存储"选项将目标文件存放于源文件目录中。

（4）设置图像要转换的文件类型为"JPEG"、"PSD"或"TIFF"格式中的一种或三种,并设置转换后的图像大小。

（5）如果要在转换后再执行动作组中的某个动作,则在"首选项"选项栏中选择"运行动作"选项,并确定用于执行的动作组中动作的名称。

（6）单击"运行"按钮。

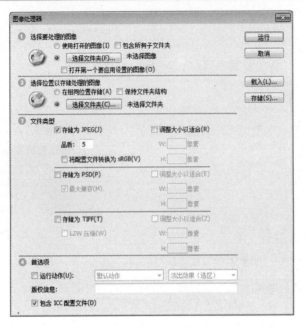

图 10-11 "图像处理器"对话框

任务 10.2　添加图片信息

10.2.1　任务分析

图片附加信息可以包含：说明性的注释文字、图像的元数据或图像的版权保护信息等。在 Photoshop 中可以向图像添加说明性的注释文字，查看或添加图像的元数据，添加或查看图像的水印数据等操作。如图 10-12 为图像的元数据信息示例。

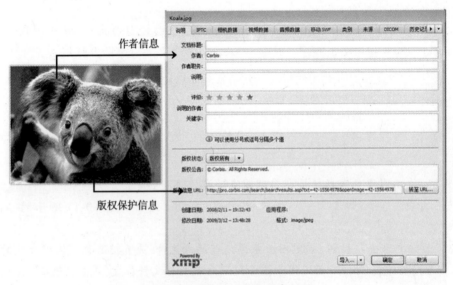

图 10-12　图像的元数据信息示例

10.2.2　任务导向

1．添加文字注释

批注是附加到图像的文字说明。当审阅一篇电子文稿时，审阅者需要将自己的说明、评语等与图像

相关的信息添加给作者时,批注非常有用。在图像中
添加文字注释的步骤如下。

(1) 在工具箱中选择"附注工具" ,并在工具
选项栏中输入审阅者的姓名。

(2) 在图像窗口中单击,确定文字输入窗口的位
置或拖动确定其大小,在弹出的文字输入窗口中添加
注释信息,如图10-13所示。

(3) 单击文字输入窗口右上角的关闭图标,将附
注关闭为一个图标。

(4) 如果作者要查看注释的内容,只需在注释图
标上双击即可打开文字输入窗口。如果要删除文字注
释,只需单击工具选项栏上的"清除全部"按钮。

图 10-13　添加文字注释

(5) 将图像文件存储为 PDF 或 PSD 格式,以便在 Adobe Acrobat 或 Photoshop 软件中查看注
释信息。

【知识应用补充】:注释在图像上显示为不可打印的小图标,它们与图像上的位置有关,与图层无关。

2．添加元数据

元数据是指文件的一组标准化信息,如图像的作者、分辨率、色彩空间、版权以及为其查找的关键字
等。例如,数码相机拍摄的相片上附有图像的高度、宽度、文件格式以及拍摄的时间等信息都是图像的元
数据。基于可扩展元数据平台(XMP), Photoshop 也可以向已有的图像添加一些元数据信息。操作步骤
如下。

(1) 选择"文件"→"文件简介"命令,弹出如图10-14所示的对话框。

(2) "说明"选项栏用于输入有关文件的文档信息,如文档标题、作者、说明和可用于搜索该文档的
关键字。若要指定版权信息,可以从"版权状态"弹出菜单中选择"受版权保护",然后输入版权所有者、
公告文本和拥有版权的个人或公司的 URL。

(3) "IPTC"选项栏包括四个区域:"内容"描述图像的视觉内容;"联系信息"列出摄影师的
联系信息;"图像"列出该图像的描述性信息;"状态"列出工作流程和版权信息。

图 10-14　"文件简介"对话框

（4）"相机数据"选项栏包括两个区域："相机数据1"显示有关用来拍摄照片的相机和设置的只读信息，如品牌、机型、快门速度和光圈大小；"相机数据2"列出有关照片的只读文件信息，包括像素尺寸和分辨率。

（5）"视频数据"选项栏列出有关视频文件的信息（包括视频帧的宽度和高度），并允许输入磁带名称和场景名称等信息。

（6）"音频数据"选项栏用于输入有关音频文件的信息，包括标题、艺术家、比特率和循环设置。

（7）"移动SWF"选项栏列出有关移动媒体文件的信息，包括标题、作者、说明和内容类型。

（8）"类别"选项栏可以根据"关联新闻稿"类别输入信息。

（9）"DICOM"选项栏为DICOM图像列出相应的患者、研究、系列和设备信息。

（10）"历史记录"选项栏显示用Photoshop保存的图像的Adobe Photoshop历史记录信息。

（11）"Illustrator"选项栏可以为打印、Web或移动输出应用文档配置文件。

（12）"高级"选项栏显示将元数据存储于其名称空间结构中时的元数据属性。

（13）"原始数据"选项栏显示文件的XMP文本信息。

（14）单击"确定"按钮。

【知识应用补充】：也可以直接在Windows窗口中通过查看文件的"属性"查看图像的相关元数据信息，如图10-15所示。

3. 添加水印

水印是一种人眼看不见的、以杂色方式添加到图像中的数字代码。通过Photoshop软件可以在数字图像中嵌入水印以获得图像的版权信息。如在网上将自己的作品授权给他人或图像创作者时，嵌入水印特别有价值。

在图像中嵌入水印的操作步骤如下。

（1）选择"滤镜"→Digimarc→"嵌入水印"命令，弹出如图10-16所示的"嵌入水印"对话框。

（2）如果是第一次使用此滤镜，单击"个人注册"按钮，以获得Digimarc公司的ID。

（3）在"图像信息"选项栏中设置图像的版权年份、事务处理ID或图像ID。

（4）指定"图像属性"："限制的使用"、"请勿拷贝"或将图像内容标识为"成人内容"。

（5）对于"水印耐久性"选项设置用于平衡大多数图像中的水印耐久性和可见性。数字越大，耐久性越强。

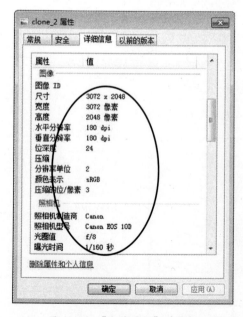

图10-15　"文件属性"对话框

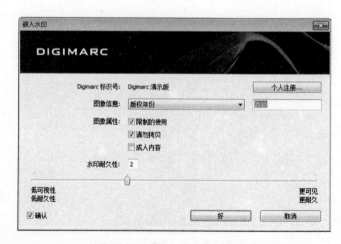

图10-16　"嵌入水印"对话框

(6) 单击"好"按钮以完成操作,此时弹出"嵌入水印验证"对话框,如图 10-17 所示。

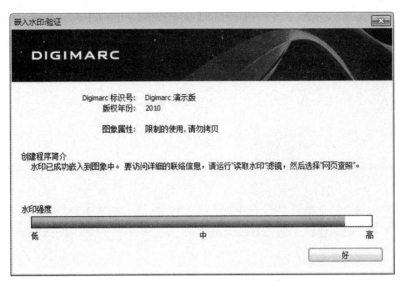

图 10-17 "嵌入水印验证"对话框

如果要查看图像中嵌入的水印信息,选择"滤镜"→ Digimarc →"读取水印"命令,就会弹出"水印信息"对话框。在该对话框中可以查看作者添加到图像的所有版权信息,如图 10-18 所示。

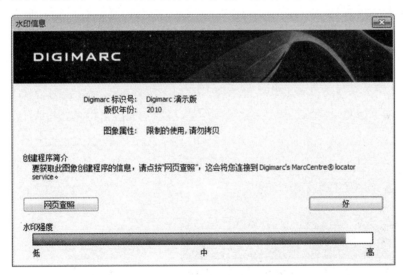

图 10-18 "水印信息"对话框

任务 10.3 导 出 图 像

10.3.1 任务分析

在 Photoshop 中设计或制作好的图像可以导出到其他应用程序中,如 Illustrator 或页面排版软件中使用,也可以在网页中使用。由于不同应用程序所支持的文件格式不一样,因此,在 Photoshop 中存储图像文件时,应根据不同要求存储或导出图像。如图 10-19 为导出图像示例。

10.3.2 任务导向

1. 存储图像在其他程序中使用

根据不同应用程序所支持的图像文件格式,使用"文件"菜单下的"存储"或"存储为"命令可以将当前图像文件按照指定的格式存储起来，如图 10-20 所示。

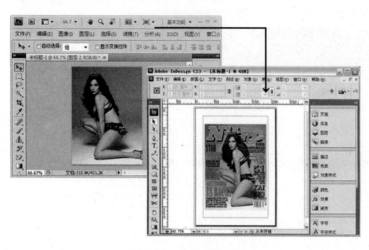 

图 10-19　导出图像示例　　　　　　　　　　图 10-20　"存储为"对话框

也可以使用"导出"命令将 Photoshop 创建的路径导出到 Illustrator 中使用，或者将视频文件导出到其他程序或设备中使用。

2．创建 Web 图像

网页上的图像通常采用 JPEG、GIF 和 PNG 三种格式。在 Photoshop 中可以直接将图像通过"存储为"命令存储为以上三种格式，也可以通过"存储为 Web 和设备所用格式"命令将图像优化并存储。选择"文件"→"存储为 Web 和设备所用格式"命令，在弹出的对话框中单击"优化"标签，在"预设"选项栏中选择"GIF"、"JPEG"或"PNG"，如图 10-21 所示。

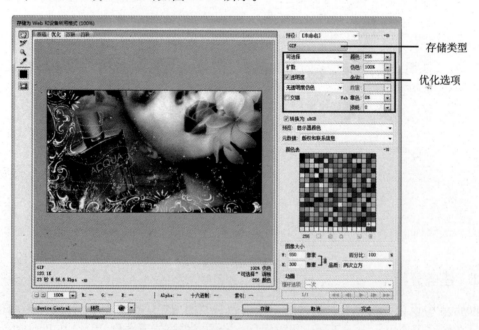

图 10-21　"存储为 Web 和设备所用格式"对话框

【知识应用补充】：Photoshop 通过对图像进行"优化"设置，通常情况下所存储的图像文件比用"存储为"命令存储的图像文件要小。

3．创建透明背景图像

在 Photoshop 软件中，可以使用剪贴路径创建带有透明背景的图像用于排版程序，具体操作步骤如下。

（1）使用"钢笔工具"或"形状工具"在图像上创建工作路径。

（2）从"路径"面板弹出式菜单中选择"存储路径"命令。

（3）从"路径"面板弹出式菜单中选择"剪贴路径"命令，如图10-22所示。

图10-22　"剪贴路径"对话框

（4）存储图像文件。若图像使用非PostScript打印机打印，存储为TIFF格式；若使用PostScript打印机打印，存储为Photoshop EPS格式。

【知识应用补充】：剪贴路径的"展平度"选项用于确定如何用直线模拟曲线。值越低，用于绘制曲线的直线数量越多，曲线越精确。范围为0.2～100。建议对高分辨率打印将展平度值设置为8～10，对低分辨率打印将展平度值设置为1～3。

任务 10.4　打 印 图 像

10.4.1　任务分析

Photoshop可以通过"打印"对话框控制所有打印输出选项。选择"文件"→"打印"命令，弹出"打印"对话框，如图10-23所示。

图10-23　"打印"对话框

10.4.2　任务导向

1. 直接打印

在"打印"对话框中设置以下打印选项后，单击"打印"按钮。

● 打印机：选择打印图像的打印机。

● 份数：设置打印图像的份数。

● 页面设置：设置打印纸张的大小、来源、方向和边距。此选项取决于操作系统上的打印机和其驱动程序。

● 定位图像位置：设置图像在介质上的打印位置。

● 缩放后的打印尺寸：设置图像打印时的尺寸。"缩放以适合介质"选项可以使图像适合所选纸张的可打印区域。

【知识应用补充】：图像的基准输出大小是由"图像大小"对话框中的文档大小设置决定。在"打印"对话框中缩放图像时，只有打印图像的大小和分辨率会改变，而"图像大小"对话框中的文档大小设置不改变。例如，如果在"打印"对话框中将 72PPI 图像缩放到 50%，则图像按 144PPI 打印。

2．使用色彩管理打印

Photoshop 可以使用打印机和 Photoshop 指定的颜色配置文件将颜色转换至输出设备的色域，并将结果值发送至输出设备。具体步骤如下。

（1）选择"文件"→"打印"命令，在弹出的对话框右上角的下拉列表框中选择"色彩管理"选项，如图 10-24 所示。

图 10-24　"打印"对话框中设置"色彩管理"选项

（2）在"打印"选项中选择"文档"。

（3）在"颜色处理"选项栏中选择"打印机管理颜色"或"Photoshop 管理颜色"。

（4）选择一种输出设备打印机配置文件或用于将颜色转换为目标色彩空间的渲染方法。对于大多数非 PostScript 打印机驱动程序将忽略此选项，并使用"可感知"渲染方法。

（5）单击"打印"按钮。

（6）如果选用"打印机管理颜色"，则会弹出"打印机属性设置"对话框，在对话框中指定色彩管理设置。如果选用"Photoshop 管理颜色"，则由指定的颜色配置文件将颜色转换至输出设备的色域。

【知识应用补充】：选用"Photoshop 管理颜色"，一定要在打印机的驱动程序中禁用色彩管理。因为在打印时让应用程序和打印机驱动程序同时管理色彩，会获得无法预测的颜色。

任务 10.5　准备图像用于商业印刷

10.5.1　任务分析

图像用于商业印刷前，通常可以通过 Photoshop 软件设置各种诸如页面标记、半调网频属性、分色等相关输出选项，如图 10-25 所示。

10.5.2　任务导向

1．设置输出选项

选择"文件"→"打印"命令，在弹出的对话框右上角的下拉列表框中选择"输出"选项，如图 10-26 所示。

图 10-25 设置输出标记示例

图 10-26 "打印"对话框中设置各种输出选项

- 校准条：用于显示打印 11 级灰度，按 10% 的增量按 0 ~ 100% 的浓度过渡。
- 套准标记：在图像上打印套准标记（包括靶心和星形靶）。
- 角裁切标志：在要裁剪页面的位置打印裁切标记。
- 中心裁切标志：在要裁剪页面的位置打印裁切标记。
- 说明：打印在"文件简介"对话框中输入的任何说明文本（最多约 300 个字符）。
- 标签：在图像上方打印文件名。
- 药膜朝下：使文字在药膜朝下（即胶片或相纸上的感光层背对外）时可读。
- 负片：打印整个输出（包括所有蒙版和任何背景色）的反相版本。
- 背景：选择在页面上的图像区域外打印的背景色。
- 边界：在图像周围打印黑色边框。
- 出血：印刷品在印成后的装订过程中裁切而留的余量。
- 网屏：为打印过程中使用的每个网屏设置网频和网点形状。
- 传递：用于补偿将图像传递到胶片时可能发生的网点补正或网点损耗。
- 插值：在打印时自动向上重新取样，减少低分辨率图像的锯齿状外观。
- 包含矢量数据：在打印时包含文字和形状的矢量图形。

● 编码：对于 PostScript 打印机，默认情况下，打印机驱动程序将二进制信息传送至 PostScript 打印机；JPEG 编码文件比二进制文件小，打印速度快，但会降低图像品质；ASCII 文件包含的字符数是二进制的两倍，并且要求约两倍的传送时间。

2. 设置半调网屏属性

半调网屏由网点组成，网点控制印刷时特定位置的油墨量。图像在分色时，必须指定每个颜色网屏的网角，以不同的网角设置网屏可确保由四个网屏放置的网点混合后将生成连续的颜色。要设置图像在打印或印刷前的网屏属性，操作步骤如下。

（1）选择"文件"→"打印"命令，在弹出的对话框选择"输出"选项。

（2）在输出选项栏中单击"网屏"按钮，弹出如图 10-27 所示的"半调网屏"对话框。

（3）如果要取消使用打印机内置的默认半调网屏，取消选择"使用打印机默认网屏"复选框。

（4）单击"自动"按钮，在弹出的"自动挂网"对话框中，输入输出设备的分辨率和要使用的网屏。通常情况下，为在 PostScript 打印机上获得最佳输出，图像分辨率应该是半调网屏的 1.5～2 倍

（5）对于"形状"，选取想要的网点形状。如果要使全部四个网屏使用相同的网点形状，在对话框底部选择"对所有油墨使用相同形状"复选框。

（6）单击"确定"按钮。

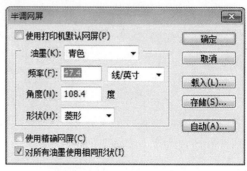

图 10-27 "半调网屏"对话框

3. 打印印刷校样

在商业印刷前，通常需要在比印刷设备更便宜的打印机上模拟打印校样以观察在印刷机上的印刷效果。印刷校样就是对印刷效果的打印模拟。操作步骤如下。

（1）选取"视图"→"校样设置"命令，然后从弹出的子菜单中选择想要模拟的输出条件，如图 10-28 所示。

（2）选择"文件"→"打印"命令，在弹出的对话框的右上角的下拉列表框中选择"色彩管理"选项。

（3）在"打印"选项中选择"校样"单选按钮，如图 10-29 所示。

图 10-28 校样设置子菜单

图 10-29 "打印"对话框中设置校样

（4）在"颜色处理"下拉列表框中选择"Photoshop 管理颜色"选项。

（5）在"打印机配置文件"下拉列表框中选择输出设备的配置文件。

（6）选择一种自定校样文件。如果选择"模拟纸张颜色"复选框，可以模拟颜色在模拟设备的纸张上的显示效果，此选项可生成最准确的校样。如果选择"模拟黑色油墨"复选框，可以对模拟设备的深色的亮度进行模拟，使用此选项可生成更准确的深色校样。

（7）单击"打印"按钮。

（8）在弹出的对话框中禁用打印机的色彩管理，以便打印机配置文件设置不会覆盖指定的配置文件设置。

（9）再次单击"打印"按钮。

4．打印分色

在商业印刷前，有必要查看 CMYK 颜色模式或带专色信息的图像每个色版上文字或图形的位置是否准确，有时需要进行分色打印以查看效果。具体步骤如下。

（1）确保当前图像为 CMYK 颜色模式或多通道颜色模式。

（2）选择"文件"→"打印"命令，在弹出的对话框中选择"色彩管理"选项。

（3）在打印选项栏中选择"文档"单选按钮。

（4）在"颜色处理"选项中选择"分色"选项，如图 10-30 所示。

（5）单击"打印"按钮。

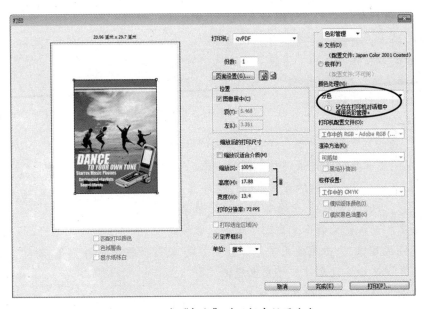

图 10-30　在"打印"对话框中设置分色

本 章 小 结

在实际工作中，对于需要执行相同操作的多个文件，使用 Photoshop 批处理可以自动完成所有的操作，这样可以极大地提高工作效率。图像在输出前可以向图像文件添加说明性的注释文字、图像的元数据、图像的版权保护信息等操作。

在 Photoshop 中设计或制作好的图像可以导出到其他应用程序中使用，图像在输出前应明白图像的实际用途，根据不同的输出要求，保存或导出需要的格式。应能够利用"打印"对话框控制图像的打印输出选项，以及用于印刷前的相关设置。

本章练习

1．技能认证考题

(1) 下列关于动作描述正确的是（　　　）。

　　A．所谓动作就是对单个或一批文件回放一系列命令

　　B．大多数命令和工具操作都可以记录在动作中，动作可以包含暂停，这样可以执行无法记录的任务（如使用"绘画工具"等）

　　C．所有的操作都可以记录在"动作"面板中

　　D．在播放动作的过程中，可以在对话框中输入数值

(2) 在 Photoshop 中，当在大小不同的文件上播放记录动作时，要使动作始终在图像中的同一相对位置回放的显示方式是（　　　）。

　　A．百分比　　　　　　B．厘米　　　　　　C．像素　　　　　D．和标尺的显示方式无关

(3) 下面是对"动作"面板的功能及作用的描述，正确的是（　　　）。

　　A．"动作"面板可以记录下所做的操作，然后对其他图像进行同样的处理

　　B．当某一动作中有关掉的命令时，此时动作前的"√"状图标呈灰色

　　C．可以将一批需要同样处理的图像放在一个文件夹中，对此文件夹进行批处理

　　D．"√"状图标右边的方形图标表示此命令包含对话框

(4) "动作"面板无法记录下来的操作过程是（　　　）。

　　A．使用"画笔工具"或"喷枪工具"在画面上进行绘制

　　B．"海绵工具"以及"模糊"、"锐化工具"的使用

　　C．更改图像尺寸的大小

　　D．填充

(5) "动作"面板与"历史记录"面板都具有的特点是（　　　）。

　　A．在关闭图像后所有记录仍然会保留下来

　　B．都可以对文件夹中的所有图像进行批处理

　　C．虽然记录的方式不同，但都可以记录对图像所做的操作

　　D．"历史"面板记录的信息要比"动作"面板广

(6) 在优化压缩图像时，如果使用了"仿色"方式，则以下描述错误的是（　　　）。

　　A．"仿色"不会导致文件尺寸发生变化

　　B．"仿色"的百分比值越高，文件尺寸越大

　　C．使用"仿色"选项比不使用它所产生的文件的尺寸要小

　　D．使用"仿色"选项比不使用它所产生的文件的尺寸要大

(7) 在制作网页时，如果是连续调的图像，应存储的格式是·（　　　）。

　　A．GIF　　　　　　B．EPS　　　　　　C．JPEG　　　　　　D．TIFF

(8) 在使用 GIF 格式优化图像时，以下描述不正确的是（　　　）。

　　A．无论任何图像，GIF 所包含的色彩数量越少，文件尺寸越小

　　B．GIF 文件的大小与优化设置中的色彩数量没有直接关系

　　C．GIF 优化设置中的色彩值 8 表示颜色数量为 2 的 8 次方，即 256 种颜色

　　D．GIF 优化设置中的色彩值 8 表示颜色数量 8 种

(9) 在 Web 上使用的图像格式为 (　　)。

    A. PSD、TIF、GIF   B. JPEG、GIF、SWF

    C. GIF、JPEG、PNG   D. EPS、GIF、JPEG

(10) 图像优化是指 (　　)。

    A. 把图像处理得更美观一些

    B. 把图像尺寸放大,使观看更方便一些

    C. 使图像质量和图像文件大小两者的平衡达到最佳,也就是说在保证图像质量的情况下使图像文件达到最小

    D. 把原来模糊的图像处理得更清楚一些

(11) 以下有关 PNG 文件格式描述正确的是 (　　)。

    A. PNG 可以支持索引色表和优秀的背景透明,它完全可以替代 GIF 格式

    B. PNG-24 格式支持真彩色,它完全可以替代 JPEG 格式

    C. PNG 是未来 Web 图像格式的标准,它不仅是完全开放的而且支持背景透明和动画等

    D. 由于 PNG 是一种新开发的文件格式,它需要浏览器软件的支持才可以正常浏览

(12) 当使用 JPEG 作为优化压缩图像时,(　　)。

    A. JPEG 虽然不能支持动画,但它比其他的优化文件格式所产生的文件小

    B. 当图像数量限制在 256 色以下时, JPEG 文件总比 GIF 文件大一些

    C. 图像质量百分比越高,文件尺寸越大

    D. 图像质量百分比越高,文件尺寸越小

(13) 以下对 Web 图像格式的叙述错误的是 (　　)。

    A. GIF 是基于索引色表的图像格式,它可以支持上千种颜色

    B. JPEG 适合于诸如照片之类的具有丰富色彩的图像

    C. JPEG 和 GIF 都是压缩文件格式

    D. GIF 支持动画,而 JPEG 不支持

(14) 如果要在其他程序中使用“剪贴路径”,应以 (　　) 格式存储图像文件。

    A. Photoshop   B. TIFF   C. EPS   D. JPEG

2. 实习实训操作

(1) 使用数码相机拍摄一组相片。利用批处理操作将数码相机中的所有图像更改为:宽度为 640 像素、高度为 480 像素、分辨率为 72PPI,格式为 GIF 的图像。

(2) 选择一幅图像,分别以 72PPI 和 300PPI 的分辨率打印,观察其输出效果。再使用“色彩管理”打印,分别使用“Photoshop 管理颜色”和“打印机管理颜色”的方式打印此图,观察其输出效果。

(3) 设计一份个人简历封面或公益广告并打印输出。

(4) 设计并制作一套全年台历、纪念册或写真模板。

参 考 文 献

[1] Adobe 北京代表处. Adobe Photoshop 标准培训教材. 北京：人民邮电出版社，2008

[2] 刘元生. Photoshop 图像处理技术. 北京：化学工业出版社，2009

[3] http://www.adobe.com/support/photoshop